电磁超构表面设计及在隐身天线中的应用

Electromagnetic Metasurface Design and Applications in Stealth Antennas

杨欢欢　李　桐　李思佳　周禹龙
郭泽旭　丛丽丽　刘　涛　著

国防工業出版社
·北京·

内容简介

本书系统阐述了电磁超构表面设计及其在隐身天线中的应用,主要内容包括电磁超构表面的理论与特性、电磁超构表面及其在隐身天线中的应用现状综述、基于超构表面的天线辐散射场调控机理与设计方法、基于超构表面的低散射表面设计、口面复用的低散射超构表面天线设计方法和结构一体的低散射超构表面天线设计方法。本书不仅呈现了大量设计实例,还重点阐述了其背后的设计思想、设计方法,并分析了相关技术特点及应用前景。

本书对从事电磁超材料、超表面、天线及相关领域的研究人员具有重要参考价值,也可作为电子信息技术相关专业研究人员和高等院校师生的教材或参考用书。

图书在版编目(CIP)数据

电磁超构表面设计及在隐身天线中的应用 / 杨欢欢等著. -- 北京:国防工业出版社, 2025. 9. -- ISBN 978-7-118-13871-9

Ⅰ. TN82

中国国家版本馆 CIP 数据核字第 2025M6H332 号

※

国防工業出版社 出版发行
(北京市海淀区紫竹院南路 23 号 邮政编码 100048)
三河市天利华印刷装订有限公司印装
新华书店经售

*

开本 710×1000 1/16 **插页** 4 **印张** 10¼ **字数** 178 千字
2025 年 9 月第 1 版第 1 次印刷 **印数** 1—1500 册 **定价** 79.00 元

国防书店:(010)88540777 书店传真:(010)88540776
发行业务:(010)88540717 发行传真:(010)88540762

序

精准控制和高效利用电磁波一直是电磁学研究的重要方向,但自然界存在的天然材料对电磁波的调控能力有限,电磁超材料为突破天然材料的有限电磁作用能力提供了可能性。自诞生以来,超材料展现出非凡的电磁波调控功能、独特的设计方法和广阔的应用前景,引起了研究者的极大兴趣和广泛探索。尤其是近三十年来,超材料的深入研究和快速发展引发了电磁领域的一场静默革命,催生了新质生产力。我国学者对电磁超材料的研究已经走在世界前列。

作为电磁超材料的二维化发展,近年来电磁超表面已成为超材料的重要研究方向。电磁超表面具备可灵活调控电磁波的幅度、相位、极化、传播方向、传播模式等功能,克服了超材料体积大、重量沉、损耗高以及难以在小型设备中集成应用等困难,因此其研究不仅推动了基础物理的前沿探索,更在通信、国防、能源等领域催生了颠覆性技术,如可编程信息超表面、可重构智能超表面等在新体制无线通信、雷达、成像等系统中的应用。

天线隐身在国防领域具有重大应用需求。与一般目标的隐身设计相比,天线作为导行波与自由空间波的转换器,其隐身设计问题较为特殊。如何同时实现良好的辐射性能与低可探测性是天线隐身设计的关键,这一问题的本质是电磁辐射与电磁散射的综合分析与兼容设计。诸如外形设计、能量吸收等常见的电磁隐身方法无法适用于天线的隐身设计。值得关注的是,电磁超表面为解决天线的隐身难题提供了全新解决方案。电磁超表面丰富的结构设计自由度、灵活的电磁调控性能为电磁辐射与电磁散射的兼容设计创造了条件,基于电磁超表面开展隐身天线设计是一个具有开创性且颇具特色的研究方向。

实际上,在基于电磁超表面的天线设计方面,国内外很多学者均做了大量优秀的工作,并取得一系列创新成果。本书作者所在团队是国内较早开展超表面天线隐身应用的研究团队之一,在超表面理论、设计方法及电磁隐身应用方面的创新研究产生较大影响。本书是该团队对其近年来在隐身天线研究方面工作的总结和归纳。全书以电磁超表面的设计为切入点,结合天线隐身的应用需求,系统地阐述了超表面的电磁特性在隐身,尤其是天线隐身中的应用机理与方法,并结合一些实例,详细分析了其工作原理、性能特点等。这些成果不仅丰富了电磁超表面的研究,也为隐身天线的工程应用提供了重要的理论依据和技术参考。这种将学科前沿与工程实践紧密结合的研究范式,正是推动电磁超表面从实验室走向实际应用的关键。

希望本书能为从事电磁超表面、天线设计与电磁隐身的科研人员和研究生提供参考,更期待更多学者能从中获得启发,一起努力,共同推动这一领域的高质量发展。

东南大学毫米波全国重点实验室

2025 年 6 月

前　言

电磁超材料作为一类人工设计的微结构及其空间序构排列构筑的新材料，实现了许多自然材料所不具备的新奇电磁现象及电磁调控功能。电磁超材料研究的重大科学价值及其在诸多领域呈现出的革命性应用前景，使其自从被发现以来，就持续得到世界各国的强力关注，并成为国际上最热门、最受瞩目的高新技术之一。尤其是2011年之后，二维形式的电磁超材料——电磁超构表面的提出及应用，进一步为新一代的电磁调控技术发展带来良好机遇。与超材料相比，超构表面以轻薄的二维结构就可以对电磁波幅度、相位、极化、甚至传播方向等进行灵活调控，其在很多领域都有较好的应用前景，并成为当前电磁学领域研究的一个热点和前沿。

天线作为收发电磁信号的窗口，是几乎所有无线通信中不可或缺的关键器件之一。自1887年德国科学家赫兹设计了最早的收发天线，1901年意大利科学家马可尼设计了远洋通信天线以来，经过一百多年的发展，天线的电磁辐射理论已渐成体系。与之形成鲜明对比的是，关于天线电磁散射的研究起步就比天线自身的研究晚了近80年，且电磁散射相比于电磁辐射在某种程度上分析起来更加困难，目前天线的电磁散射理论体系尚处于不断发展完善之中。近些年，随着电子对抗技术的快速发展，隐身技术得到了前所未有的重视。在目标的隐身设计实现中，天线的隐身设计渐渐成为科研人员亟待攻克的“硬骨头”。理论上看，实现天线对雷达探测的隐身就是设法控制其散射场。与普通目标不同的是，天线是一个特殊的散射体，它作为一个开放的电磁窗口，在考虑其隐身的同时，必须首先确保其良好辐射性能。传统的结构赋形、涂覆吸波材料等技术在天线应用中似乎都“水土不服”。

电磁超构表面的快速发展为解决天线的隐身难题开辟了“新赛道”。作者所在的课题组是国内较早沿着该“赛道”研究隐身天线的团队之一，经过二十余年的艰辛探索，课题组在超构表面的电磁调控性能、超构表面在隐身天线中的应用等方面都积累了一定的经验。本书遴选了团队近几年在该领域较重要、较系统的研究成果，这些成果试图采用尽可能简单的结构，设计尽量优化的性能，本书重点阐述其背后的设计思想、设计方法，以供该领域的研究者和工程技术人员参考。

本书分为7章。第1章为绪论,概述了电磁超构表面的理论与特性、电磁超构表面及其在隐身天线中的应用现状等。第2章重点介绍了基于超构表面的天线辐射场、散射场调控机理,并阐述了超构表面与天线结合实现天线辐射隐身一体化设计的两条技术路径。第3~5章分别介绍了宽带吸波、相位调控、极化调控超构表面的设计方法和设计实例,以及基于电磁调控特性设计低RCS超构表面的机理。第6章介绍了超构表面与天线口面复用设计低RCS天线的具体方法。第7章介绍了5种超构表面与天线结构一体的低RCS超构表面天线设计方法。其中,第1、2章由杨欢欢撰写,第3章由李桐撰写,第4章由杨欢欢、李思佳、周禹龙撰写,第5章由郭泽旭、丛丽丽撰写,第6章由李思佳、郭泽旭撰写,第7章由李桐、刘涛撰写,杨欢欢完成本书统稿。

本书除署名作者外,课题组已毕业及在读研究生张昭、赵一、郑月军、张晨、高坤、张芷昀、郝彪、廖嘉伟、吴天昊、邹靖和本科生李业栋、张万里、马珂青等也参与了本书的部分研究工作,张昭、季轲峰、廖嘉伟、李智豪、吴宇豪、胡立秋等对书稿进行了校对,在此一并表示感谢!

本书在成稿过程中得到了空军工程大学曹祥玉教授、高军教授、张群教授、吕娜教授和东南大学崔铁军院士、清华大学杨帆教授、许慎恒教授、西安电子科技大学刘英教授、李龙教授等的指导和支持,在此向各位专家表达诚挚的感谢!

本书呈现的研究内容是在国家自然科学基金项目(基金号:62371466、61801508、61671464、61471389)的资助下完成的,在此表示诚挚的谢意!

由于作者水平有限,加之成书时间仓促,书中难免有疏漏之处,我们诚挚地恳请读者不吝赐教,多提宝贵意见,以便更正提高。

作　者

2025年2月

目　录

第1章 绪 论

1.1 电磁超构表面及隐身天线的研究意义

自1864年麦克斯韦(Maxwell)方程组诞生以来，电磁学的研究从未停歇，它不仅改变着人们的生活，更是在电子、信息和军事等领域产生了革命性的影响。尤其是近十几年，新材料、新工艺和计算方法及计算机技术的飞速发展为电磁学的研究创造了新的机遇。从电磁理论的不断丰富，到与工程应用的创新结合，再到与其他学科的交叉融合，许多新兴的研究方向正不断涌现。而电磁超构表面技术正是近年来备受关注的发展方向之一。所谓电磁超构表面(Electromagnetic Metasurface，EMMS)，简单说，是指能影响电磁波传播特性的超薄人工结构。本书将其定义为纵向尺寸(剖面厚度)远小于波长、横向尺寸(表面口径大小)与波长相当，且对电磁波具有散射、透射或吸收作用的周期或非周期人工结构。从早期研究的频率选择表面[1]，到后来的高阻表面[2]、电磁带隙结构[3]、人工磁导体[4]、完美吸波体[5]，再到相位梯度表面[6]、相移表面[7]、极化旋转表面[8]、各向异性电磁超构表面[9]等，电磁超构表面的研究内容越来越广，研究的频段也从微波频段逐渐拓展到太赫兹[10]、光波[11]频段。目前，电磁超构表面的功能已经非常强大，许多诸如异常反射[12]、负折射[13]、电磁黑洞[14]等非常规的奇异物理现象，均已利用电磁超构表面成功得到验证，可以说，电磁超构表面技术已成为人类控制和操纵电磁波的一种有效手段[15]。现阶段，电磁超构表面正处于由理论设计向工程应用深化拓展的关键阶段。

近几年，越来越多的新型装备对隐身性能提出了较高要求。尤其面对目前最常用、最有效的远程目标探测手段——雷达，如何提高装备针对雷达的隐身性能受到了极大关注。为此，世界上的主要国家都已投入大量精力开展了重点研究，也取得了显著进步，特别是通过采用外形设计和吸波材料涂覆技术，装备平台自身的隐身问题已经得到较好解决。值得关注的是，平台上各型天线的隐身问题日益凸显，与平台隐身最大的区别在于天线隐身必须兼顾其辐射性能，即要保证自身电磁波的正常辐射和接收，同时又要尽量减小对探测雷达波的空间散射，这本身具有一定的矛盾性，也使得传统的外形设计及涂层技术很难应用于天线隐身设计[16]。因此，人们迫切希望通过新技术研究，寻找一种既可以不影响,甚至提高天线辐射性能,同时又能实现天线有效隐身的可行途径和方法。

隐身辐射性能综合一体化是化解天线强辐射、低散射矛盾的一种有效思路,也是下一代武器装备对天线系统提出的必然要求。作为天线设计的一种理念或趋势,天线隐身辐射一体化的核心是在天线设计之初就同时考虑其隐身性能,这与减小现成天线雷达散射截面(Radar Cross Section,RCS)的思路有着本质不同。可是,从机理上看,天线的强辐射和低散射在本质上存在着矛盾性,因此,尽管该新理念非常诱人,但以何种方式实现天线辐散射的一体化也极具挑战性。印刷天线是机载、弹载等隐身装备不可或缺的重要通信设备。面对日益复杂化的电磁环境以及设备轻小型化、集成化的发展趋势,如何在有限空间条件下实现印刷天线的有效隐身显得尤为迫切和重要。值得注意的是,近年来人们高度关注的电磁超构表面的飞跃发展为突破这一难题提供了崭新的思考空间。

微波频段的电磁超构表面和印刷天线都有低剖面、易加工和易集成等特点。从结构上看,两者都为介质基板上的印刷结构,具有一定的相似性;从功能上看,超构表面可以调控散射场,而印刷天线可以产生辐射场。基于这些认知,将两者相结合实现天线辐射散射场的综合控制似乎是“水到渠成”之事。事实上,电磁超构表面和印刷天线的结合并非易事,因为两者结合必然会影响各自原来的性能,甚至可能颠覆其原有各自功能,针对该问题,科学家们一方面急需从超构表面入手,研究其性能的提升,另一方面一直在探索两者结合的灵巧方法,力争实现“1+1=2”甚至“1+1>2”的效果。

针对印刷天线隐身难题,本书将电磁超构表面与天线隐身技术相结合,研究利用电磁超构表面的先进性能缩减印刷天线的 RCS,按照先超构表面研究、再分析超构表面的天线应用的思路,总结了团队在该领域的研究进展。本书不仅阐明超构表面电磁特性对天线辐射散射性能的调控作用,实现有限空间内印刷天线的隐身设计,为新一代隐身装备的天馈系统研发提供理论基础与技术支撑,还将为从事本领域研究的广大科研人员提供思路和方法参考。

1.2 电磁超构表面的研究现状

1.2.1 电磁超材料与电磁超构表面

1968 年,苏联物理学家 Veselago 教授从麦克斯韦方程组出发,通过一系列公式推导证明了电磁媒质的介电常数 ε 和磁导率 μ 存在负值的可能性,并将此种材料命名为“左手材料”[17]。之后,Veselago 教授对电磁波在左手电磁材料中的传播现象做了理论分析。由于技术的限制，Veselago 教授的理论仅停留在纸面，未能获得实验数据的支撑。因此，其理论结果并未在电磁学进程中激起太大涟漪。

随着技术的进步，英国帝国理工大学 Pendry 教授团队于 1996 年在实验中获得了负介电常数电磁媒质——周期排列一定直径的金属线单元，则可以表现出负介电常数特性，改变金属线阵列周期或金属线直径，可以在不同频率获得负介电常数电磁媒质[18]。1999 年，Pendry 教授团队将开口相反的不同尺寸金属环结构内外嵌套，形成开口谐振环结构（Split-Ring Resonator，SRR）[19]，在谐振频率附近表现出负磁导率特性。同年，Rodger Walser 团队将此类结构电磁媒质正式命名为电磁超材料。翌年，Pendry 教授在物理学顶级期刊 *Physical review letters* 上阐述了基于"双负媒质"负折射特性设计完美透镜的经典之作[13]。

2001 年，美国加州大学 D. R. Smith 教授团队在期刊 *Science* 上提出将金属线阵列和开口谐振环结构结合，通过优化单元结构和排列方式，使"双负"特性工作在同一频段，最终实验证实了 Veselago 教授提出的左手材料[20]，使持续了 30 多年的左手材料探索之路落下了帷幕。左手材料的出现极大地激发了研究人员的热情，从而加快了电磁超材料的研究进程，使 Veselago 教授眼中"新奇"的现象——负折射[21]、逆多普勒效应[22]，以及利切仑科夫辐射[23]等变为现实。逆向而言，左手材料的介电常数 ε 和磁导率 μ 的数值解可以通过 Smith 教授在 2005 年提出的网络参数反演法获得[24]。从宏观现象解释到材料参数分析，左手材料的出现不仅丰富了电磁领域的研究内容，而且为其他前沿技术，如电磁隐身技术等提供了良好的借鉴意义。2006 年 *Science* 同期连号出版了德国 Leonhardt 教授题为"Optical conformal mapping"和英国 Pendry 教授题为"Controlling electromagnetic fields"的论文[25-26]，揭示利用电磁超材料设计隐身斗篷（Metamaterial Electromagnetic Cloak）的理论基础——光学变换理论。由光学变换理论引发的研究热潮最终诞生了四种典型的设计——电磁隐身衣[27]、宽带隐身地毯[28]、电磁黑洞[29]和三维隐身衣[30]。光学变换理论的提出使得电磁超材料不限于"双负"左手材料，还包括其他介电常数和磁导率的任意组合，自此，电磁超材料的研究进入可按照研究者意愿自由控制电磁波特征时代。

从 20 世纪 60 年代 Veselago 教授关于左手材料的存在性猜想，到 21 世纪初 Pendry 教授关于左手材料的存在性证明，再到 21 世纪前十年 Smith 教授、崔铁军教授关于电磁超材料应用研究，电磁超材料的发展取得了长足的进步。描述电磁超材料的理论亦从左手传输线理论发展到光学变换理论，基于连续媒质参数的超材料表征方法很好地指导了完美透镜、隐身斗篷的设计。为了进一步拓展电磁超材料的研究方向，具有离散式排布、扁平式结构的电磁超构表面应运而生。电磁超构表面作为电磁超材料形式的进一步发展,结构的进一步简化,其简单高效的特点引发了学者们的密切关注。

实际上,尽管早期电磁超构表面的概念虽未被正式提出,但追根溯源,对其研究起始已久。总的来说,电磁超构表面的发展可以认为大致经历了下面几个阶段,如图 1.1 所示。

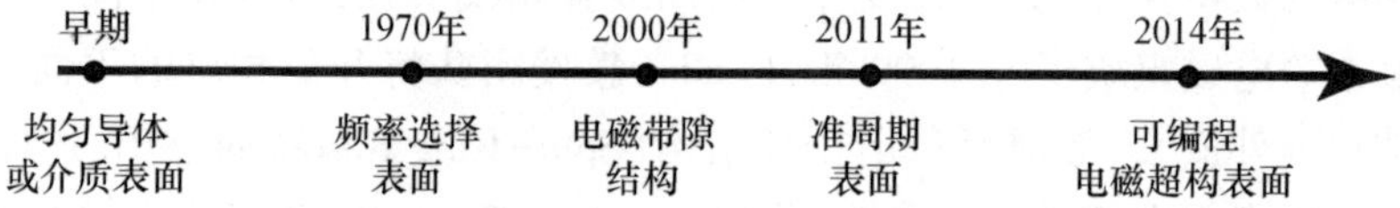

图 1.1　电磁超构表面的发展历程

自然界中天然地就存在各种电磁表面,图 1.2 给出了两种典型的电磁表面——导体表面、介质表面。电磁波在这些均匀表面处的传播规律早已被人们所熟知[31],电磁超构表面最早的研究即起始于对这些规律的分析。一些重要的结论,如反射波、折射波与入射波三者共面、角频率相等、角度之间满足斯涅尔(Snell)定律等,已成为人们设计各种功能器件的重要理论依据。

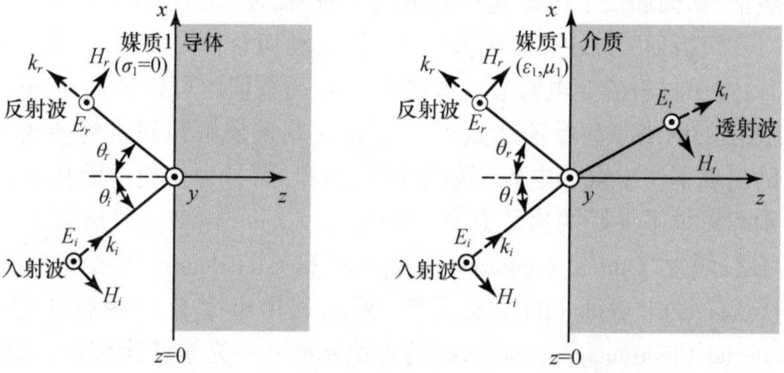

图 1.2　均匀导体或介质表面的电磁波传播

在 20 世纪 70 年代,人们通过在均匀的导体/介质结构中周期地引入微小结构,构造了一类人工的空间滤波器——频率选择表面(Frequency Selective Surface,FSS)[1]。如图 1.3 所示,当电磁波照射 FSS 时,周期排列的微小结构宏观地呈现出对某一频段电磁波是“透明”的,而对其他频段的电磁波是“阻止”的,换句话说,FSS 可以在频域上对电磁波的幅度进行有效调控。

2000 年左右,人们把周期的微结构置于完整的金属地上方,实现了对电磁波相位的调控。图 1.4(a)给出了一种经典的蘑菇型电磁带隙结构(Electromagnetic Bandgap Structure,EBG)[2],它由周期排列的金属贴片构成,每个贴片的中

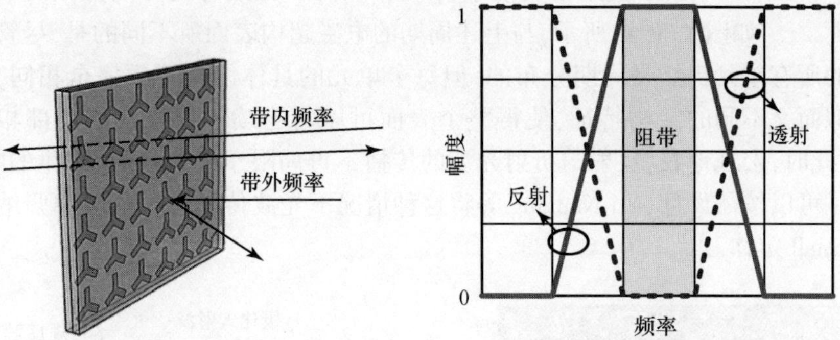

(a) 频率选择表面结构　　(b) 幅度响应曲线示意图

图 1.3　频率选择表面及其幅度响应特性

心由一金属柱连接至金属底板;图 1.4(b)中实线为其反射相位响应曲线,可以看出,与理想电导体反射相位为 180°、理想磁导体反射相位为 0°不同的是,EBG 的反射相位几乎可以覆盖-180°~+180°的所有值,当 EBG 反射相位为 0°时,即人工地构造了自然界中不存在的磁导体。

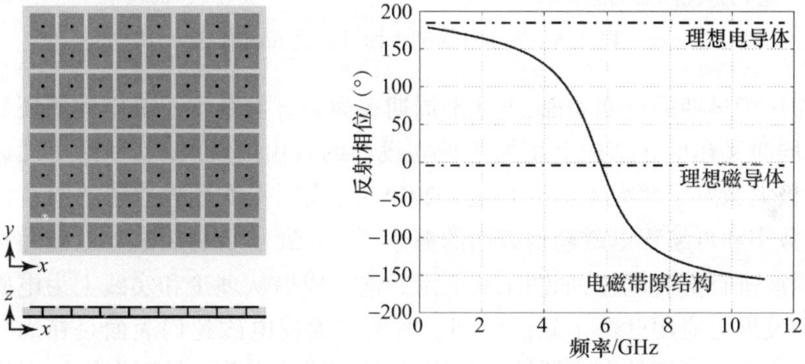

(a) 电磁带隙结构　　(b) 反射相位响应曲线

图 1.4　电磁带隙结构及其相位响应特性

至此,通过将均匀的天然媒质变为周期排列的人工结构,人们成功实现了对电磁波幅度、相位的调控。这一进步是电磁超构表面发展历程中的一个重要里程碑,它不仅为人工构造电磁超构表面提供了一条可行的途径,也为灵活地操纵电磁波、实现更加丰富多样的功能器件创造了新的可能。利用这种设计思想,具有不同功能的电磁超构表面相继被提出,如完美吸波体(Perfect Metamaterial Absorber,PMA)[5]、极化旋转表面(Polarization Rotation Surface,PRS)[8]、表面等离激元(Surface Plasmon Polariton,SPP)[32]等。

2011 年，*Science* 报道了美国哈佛大学 Yu Nanfang 等设计的光频段准周期表面[33]。如图 1.5(a)所示，与上述周期的电磁超构表面所不同的是，尽管表面上的所有单元仍然是周期分布的，但每个单元的具体结构不再完全相同，这种相似而又不同的结构特征，使得整个表面可以与连续照射光波的局部相互作用，此时，宏观地看，反射与折射光波的传播不再局限于经典 Snell 定律的限制，而是可以按需设计，Yu Nanfang 等将这种情况下光波传播遵循的规律归纳为广义 Snell 定律。

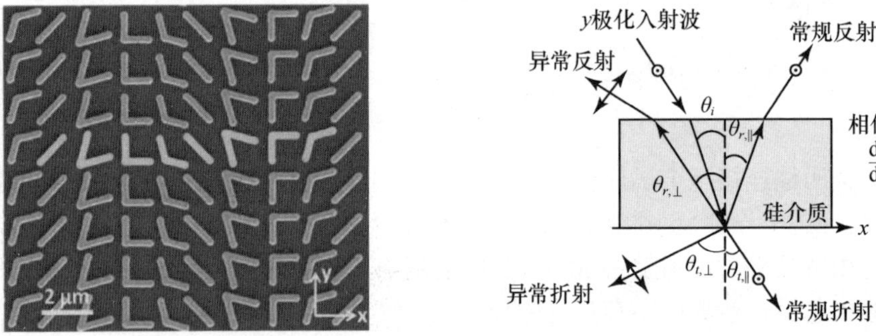

(a) 光学准周期表面局部放大　　(b) 广义Snell定律

图 1.5　光学准周期表面及广义 Snell 定律

相比于早期的周期表面，上述准周期表面一方面继承了其空间周期的宏观排序，同时又在单元结构上增加了独立设计的自由度，因此其性能更加灵活多样，这极大激发了研究人员的兴趣。2014 年，我国崔铁军教授课题组首次提出编码、数字和可编程电磁超构表面的概念[34]，并展示了利用这类电磁超构表面对电磁波进行实时调控，如图 1.6 所示。这一成果从理论和实践上为电磁超构表面的发展与应用开辟了新的空间。所谓可编程电磁超构表面是在周期表面的单元中集成可控的电子器件，通过电控的方式改变单元的工作状态，从而实现

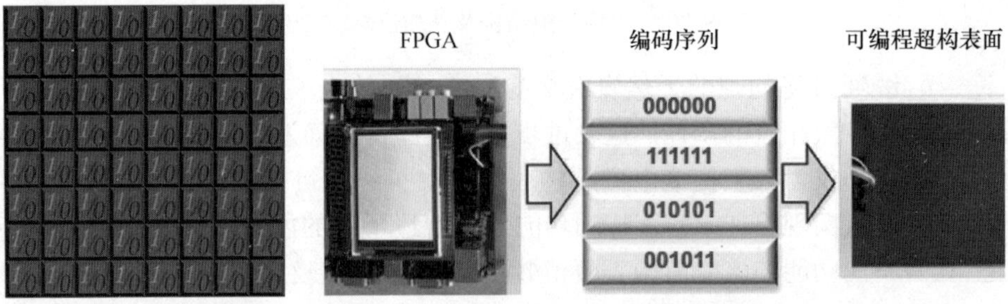

(a) 编码电磁超构表面　　(b) 一维可编程电磁超构表面实物

图 1.6　编码和可编程电磁超构表面

了对电磁波的实时控制。这种可实时调谐的特性进一步完善了电磁超构表面的功能，并推动其向智能化[35]、工程化[36]方向发展。

1.2.2　电磁超构表面的理论与特性

总结电磁超构表面的特征可以得出两个关键词：数字的结构和矢量的性能。前者是指电磁超构表面是由离散的单元构成，每个单元独立设计，可以对连续电磁波进行分布式的局部调控。后者是指电磁超构表面可以对电磁波的幅度、相位、极化等矢量性能进行调控。类似于抽样原理，这些离散数字化的单元在不丢失周期结构优势的前提下，简化了设计，同时丰富了性能，使其可以对电磁波的幅度、相位、极化等特性分别进行调控。为了更清晰地说明电磁超构表面的特点，表 1.1 将电磁超构表面与经典的传输线和超材料做了对比。可以看出，尽管三者都是人工电磁装置，但结构特点不同，性能方面侧重也不同。相比于研究成熟的传输线，电磁超构表面的研究仍处于快速发展时期；而与超材料相比，电磁超构表面具有厚度薄、重量轻的特点，这使其更加便于工程应用。

表 1.1　电磁超构表面与传输线、超材料的对比

比较对象		传输线	电磁超构表面	超材料
典型案例			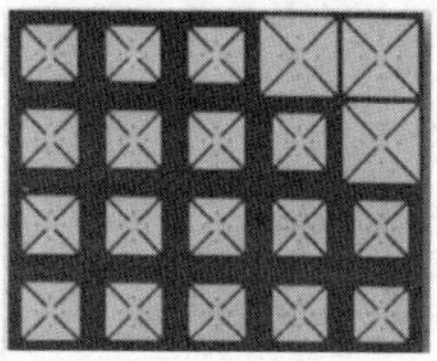	
结构特点	空间维度	一维	二维	三维
	横向尺寸	远小于波长	与波长相当	与波长相当/远小于波长
	纵向尺寸	与波长相当	远小于波长	与波长相当
性能特点		引导电磁波定向传播	对电磁波的幅度、相位、极化进行调控	具有材料特性，等效介电常数、磁导率可设计，且可为负值

电磁超构表面的研究现状可分为理论研究和特性研究两大部分。

从“场论”的观点看，电磁场的边界条件即是电磁超构表面技术的理论基础。如图 1.7 所示，研究人员也试图从“路论”的角度进一步解释电磁超构表面的特性。为此，美国的研究小组利用阻抗的概念将电磁场的边界条件重新表述为式(1.1)，并在此基础上，经一系列的数学推导得到式(1.2)示的广义表面过

渡条件(Generalized Sheet-Transition Condition,GSTC)[37]。利用GSTC,人们不仅可以从物理上更加清晰地认识电磁超构表面的本质,也可以预测其宏观电磁响应特性。然而,GSTC仍存在一定的限制,如利用GSTC方法对单元周期相对较大的单元进行分析仍是一个挑战。

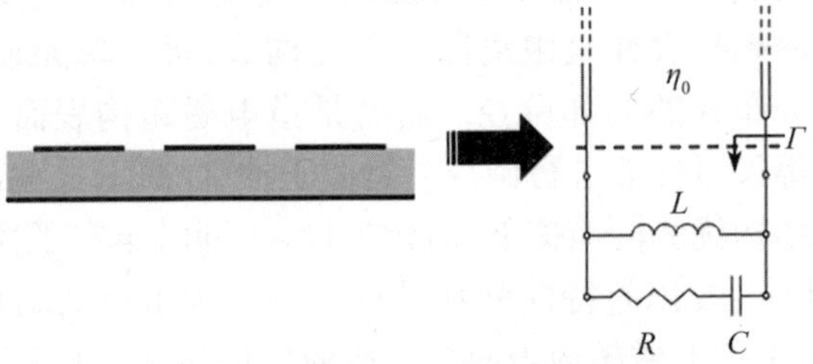

图1.7 电磁超构表面的等效电路

$$\begin{cases}\boldsymbol{H}_{\mathrm{t,a}}=\bar{\bar{Y}}_{\mathrm{sm}}[z\times(\boldsymbol{E}_1-\boldsymbol{E}_2)]\\ \boldsymbol{E}_{\mathrm{t,a}}=-\bar{\bar{Z}}_{\mathrm{se}}[z\times(\boldsymbol{H}_1-\boldsymbol{H}_2)]\end{cases}\tag{1.1}$$

$$\begin{cases}-z\times(\boldsymbol{E}_1-\boldsymbol{E}_2)=\bar{\bar{\sigma}}_{\mathrm{m}}\cdot\dfrac{\boldsymbol{H}_{\tan}^1+\boldsymbol{H}_{\tan}^2}{2}\\ z\times(\boldsymbol{H}_1-\boldsymbol{H}_2)=\bar{\bar{\sigma}}_{\mathrm{e}}\cdot\dfrac{\boldsymbol{E}_{\tan}^1+\boldsymbol{E}_{\tan}^2}{2}\\ \bar{\bar{\sigma}}_{\mathrm{e}}=\mathrm{j}\omega\varepsilon\bar{\bar{\chi}}_{\mathrm{ES}}+\dfrac{\mathrm{j}\chi_{\mathrm{MS}}^{zz}}{\omega\mu}(z\times\boldsymbol{k})(z\times\boldsymbol{k})\\ \bar{\bar{\sigma}}_{\mathrm{m}}=\mathrm{j}\omega\mu\bar{\bar{\chi}}_{\mathrm{MS}}+\dfrac{\mathrm{j}\chi_{\mathrm{ES}}^{zz}}{\omega\mu}(z\times\boldsymbol{k})(z\times\boldsymbol{k})\end{cases}\tag{1.2}$$

针对电磁超构表面特性的研究,主要是通过巧妙的微结构设计,使得电磁超构表面可以对电磁波的幅度、极化或相位特征进行有效调控。

在幅度调控方面,研究的重点主要有FSS和吸波表面。尽管FSS的研究历史悠久,但其优异的性能和广泛的应用始终持续吸引着研究人员。时至今日,国内外众多的研究小组仍然在高性能的FSS设计中不断努力。例如,文献[38]将基片集成波导(Substrate Integrated Waveguide,SIW)与FSS技术相结合,设计了具有锐截止、高稳定性的双频FSS,如图1.8(a)所示;文献[39]则直接利用一个结构的不同部位设计出可双频工作的FSS,如图1.8(b)所示。文献[40]和文献[41]分别采用分形(图1.8(c))和金属柱加载技术(图1.8(d))设计出宽带、小型化的FSS。为了获得性能可调的FSS,文献[42]和文献[43]将PIN二极管和微机电系统(Micro-Electro-Mechanical System,MEMS)开关集成到单元设计中,如图 1.8(e)~(f),设计出的 FSS 可根据需要工作在不同的频带。当前,多频、宽带、高稳定性及可控的 FSS 仍是研究的重点。此外,近年来人们还对 FSS 的部分反射特性进行了分析。减小散射波幅度的最直接途径是使用吸波材料,然而经典的吸波屏如 Salisbury 屏和 Jaumann 屏都存在厚度较大的问题。针对这一点,Landy 等于 2008 年提出了"完美吸波体"的概念,并在微波频段成功制备了如图 1.9(a)所示的吸波表面[5]。这类吸波体利用电、磁谐振与入射波的电、磁分量分别产生耦合,并基于欧姆损耗和介质损耗实现对能量的吸收,这一工作机理在成就其超薄厚度的同时,也导致其工作带宽较窄。为此,研究人员采用多谐振级联(图 1.9(b))[44]、加载集总元件(图 1.9(c))[45]、电阻膜[46]等

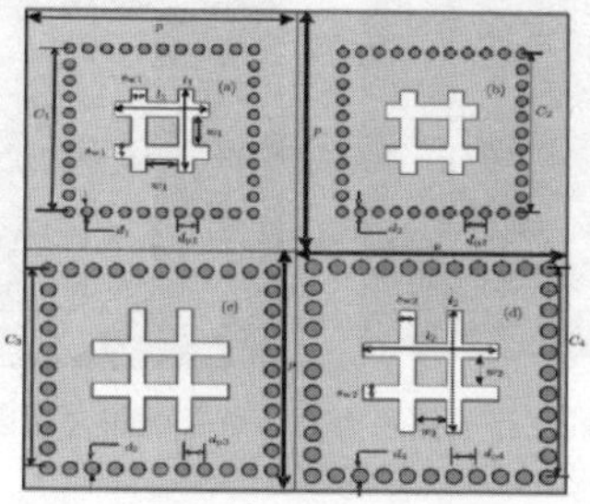

(a) 基于SIW的双频FSS

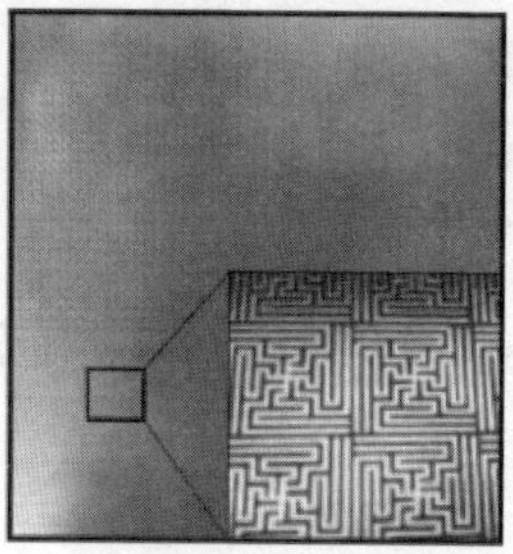

(b) 基于弯折线的双频FSS

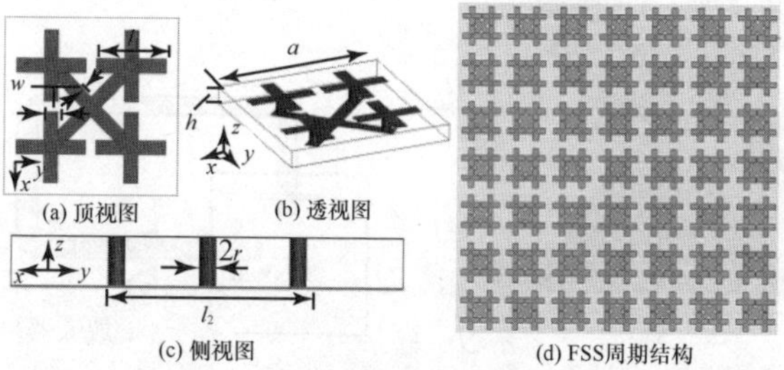

(c) 分形宽带FSS

(d) 金属柱加载小型化FSS

(e) 加载PIN二极管的可调FSS

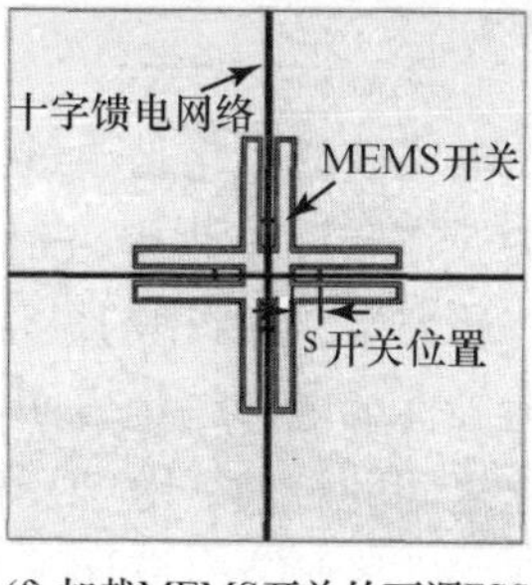

(f) 加载MEMS开关的可调FSS

图 1.8　新型频率选择表面(FSS)结构

方法拓展了其工作频带。需要指出的是,除微波频段外,此类吸波表面也非常适宜于工作在红外及太赫兹频段,如图 1.9(d)所示,文献[47]就制备了工作在太赫兹的吸波表面。现阶段,可调特性也是吸波表面研究的热点。例如,文献[48]将变容二极管和电阻并联集成到周期单元中,如图 1.9(e)所示,通过控制变容二极管的外置偏压,就可以获得吸波频带的动态可控。相比于上述减小散射波幅度的方法,文献[49]则进一步提出在单元中集成功率放大器,如图 1.9(f)所示,当功放工作在不同的偏置点时,整个表面的散射波幅度可以得到有效放大。

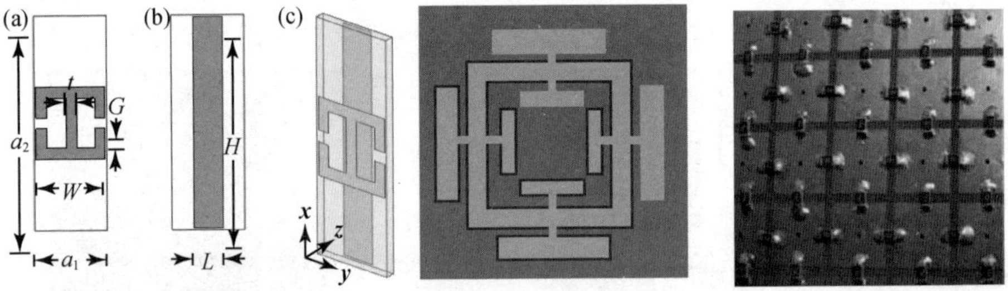

(a) 完美吸波表面　(b) 多谐振级联宽带吸波表面　(c) 加载集总电阻吸波表面

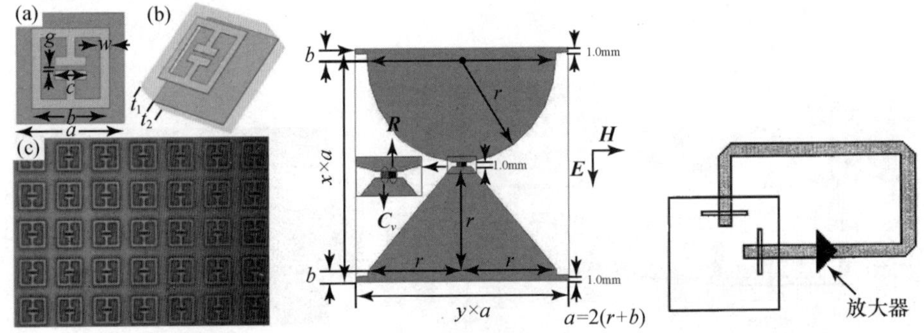

(d) 太赫兹吸波表面　(e) 可调吸波表面　(f) 加载功放的放大表面单元

图 1.9　吸波及放大表面

电磁波的极化是通过其电场矢量端点在一个时间周期内描绘的轨迹来表述的。在实际工程中,极化的应用极为广泛,因此,对其调控也显得十分重要。现有研究中,最常用的极化调控方法是,通过非旋转对称的单元结构设计,获得各向异性的电磁超构表面,从而实现线极化与线极化之间的转换或线极化与圆极化之间的转换。对于反射型的电磁超构表面,如图 1.10(a)所示,文献[8]利用双"V"字形结构设计了可实现水平和垂直极化相互转换的宽带极化旋转表面;如图 1.10(b)所示,文献[50]通过对经典的耶路撒冷十字变形,获得了可将线极化入射波转变为圆极化波的反射表面。对于透射型的电磁超构表面,研究人员也成功实现了极化旋转的功能。例如,文献[51]采用箭头状结构设计了可在宽频带内实现正交线极化之间相互转换的透射表面,其实物及测试配置如图 1.10(c)所示;文献[52]将“L”形金属结构倾斜放置在周期性的栅格中,如图 1.10(d)所示,得到的表面实现了线极化到圆极化波的转换。相对于上述固定的极化转换表面,设计出极化可调的表面则更具挑战性。为此,文献[53]探索了利用 PIN 二极管控制电磁超构表面极化的可能性,并设计了如图 1.10(e)所示的透射型可控表面,其每个单元上集成有 4 个 PIN 开关,当这些开关以不同的组合保持通断时,可分别实现线极化波转变为左旋圆极化波、右旋圆极化波或保持极化特性不变,这使其在保密通信中具有非常广阔的应用前景。

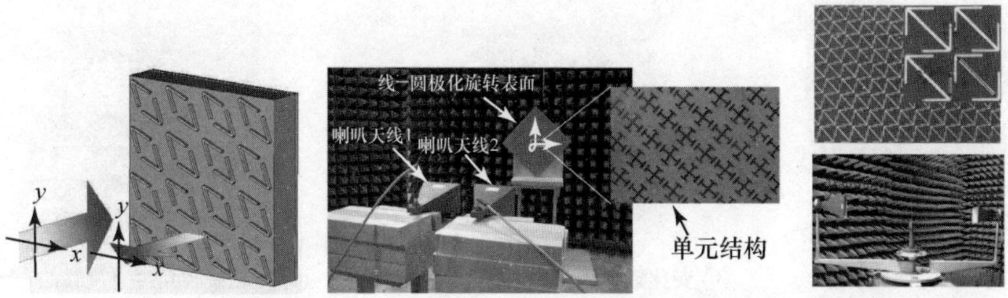

(a) 线-线极化旋转反射表面　　(b) 线-圆极化旋转反射表面　　(c) 线-线极化旋转透射表面

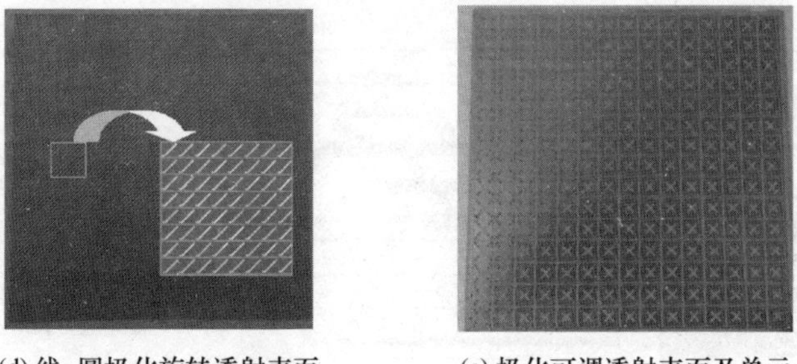

(d) 线-圆极化旋转透射表面　　(e) 极化可调透射表面及单元

图 1.10　极化旋转表面

相位是电磁波矢量特性的重要表征。对电磁波的相位进行调控是电磁超构表面研究的重点。无论对反射型[54]还是透射型[55]电磁超构表面,总的来说,其相位调控的基本方法都可分为 3 种。如图 1.11(a)所示,第 1 种为谐振法,即通过微单元结构尺寸的变化等方法调整单元的等效表面阻抗,使其谐振特性发生变化,从而改变反射波/透射波的相位,这种方法原理简单,相位调控效果好,实际应用非常广泛。第 2 种方法为导行波法,以图 1.11(b)所示结构为例,其基本工作原理可描述为:金属贴片与入射电磁波作用感应出表面电流,并传输至与之相连的微带线上,经微带线末端反射后,获得 2 倍微带线长度对应的相位延迟,再由金属贴片重新辐射出去。可见,辐射电磁波的相位可通过延迟线的长度进行调节,且两者具有线性关系。因此,该方法的优点是相位调控线性度好,且可实现超过 360°的相位范围。如图 1.11(c)所示,第 3 种相位调控方法为旋转法,即通过单元外形的整体旋转获得相位的调控。John Huang 等[56]通过理论推导证明了旋转角度与调控相位之间具有线性关系。需要强调的是,与前两种方法相比,旋转法只适用于圆极化波,并不能用于线极化波。近年来,基于这 3 种方法,大量的相位调控表面相继被提出,研究的重点主要是提高带宽(图 1.12(a))[57]、实现极化分集工作(图 1.12(b))[58]及以较薄的厚度实现 360°的透射波相位调控(图 1.12(c))[59]等。

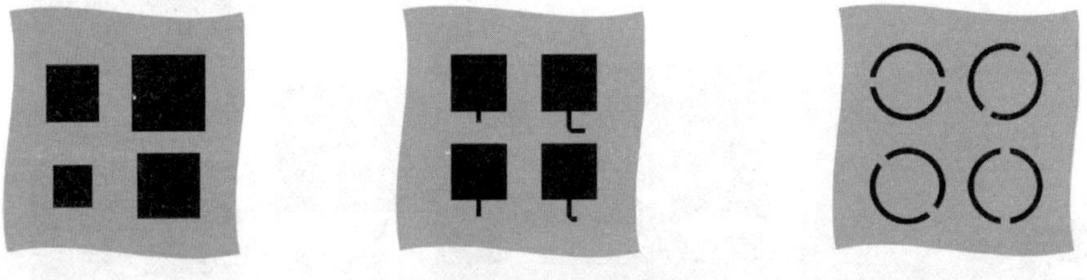

(a) 变化尺寸(谐振法)　(b) 变化延迟线长度(导行波法)　(c) 变化旋转角度(旋转法)

图 1.11　相位调控的 3 种基本方法

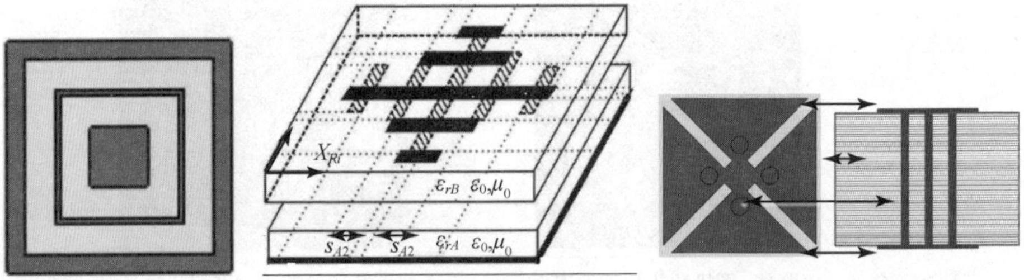

(a) 宽带反射单元　(b) 宽带双极化反射单元　(c) 双层透射单元

图 1.12　相位调控单元

除上述对固定电磁超构表面的研究之外,设计相位特性可变的电磁超构表面也是近几年的一个重点研究方向。与固定相位的调控相类似,基于电控的可变相位调控也有 3 种基本方法[60]。如图 1.13 所示,相比于图 1.11,这里的单元集成有可控的电子器件,通过外部的直流偏置可以改变器件的工作状态,从而实现等效的变尺寸(图 1.13(a))、变延迟线长度(图 1.13(b))及变旋转角度(图 1.13(c))等。这类电磁超构表面由于出现较晚,且涉及电子器件与射频单元的集成,有一定难度,其关键难点在于受限于实际电子器件性能,得到的单元损耗往往较大、带宽有限。为此,大多数研究分析了相位可调性能的实现及性能。例如,文献[61]利用 4 个 MEMS 开关设计了具有 10 个可调相位的单元,如图 1.14(a);文献[62]基于变容二极管提出了相位连续可调的单元,如图 1.14(b)。如图 1.14(c),文献[63]还将 PIN 开关集成到透射型单元中,得到了两个可调的相位。纵观现有的研究成果可以得出,单元损耗大、需要电子器件多、控制复杂仍是当前存在的突出问题。

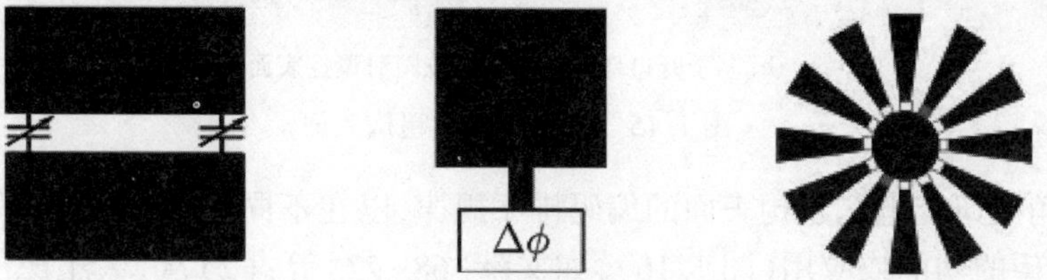

(a) 改变谐振（电调谐振法） (b) 改变延迟线（电调导行波法） (c) 改变旋转（电调旋转法）

图 1.13　电控相位调控的 3 种基本方法

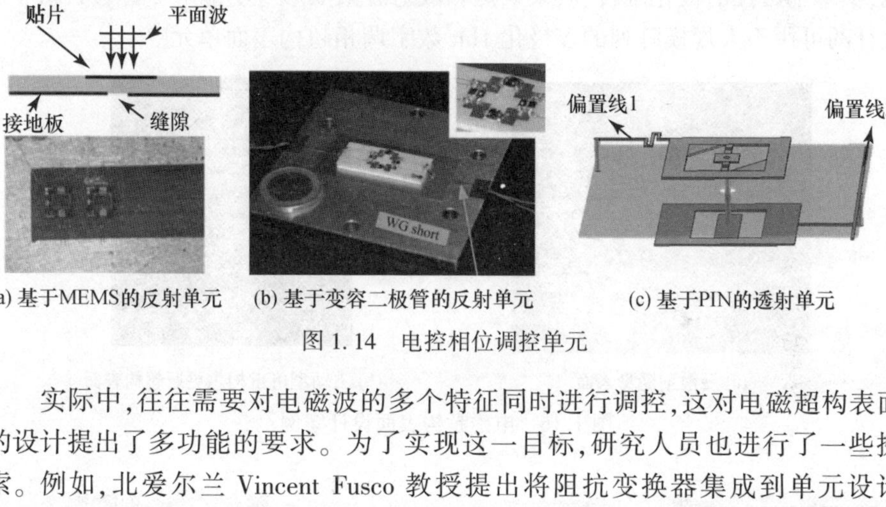

(a) 基于MEMS的反射单元 (b) 基于变容二极管的反射单元 (c) 基于PIN的透射单元

图 1.14　电控相位调控单元

实际中,往往需要对电磁波的多个特征同时进行调控,这对电磁超构表面的设计提出了多功能的要求。为了实现这一目标,研究人员也进行了一些探索。例如,北爱尔兰 Vincent Fusco 教授提出将阻抗变换器集成到单元设计中[64],可同时获得对幅度和相位的调控;日本 Li Jianfeng 等将 FSS 和变尺寸贴片集成在一起[65],提出了如图 1.15(a)所示的电磁超构表面,通过改变 FSS 的尺寸可以调控幅度,改变贴片的尺寸可以调控相位。我国和英国、美国的研究人员共同提出了如图 1.15(b)所示的太赫兹频段混合调控表面[66],该表面由不同张角和旋向的开口环构成,其中,控制张角的大小可以调节相位,而改变旋向可以调节幅度。此外,美国 A. Arbabi 等还利用纯介质结构设计了可同时调控相位和极化的透射型电磁超构表面[67]。这些研究表明:多功能电磁超构表面实现了功能的集成化和结构的一体化,具有非常广阔的应用空间。

当前,关于电磁超构表面的研究大致可分为两个重点方向:(1)从“宏观

(a) 基于FSS的幅度、相位同时调控表面

(b) 基于开口环的幅度、相位同时调控表面

图 1.15　多功能电磁超构表面

序”的角度研究电磁超构表面的编码排序规律,以在不同频段、以更高效的方式实现期望的功能或应用(图 1.16),如文献[68-72]等;(2)从“人工原子”的角度研究超构表面上微单元的性能提升,如文献[73-77]等。以图 1.17 所示设计为例,图 1.17(a)采用 FPGA 设计制作了含有 1600 单元的电控电磁超构表面样机,实现了可控的极化旋转、波束聚焦和散射波束赋形等功能[74],图 1.17(b)为设计的可用于大规模阵列的多极化 1bit 数字调相超构表面单元[77]。

(a) 漫散射隐身表面

(b) 主动型可重构惠更斯超构表面

图 1.16　电磁超构表面设计案例

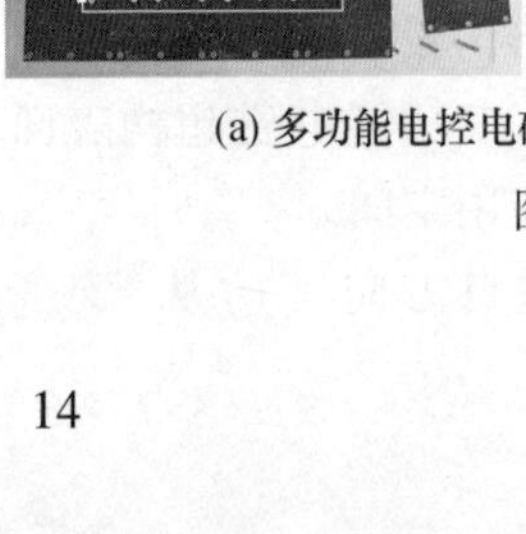

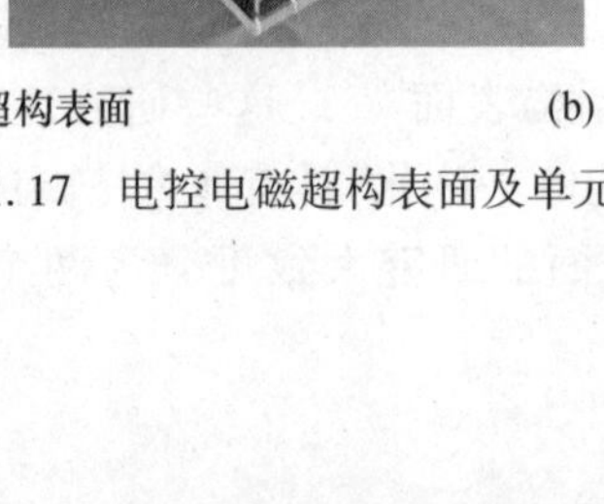

(a) 多功能电控电磁超构表面

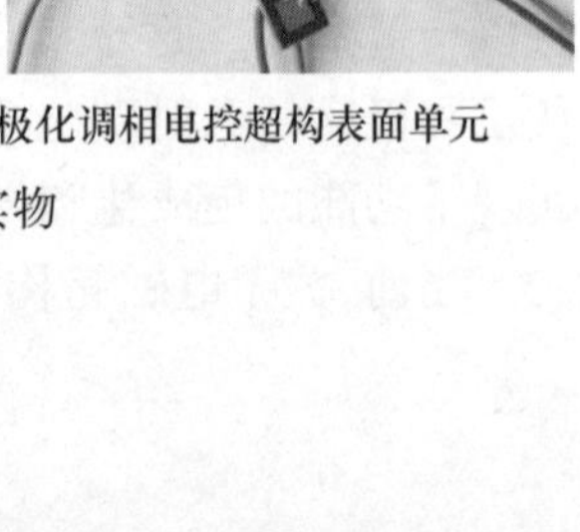

(b) 多极化调相电控超构表面单元

图 1.17　电控电磁超构表面及单元实物

值得一提的是,除上述研究成果外,我国科学家在超构表面领域的研究走在世界前列。很多知名团队都取得了一系列突破。南京大学冯一军教授团队提出的反射相位 0°~360°动态可调的数字超构表面[78]被国家自然科学基金网在“基金要闻”中报道。此外,中国科学院大学罗先刚研究员团队、西安交通大学张安学教授团队、清华大学杨帆教授团队和浙江大学、西安电子科技大学、电子科技大学、国防科技大学、西北工业大学、哈尔滨工业大学、华中科技大学、同济大学及空军工程大学等高校的多个研究团队也都取得了诸多令人瞩目的成果。研究证实:利用电磁超构表面不仅具有模拟电磁超构表面对电磁波幅度、相位、极化等本征特性的调控作用,还可以实现功能更加强大的电磁波前调控、新型全息成像、空间波束赋形、宽频宽角域隐身等一系列先进性能。

展望未来,电磁超构表面将沿着 3 个方向继续发展:

(1) 高性能电磁超构表面单元设计。单元作为构建超构表面的基础,其结构与性能直接影响超构表面或系统的性能、功能。目前,电磁超构表面的调幅、调相、调极化、调模式、可重构和非线性等功能已经可以实现,但如何获取宽带、低损耗、高精度、多维度独立调控等高性能仍然较为困难。以相位可重构单元为例,由于 PIN 二极管、变容管结电阻的存在,电磁超构表面振幅损耗成为制约其效率提升的关键因素之一。因此,如何在宽带范围内降低电磁超构表面的振幅损耗、提升相位线性度和稳定性是目前亟待解决的问题之一。从电磁超构表面性能的拓展角度看,目前超构表面技术仍然集中在单一极化模式下的单一特征量调控,对全空间电磁波精确控制而言,双极化独立相位调控、复振幅可重构调控、非线性精准可控等的研究势在必行,如何减小多特征量之间的耦合、实现不同特征量的独立控制则成为电磁超构表面设计的关键。从电磁超构表面的应用角度看,相较于反射型超构表面,透射型超构表面易与平台共形结合,应用前景广阔,然而,透射型超构表面与可调电子器件的结合方式、偏置线路的布置方式以及系统的剖面高度都是制约透射型电磁超构表面发展的关键因素。

(2) 电磁超构表面的优化设计方法。超构表面的“宏观序”排列方式决定了其整体电磁性能。早期均匀周期排列的超构表面对电磁波的调控功能有限,崔铁军教授团队提出的采用数字编码的方式设计超构表面的“宏观序”,不仅构建了数字空间(信息空间)与电磁空间的桥梁,还为超构表面的优化设计和功能拓展提供了有力工具。以上述数字设计思想为基础,将人工智能技术与超构表面设计相结合将是未来发展趋势。采用智能算法对大量超构表面进行训练,当给定需要的功能时,可以快速得到对应的超构表面具体设计。此外,单元的拓扑结构设计也可以采用人工智能算法进行,这将显著提高优化效率,减少设计过程对的研究人员电磁理论与技能的依赖。总体上看,作为一个较新的领域,目前对人工智能与超构表面技术相结合的研究还远远不够,未来仍有大量工作需要开展。

(3) 电磁超构表面的多学科系统交叉应用。如今,电磁超构表面已经展现出在系统级应用中的巨大潜力。就微波频段超构表面成像技术的发展而言,目前大多数研究仅停留在样件功能性效果的验证层面,成像系统搭建尚不成熟、获得的成像指标距离实际应用还有一定差距,需要结合电磁超构表面单元和表面设计,进一步研究和开发适用于实际应用的全息系统。这样的系统不仅需要具备先进的电磁感知能力,还需要能够进行高效的无线通信,同时需能够与各种不同的技术和系统进行无缝集成。崔铁军教授团队提出了基于超构表面的通信新架构,简化了通信系统的构成,并在积极开展6G应用验证。另外,探索更多电磁超构表面的应用场景,并开发对应的系统架构也将是下一步努力的方向。总之,未来的研究需要将微波技术与6G通信技术、半导体物理、射频工程、材料技术等结合,构建智能电磁感知、智能通信等更多应用领域的先进系统。

1.3 电磁超构表面在天线隐身中的应用现状

近些年,随着超材料和超构表面研究的深入,科学家们开始探索将这些新兴技术与隐身问题结合的可能性。尤其是剖面较低的超构表面,仅从结构上看就特别适合应用于天线的隐身设计。实践证明:电磁超构表面在天线隐身技术中确实具有超乎寻常的应用效果。例如,2007年美国Paquay等提出利用人工磁导体同相反射的特点,通过将人工磁导体和金属导体棋盘式共口面交错布局,使得传统金属板法线方向的强反射波束偏转至对角线方向,显著抑制了目标法向RCS峰值[4]。2011年国防科技大学袁乃昌教授团队进一步提出了基于人工磁导体的低RCS波导缝隙天线[79],测试表明:加载人工磁导体后天线的辐射和散射性能可以同时得到改善。这些开创性的研究证实了天线隐身与辐射问题之间的矛盾并非不可调和,同时也让人们看到了利用电磁超构表面设计隐身辐射一体化天线的可能性。

在新型天线隐身设计迫切需求和超构表面奇异特性巨大应用潜力的双重驱动下,近十年来,基于超构表面的隐身天线研究经历了井喷式的发展和显著进步。科学家们不断地将超构表面揭示的奇异电磁特性与天线设计巧妙结合,取得了一批开创性的研究成果。从电磁超构表面的角度看,这些成果大致可归纳为三个方面:

(1) 基于超构表面对电磁波幅度特性的调控作用,利用超构表面制作FSS雷达罩,包裹整个天线,通过罩体外形的设计,将天线工作带外的雷达波散射至主要威胁区域以外(图1.18)[80],或利用超构表面构成的FSS作为天线地板的一部分[81-82],使带外雷达波直接透过天线而不产生回波(图1.19)。另一种思路是利用超构表面的超薄、无表面损耗层和对雷达波的强谐振吸收特性,构造结构型吸波材料,并适当加载于天线辐射口径周围(图1.20),直接吸收照射雷达波的能量,从而缩减天线RCS[83-84]。

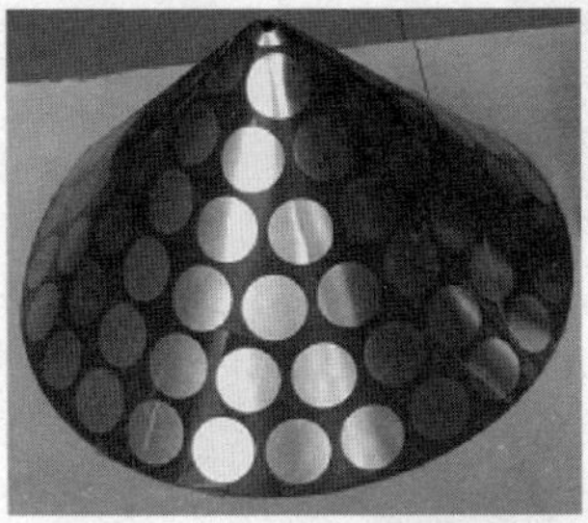

图1.18　低RCS FSS雷达罩

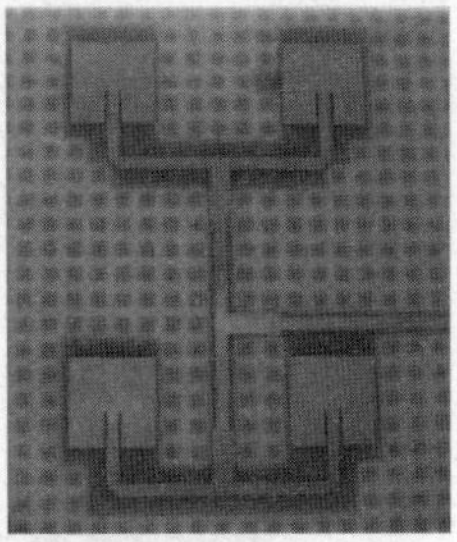

图1.19　FSS混合地

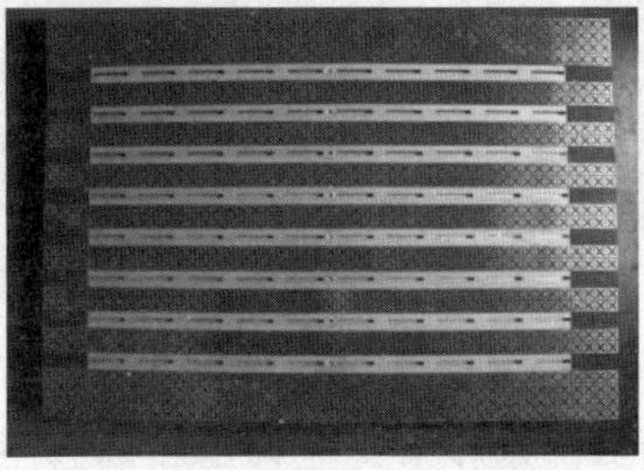

图1.20　加载吸波体的低RCS天线

(2) 基于超构表面对电磁波相位特性的调控作用,通过将超构表面加载到天线周围或上方,利用超构表面和天线自身金属结构或不同区域超构表面对电磁波反射相位不同的特点,根据空间波矢量叠加原理,将散射能量重新分布,实现设计方向天线RCS的减缩。与上述基于幅度调控的天线隐身技术相比,这种方法不直接作用能量,而是利用场的矢量特性,通过相位调节和结构排布重新分布空间散射场,设计更加灵活且不易导致辐射性能恶化,因此其研究非常广泛,取得的成果也较多。基于该方法,本团队将反射型相位调控超构表面分别加载至微带天线[85]、波导缝隙天线(图1.21)[86],不仅获得了带内和宽带RCS减缩,还提高了天线的辐射性能。文献[87]将透射型编码调相超构表面作为覆层加载到天线上方,在获得高增益的同时缩减了天线RCS。文献[88]则利用调相超构表面构成全息表面,覆盖在缝隙天线的口面上,如图1.22所示,在5~25GHz实现了低RCS天线阵。

(3) 基于超构表面对电磁波极化特性的调控作用,将极化旋转表面直接加

图 1.21　加载超构表面的低 RCS 缝隙天线

图 1.22　加载全息表面的低 RCS 缝隙阵

载于天线,通过改变反射波的极化方式实现极化隐身,如文献[89]将极化旋转表面作为偶极子天线的反射板(图 1.23(a)),不仅得到了圆极化辐射,还使辐射工作频带内的后向 RCS 减缩 7dB 以上;或是将极化旋转表面正交排列,利用极化方向旋转达到整个表面相邻区域相位相反的目的,进而基于空间波矢量叠加原理实现 RCS 减缩。西安电子科技大学刘英教授团队将该方法设计的极化旋转表面应用于缝隙天线阵,在 6~18GHz 实现了法向 RCS 的大幅减缩[90]。文献[91]将该方法用于双频天线的带内 RCS 减缩,设计了图 1.23(b)所示的天线,不仅获得了带内隐身,还提高了天线增益。

除上述提到的文献之外,国内许多单位如国防科技大学、东南大学、西安电子科技大学、电子科技大学、中国科学院大学、西北工业大学和空军工程大学等也都有非常优秀的成果报道。越来越多的研究表明:合理、巧妙地将超构表面的电磁调控特性与天线隐身问题相结合,可以调和天线辐射和散射的矛盾,从而得到传统方法无法达到的效果。同时值得注意的是,目前报道的低 RCS 天线多数基于"额外加载超构表面"的设计思路,通过适当加载均匀、固定的超构表面获得天线隐身,这无疑会导致天线口面和重量增加、体积增大、成本抬升等,

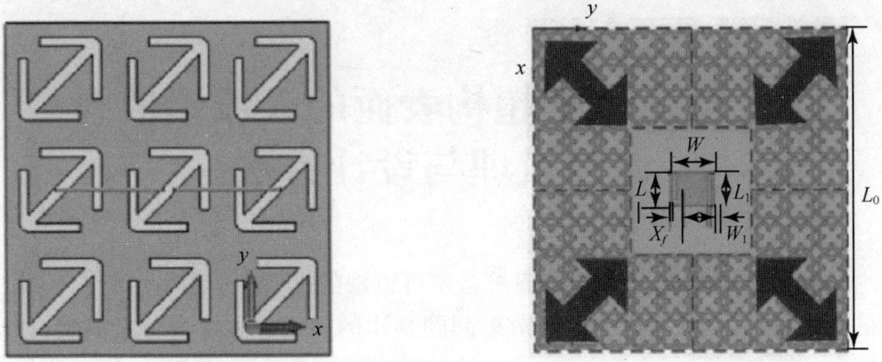

(a) 低RCS偶极子天线　　(b) 低RCS双频微带天线

图 1.23　加载极化旋转超构表面的低 RCS 天线

且得到的隐身性能多为固定设计。另外，设计的低 RCS 天线很多体积较大，不符合低剖面、易集成的要求。怎样充分发挥超构表面轻薄的结构特点和新奇的电磁性能，如何将超构表面的结构、特性和天线巧妙结合，实现印刷天线的 RCS 减缩，其背后的辐射散射综合调控机理如何，都非常值得探索。

第 2 章　基于超构表面的天线辐散射调控机理与设计方法

印刷天线是机载、弹载等隐身装备不可或缺的重要通信设备。针对印刷天线的结构特点，本章将建立辐射散射问题共用的表面电磁综合分析模型，以天线辐射、散射问题“场源”的共性与不同为出发点，结合具体例子，分析天线辐射、散射性能与表面局部结构的内在联系，揭示天线散射场的特点及成因，并提出超构表面天线辐射隐身一体化设计方法，为低剖面隐身天线的设计提供理论依据与方法指导。

2.1　超构表面天线辐射散射调控机理

天线本身要向外辐射电磁能量，天线的散射与其他物体不同。若将天线的 RCS 以 σ 表示，则有

$$\sigma = \left| \sqrt{\sigma_s} - (1-\Gamma_a)\sqrt{\sigma_a}e^{j\varphi} \right|^2 \tag{2.1}$$

式中：σ_s 为天线结构项散射；σ_a 为天线模式项散射；φ 为两项的相位差；Γ_a 为天线端口的反射系数。天线的结构项散射是由物理结构造成的散射，天线模式项散射是由天线接收的电磁能量因端口不匹配被反射后二次辐射造成的，因此，对前者的控制要设法从结构优化上实现；而后者仅存于天线工作频带内，对其控制需要天线端口接适当的负载。

从天线辐射和散射的关系看，本质上讲，散射问题和辐射问题具有很多相似性，如散射场可以认为是感应电流的二次辐射场，只是激发感应电流的源不同而已。以平面印刷天线为例，如图 2.1(a) 所示，当天线辐射工作时，其源为发射机通过馈电结构(包括强制馈电、耦合馈电等)给予天线的能量，天线的不同单元得到的幅度、相位可能都不相同；而对于散射问题，其源为远处照射来的雷达波，此时表面上所有单元“看到”的都是均匀平面波，幅度完全相同，相位与来波方向有关。基于上述分析，可将超构表面天线结构划分成不同子区域，先分析子区域结构与天线辐射性能的关系，找出电磁超构表面局部子区域构成对天线辐射的影响规律，再结合天线隐身的具体目标，对电磁超构表面整体数字序构进行优化设计。按照这一思路，对强制馈电和耦合馈电两类天线分别进行

了研究。

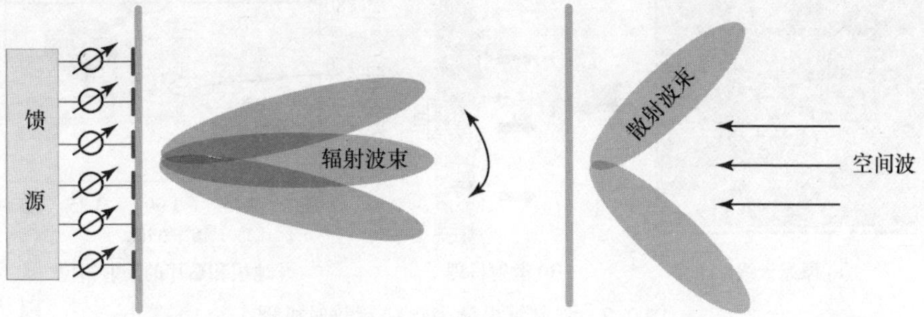

(a) 辐射问题：近场馈电激励　　(b) 散射问题：远场空间波激励

图 2.1　“激励源”对比

图 2.2(a)为传统的强制馈电微带天线,其辐射的主要结构为中心的贴片,散射结构为中心贴片和周围介质板构成的整个结构,如图 2.2(b)所示。根据这一差异,将天线划分为两个区域 Part A 和 Part B[92]。图 2.2(c)给出了这两个区域对雷达波的反射相位,可以看出,相位差值较小,因此其散射场在天线法线方向将产生类似于同相位叠加的效果,导致天线法向 RCS 较大。为了实现 RCS 减缩,根据人工磁导体超构表面可以产生 0°反射相位的性能,若将天线 Part A 或 Part B 的结构替换为人工磁导体超构表面,则有望实现散射场在天线法向的对消。如图 2.3 所示,矩形贴片超构表面单元可以实现准同相反射性能,其反射相位随频率变化呈反 S 形规律,在固定频点达到 0°,且沿 x 和 y 方向的 0°反射相位频率由该正交方向的拓扑结构决定,如图 2.3(a)~(c)所示分别为超构表面无缝隙(三维视图)、有一个矩形缝隙(俯视图)、有两个矩形缝隙(俯视图)的结构,其反射相位如图 2.3(d)所示,可见,对于 y 极化波,三者反射相位几乎相同,说明沿 y 方向刻蚀缝隙仅影响 x 极化的反射相位,而对于 x 极化波,缝隙数量增加时,反射相位曲线整体向低频移动,同相位反射频点降低,利用这一特点,可以按需灵活设计同相反射的频点,以实现天线在需要的频点具有低散射性能。

经上述分析,图 2.4(a)采用强制馈电超构表面天线的设计思路,即 Part A 部分用均匀的超构表面代替,并用传输线将超构表面的部分单元相连进行馈电,经过优化,Part A 对雷达波可以实现同相反射,从而与 Part B 形成有效的相位差,两者的散射场在空间将矢量叠加,即叠加后的散射电场为

$$\boldsymbol{E}_{\mathrm{t}}^{\mathrm{s}}=A_{\mathrm{A}}e^{\mathrm{j}\varphi_{\mathrm{A}}}S_{\mathrm{A}}+A_{\mathrm{B}}e^{\mathrm{j}\varphi_{\mathrm{B}}}S_{\mathrm{B}} \tag{2.2}$$

式中:A 为单位面积反射电场的幅度;φ 为单位面积反射电场的相位;S 为面积,

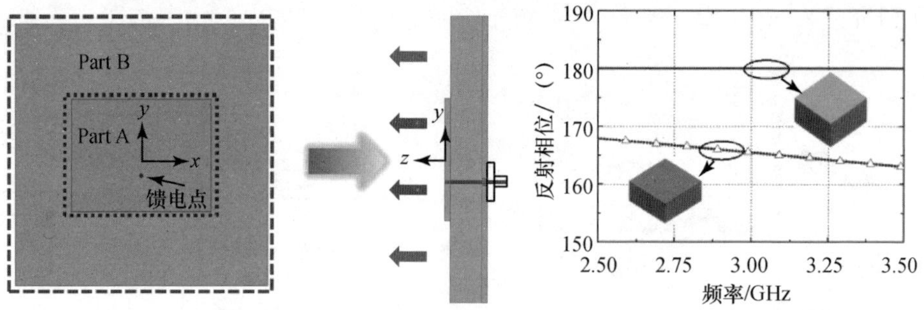

(a) 原始天线　　(b) 散射机理　　(c) 地板和贴片的反射相位

图 2.2　强制馈电微带天线及散射机理

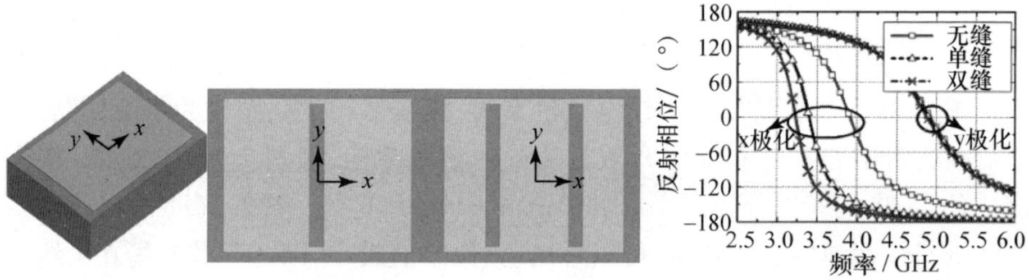

(a) 无缝　　(b) 单缝　　(c) 双缝　　(d) 反射相位

图 2.3　贴片型超构表面及反射相位

下标 A、B 分别为 Part A 和 Part B。当 Part A 和 Part B 的面积相似，且反射幅度相近、反射相位满足有效相位差时，总散射场将有效对消。

此外，为了保证超构表面天线的工作频带与传统天线一致，图 2.4(c)中连接超构表面的传输线长度需要适当；而为了确保不同极化下超构表面在辐射频带内都有 RCS 减缩效果，在超构表面的贴片上刻蚀有矩形缝隙。图 2.4 给出了一种设计的结果，该天线工作在 3.0GHz。图 2.4(b)为 3.0GHz 不同极化角下垂直照射天线的空间散射场分布，其中 Ref. 下方对应的两个结果表示图 2.4(a)中传统天线在 x 极化($\varphi=0°$)、y 极化($\varphi=90°$)下的散射场，Novel 下方对应的两个结果表示图 2.4(d)中超构表面天线在 x 极化($\varphi=0°$)、y 极化($\varphi=90°$)下的散射场，可以看出，传统天线对 x 极化波有较强的散射、对 y 极化波因天线后端匹配吸收而散射较弱，提出的超构表面天线在法线方向对 x 和 y 极化波都有较低的 RCS，可以实现散射对消减缩 RCS 的目标。图 2.5 给出了超构表面天线在工作频点的辐射表面电流分布，可以看出，传输线将超构表面的部分单元直接相连，并将强制馈电的电流传给这些单元，在整个超构表面上形成了同相的辐射电流，因此，得到了有效的辐射。而未被传输线连接的超构表面上电流较弱，对天线辐射影响较小。综上可知，利用超构表面的相位调控特性,可以有效调控天线的散射场。

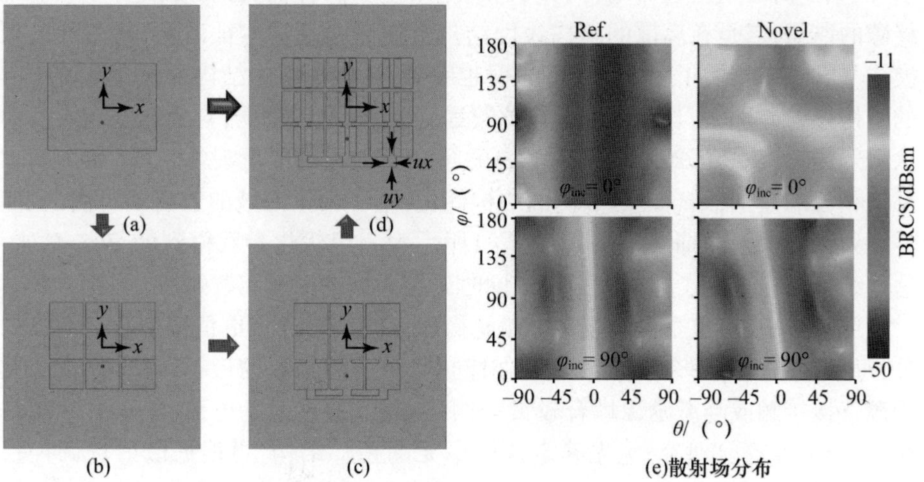

图 2.4　强制馈电超构表面天线及散射场对比(见彩图)

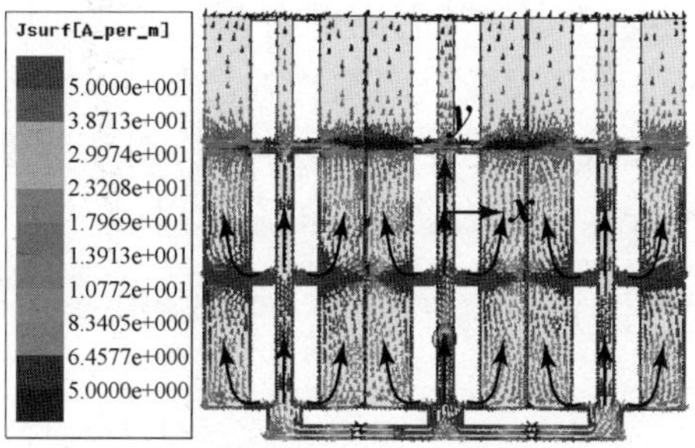

图 2.5　强制馈电超构表面天线辐射电流(3.0GHz)

对于缝隙耦合馈电的超构表面天线,如图 2.6(a)所示,其有两层介质板和三层金属构成,自上而下依次为:上表面为超构表面的方形贴片,且为了实现散射场控制,共有两种方形贴片构成;中间层为超构表面的金属地,为了给天线馈电,在金属地上开有矩形缝隙,最下层为金属传输线。将超构表面天线划分成图 2.6(a)所示的两个区域,子区域 1 与缝隙强烈耦合,而子区域 2 与缝隙耦合相对较弱,因此子区域 1 内的数字超构表面结构将对天线辐射性能起到主要影响作用。为了确保天线良好辐射,首先对区域 1 内的结构进行参数优化,目标是实现天线良好匹配和有效辐射。在此基础上,进而对区域 2 内的结构进行参数优化,目标是在保证天线良好辐射的同时,实现对散射场的调控。图 2.6(b)对比了单独改变各子区域超构表面结构对天线端口匹配的影响,可以看到,该天线产生了两个谐振点,且区域 1 对谐振特性起决定作用、区域 2 对谐振特性影响较小。图 2.6(c)~(d)给出了天线在不同频率处的表面电场分布,可以看出,区域 1 内的超构表面结构与馈电缝隙产生了两种耦合谐振效应:一是匹配缝隙的谐振;二是在离散的超构表面结构上激励起新的本征谐振,这两种谐振模式共同辐射拓展了工作带宽。同时也看到,区域 2 内的结构由于与区域 1 内的结构参数差别大,且距离耦合缝隙较远,其感应电流较弱,对辐射影响小。而从散射的角度看,区域 1 和区域 2 内的超表面结构都能反射雷达波,利用两者反射相位的差别,结合区域 2 内的结构优化,基于两个区域的散射场对消,也能实现天线强散射的抑制。如图 2.6(e)所示为一组优化参数得到的 RCS 对比,这些结果同样说明了超构表面可以同时调控天线的辐射和散射场。

更一般地,对整个天线按照电磁超构表面的结构进行更精细的数字网格划分,每个网格记为一个单元,对于辐射问题,结合激励源的形态,首先分析与激励源直接接触或与激励源耦合较大的网格单元,通过激励电流、电场的分布规律,结合天线辐射理论,优先确定这些单元的拓扑结构,再根据散射场调控目标,确定剩余网格单元的拓扑结构,从而实现对超构表面天线辐射散射场的综合调控。

值得一提的是,相较于电磁辐射问题有相对成熟的设计指导理论,电磁散射问题涉及对整个超构表面天线全部结构的全局考虑,其考量范围更大,对其调控可借助数值算法进行优化设计。具体看,对于散射问题,记每个单元(m,n)为一个场源点,整个超构表面天线的总散射场为

$$\boldsymbol{E}^{\mathrm{s}}(\theta,\varphi)=\cos q_e\theta\sum_{m=0}^{M-1}\sum_{n=0}^{N-1}A_{mn}^{\mathrm{s}}e^{-\mathrm{j}kr_{fmn}}e^{\mathrm{j}\varphi_{mn}}e^{\mathrm{j}k\boldsymbol{r}_{mn}\cdot\boldsymbol{u}} \tag{2.3}$$

其中

$$A_{mn}^{\mathrm{s}}=\cos^{q_e}\theta_{\mathrm{inc}}\cdot|\Gamma_{mn}| \tag{2.4}$$

式中:θ_{inc}为来波方向;kr_{fmn}为雷达波到每个单元的不同照射路径引起的相位,$|\boldsymbol{\Gamma}_{mn}|$、$\boldsymbol{\varphi}_{mn}$分别为每个单元对雷达波的反射幅度和相位。利用上述公式即可计算散射场。此外,将傅里叶变换技术与上述散射场计算相耦合,可以对计算进行加速,便于更高效的分析与优化,加速后的天线散射场表达式为

$$\boldsymbol{E}^{\mathrm{s}}(u,v)=(1-u^2-v^2)^{q_e/2}\cdot MN\cdot\mathrm{IDFT}\left[\frac{e^{-\mathrm{j}kr_{fmn}}}{r_{fmn}}\cdot\cos\theta_e\cdot|\Gamma_{mn}|\cdot e^{\mathrm{j}\varphi_{mn}}\right] \tag{2.5}$$

式中:$u=\sin\theta\cos\varphi$;$v=\sin\theta\sin\varphi$。按照这种方法计算的结果和全波电磁仿真得到的结果是一致的,且该方法还可以逆向设计,即根据按需定制的散射场,快速优化得到对应的超构表面天线尺寸,从而实现散射场的精准调控,具有较好的普适性。

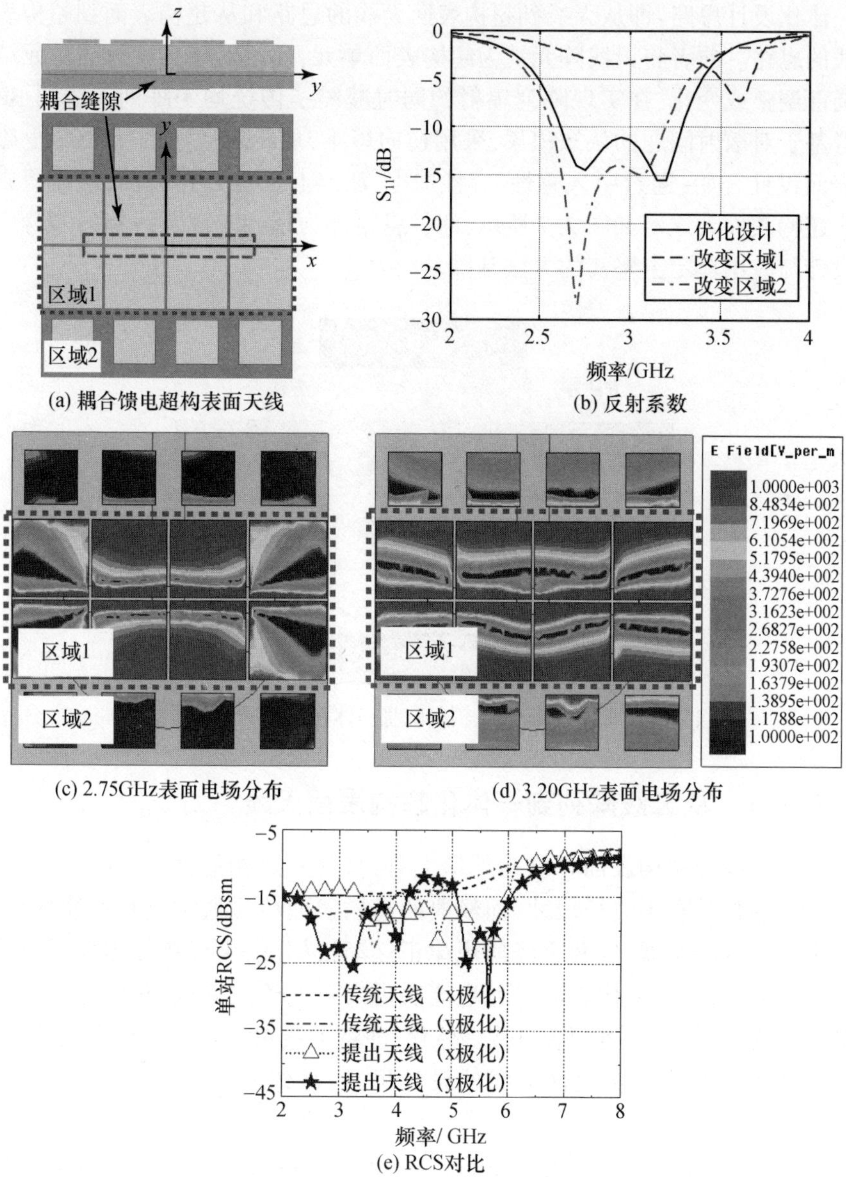

(a) 耦合馈电超构表面天线　(b) 反射系数

(c) 2.75GHz表面电场分布　(d) 3.20GHz表面电场分布

(e) RCS对比

图 2.6　耦合馈电超构表面天线及散射控制机理

2.2　超构表面天线辐射隐身一体化设计方法

在上述调控机理分析的基础上，从天线和电磁超构表面的结构、性能两个维度综合考虑，对基于电磁超构表面的天线隐身设计，在总体方法上提出了两种一体化设计思路:即从天线到超构表面天线的思路和从超构表面到超构表面天线的思路。前者将天线阵元视为超构表面单元,通过对阵列中天线单元结构的局部调整或变化,在实现阵列辐射的同时减缩了传统均匀阵列天线的 RCS。后者基于对散射问题的认知积累,采用逆向思维,从相对成熟的低 RCS 电磁超构表面设计开始,通过引入感性/容性馈电,激励起部分超构表面,从而得到低 RCS 超构表面天线。如图 2.7 所示,两种思路都为超构表面天线辐射隐身一体化设计与应用奠定了坚实的方法基础。

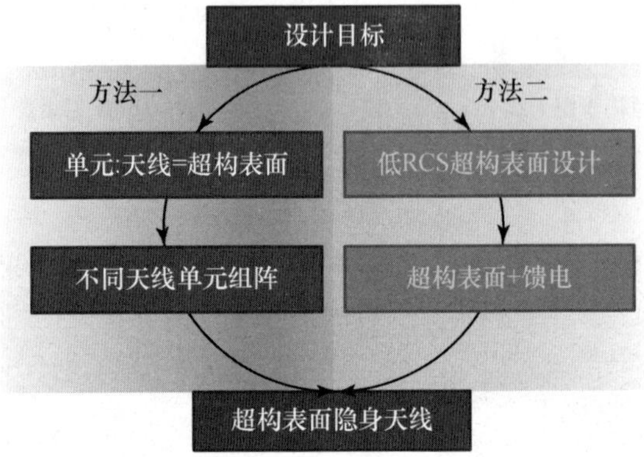

图 2.7 超构表面天线辐射隐身一体化设计的两种方法

2.2.1 从天线阵列到一体化超构表面天线

阵列天线与超构表面在结构外形上看,具有一定相似性。不同的是,传统天线单元通常具有半波长尺寸,而经典的超构表面单元通常具有亚波长尺寸。随着电磁技术的发展,这两个经典规律正逐渐被拓展,天线单元出现了亚波长的设计,而半波长的超构表面单元也能表现出对电磁波幅度、相位等特性的有效调控。为此,提出了将两者直接一体化,即将天线单元视为超构表面单元,从天线阵列到一体化超构表面天线的设计思路,具体实施中,其主要包括以下步骤[93]。

第一步:根据天线的低 RCS 频段需求,设计一种天线单元,该单元辐射性能良好,将其视为超构表面单元,其对雷达波的有效散射频段在目标低 RCS 频段内;

第二步:根据天线的低 RCS 频段需求,设计另一种相似而不相同的天线单元,该单元与第一步中的单元具有相同的工作频段和增益等辐射性能,将其视为超构表面单元,其对雷达波的有效散射频段在目标低 RCS 频段内;

第三步:参考低 RCS 超构表面的设计及优化方法,将上述设计的两个单元组阵构成超构表面阵列天线，同时实现低 RCS 和有效辐射。

按照上述步骤，首先设计了如图 2.8 所示的两种天线单元，两种天线单元上层贴片形状基本相同，但圆环开口的方向和中心处十字的具体尺寸不同，这些差异主要是为了同时保证两个目标：一是作为天线，两个单元的辐射性能相同；二是作为超构表面，两个单元对雷达波几乎全反射且能形成 180°±37°的有效相位差。如图 2.9 所示，该单元对雷达波的反射相位差在 6GHz 附近满足条件，对 x 极化波反射幅度接近于 1，对 y 极化波的损耗是由天线匹配吸收造成的。采用两种低 RCS 超构表面的组阵方式：随机编码和棋盘编码，分别得到图 2.10 所示的设计阵列和棋盘阵列，其对应的辐射性能如图 2.11 所示，可以看出，两种排布得到的天线阵列增益几乎相同，图 2.11(b) 表明阵列中每个天线单元的反射特性都基本相同，以上结果表明：单元的排布方式基本不影响阵列的辐射特性。

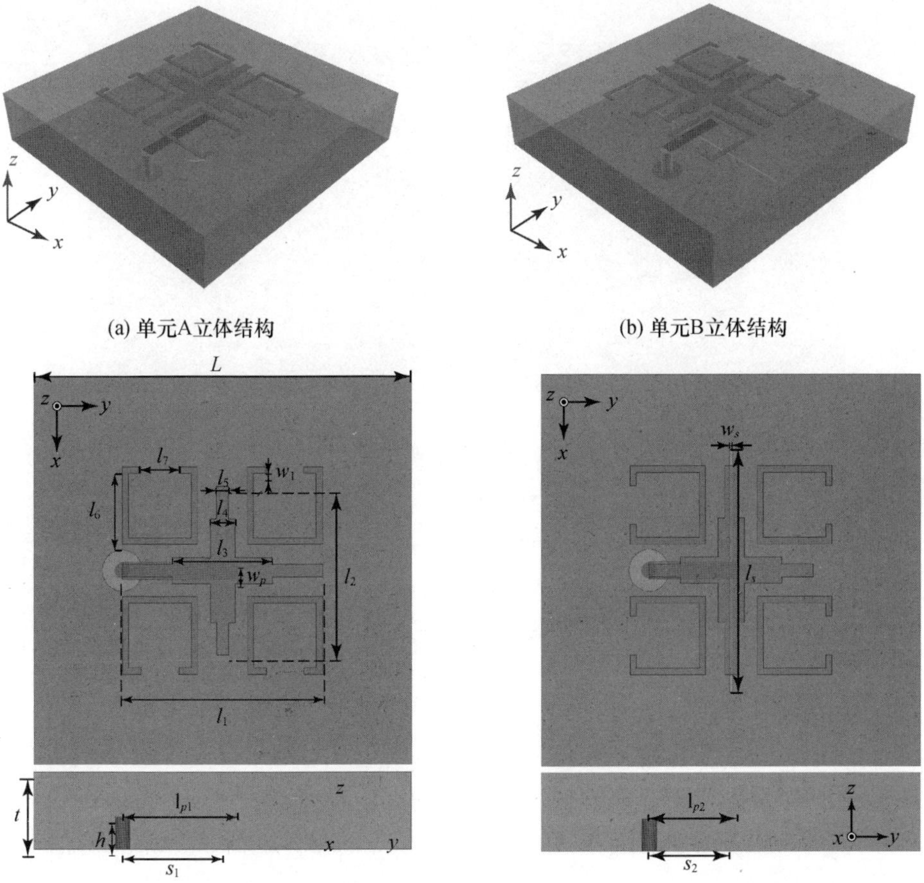

(a) 单元A立体结构　　(b) 单元B立体结构

(c) 单元A平面结构　　(d) 单元B平面结构

图 2.8　天线阵元结构示意图

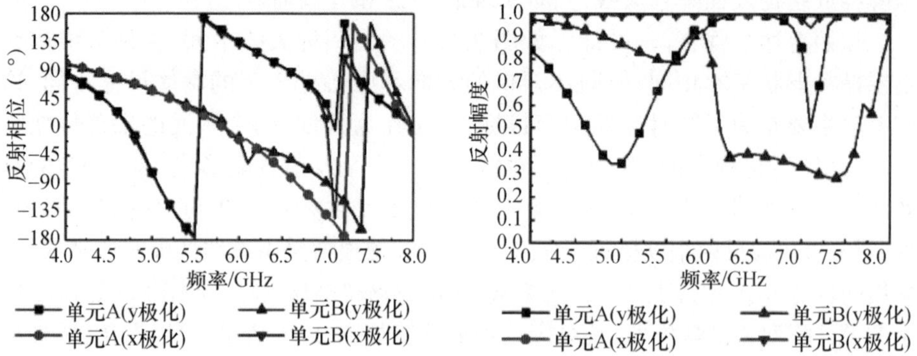

(a) 反射相位　　(b) 反射幅度

图 2.9　两单元对雷达波的反射特性

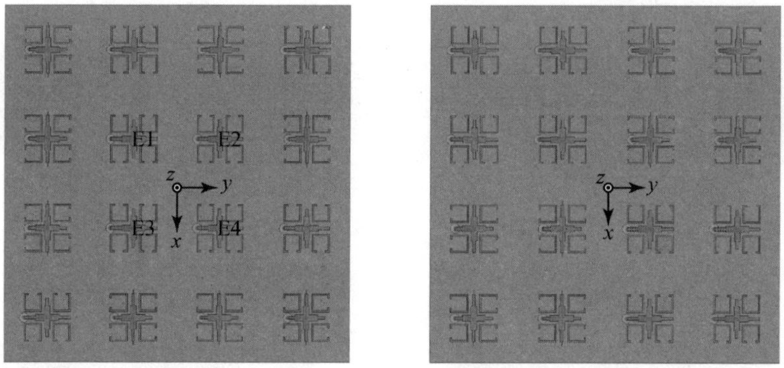

(a) 设计天线阵　　(b) 棋盘式天线阵

图 2.10　天线阵结构

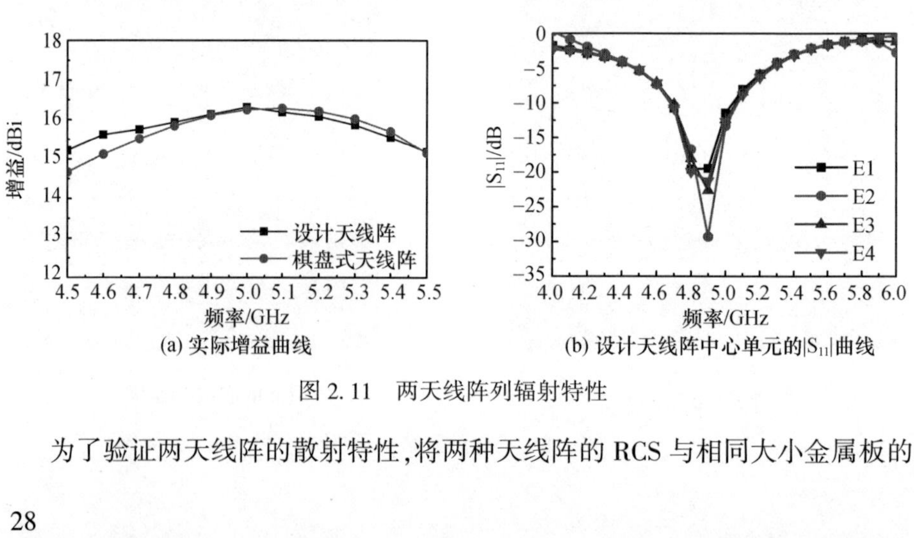

(a) 实际增益曲线　　(b) 设计天线阵中心单元的$|S_{11}|$曲线

图 2.11　两天线阵列辐射特性

为了验证两天线阵的散射特性，将两种天线阵的 RCS 与相同大小金属板的

RCS 进行比较，得到两天线阵法线方向单站 RCS 减缩曲线和散射方向图如图 2.12~图 2.13 所示。当 x 极化波垂直入射时，设计天线阵单站 RCS 的 6dB 减缩带宽为 4.8~7.4GHz，相对带宽 42.6%；当 y 极化波垂直入射时，设计天线阵单站 RCS 的 6dB 减缩带宽为 4.6~7.8GHz，相对带宽 51.6%。同时，设计天线阵较棋盘式天线阵散射能量分布更加均匀。其中，设计的阵列在 x 极化方向基于相位对消原理减缩 RCS，在 y 极化方向基于相位对消与吸波原理减缩 RCS。以上设计验证了提出的从天线阵列到一体化超构表面天线的设计方法及步骤的有效性。

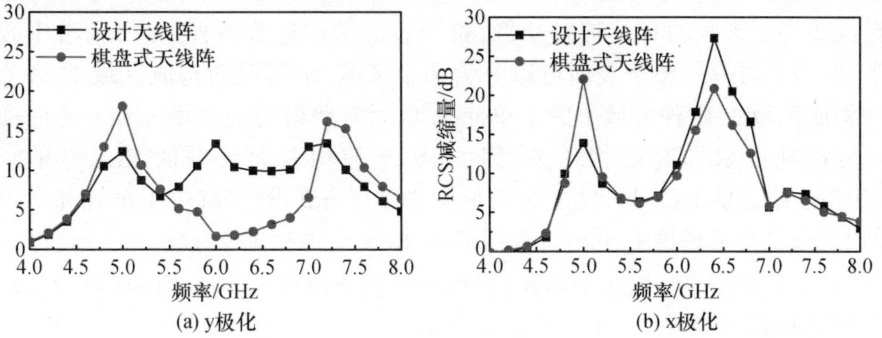

图 2.12　天线阵单站 RCS 减缩曲线

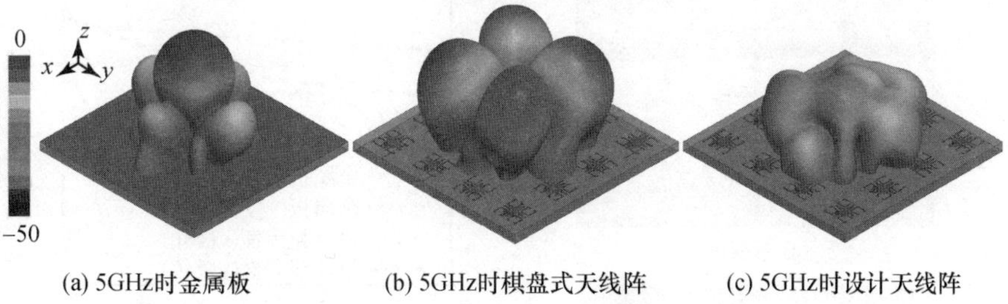

图 2.13　垂直入射时三维散射场分布

2.2.2　从超构表面到一体化超构表面天线

尽管上述从天线阵列到一体化超构表面天线的设计非常有效，但也存在一定的限制，如仅能对天线阵列实现 RCS 减缩、天线单元设计需兼顾辐射和散射性能、设计优化过程烦琐耗时长等，而采用逆向思维，从超构表面到一体化超构表面天线的设计方法则可以避免或解决这些问题。这一方法的现实基础是：超构表面单元和基于超构表面的低 RCS 表面研究较多、设计较为成熟，而超构表面的碎片化离散结构为电磁辐射提供了丰富可能性。具体实施中，该方法主要包括以下步骤。

第一步:根据天线的低 RCS 频段需求,设计低 RCS 超构表面,保证两者低 RCS 频段一致;

第二步:在低 RCS 超构表面的基础上,选用容性馈电或感性馈电等馈电技术,使得超构表面的部分单元在辐射时被有效激励,从而得到超构表面天线;

第三步:对于上述第二步得到的超构表面天线,进行结构参数微调,同时实现低 RCS 和有效辐射。

按照上述步骤,首先设计了如图 2.14(a)~(b)所示的低 RCS 超构表面结构,其由 4×3 个工字型单元构成,具体包含两种尺寸的单元。综合考虑到后续要得到天线的有效辐射功能,整个表面结构包含两种尺寸,且沿中心上下、左右都对称。整个表面可以分为两个区域:中间两列构成区域 1,边上两列构成区域 2,两种区域中的 1 单元、2 单元对照射雷达波沿 x 和 y 方向都形成低损耗反射和有效相位差,因此,整个超构表面具有低 RCS 性能。以 5.9GHz 附近低 RCS 为目标,对两种尺寸进行仿真设计,其中 1 单元和 2 单元周期相同,整个超构表面相对金属板的 RCS 结果如图 2.14(c)所示,可以看出,对于 x 极化或 y 极化平面波,设计的超构表面在 5.5~8.5GHz 较金属板都有明显的 RCS 减缩。

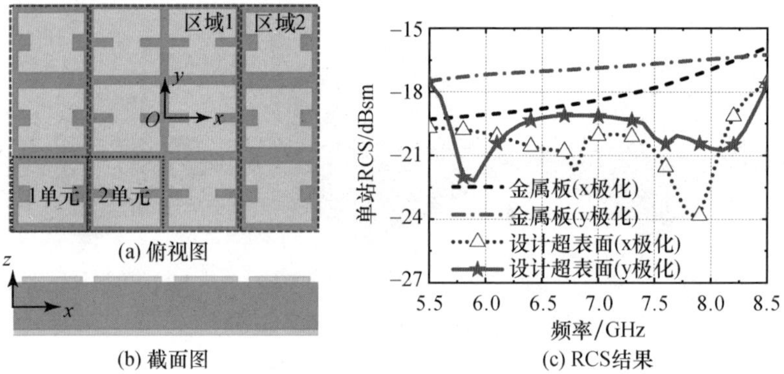

图 2.14 低 RCS 超构表面及其 RCS

在此基础上,进一步设计了图 2.15(a)所示的一体化低 RCS 超构表面天线[94],其将中心的两个超构表面单元通过微带线枝节相连,并加以容性强制馈电。这种细微的结构改变并不影响整体超构表面的宏观序,因此得到的超构表面天线将继承低 RCS 性能。从图 2.15(b)中可以看出,对于 x 极化平面波,设计天线在 5.6~8.6GHz 较传统天线有明显的 RCS 减缩;对于 y 极化平面波,设计天线在 5.5~8.5GHz 较传统天线有明显的 RCS 减缩。图 2.15(c)~(f)的散射方向图表明，设计的超构表面天线将照射雷达波能量对称散射至法向之外，因此避免了传统天线法向的强散射，实现了 RCS 减缩。为了说明该超构表面天线的辐射性能，将其和相同工作频率的传统微带天线对比，如图 2.16 所示，从图 2.16(a)(c)(d)可以看出，两种天线的工作带宽、辐射方向图和增益都几乎相同，图 2.16(b)表明采用的激励方式有效激励起区域 1 内的超构表面单元，且其电流分布规律与传统矩形微带天线相似，而区域 2 内的超构表面单元电流较弱，说明其对辐射贡献较小。综合这些结果表明，提出的从超构表面到一体化超构表面天线的设计方法及步骤是有效的。

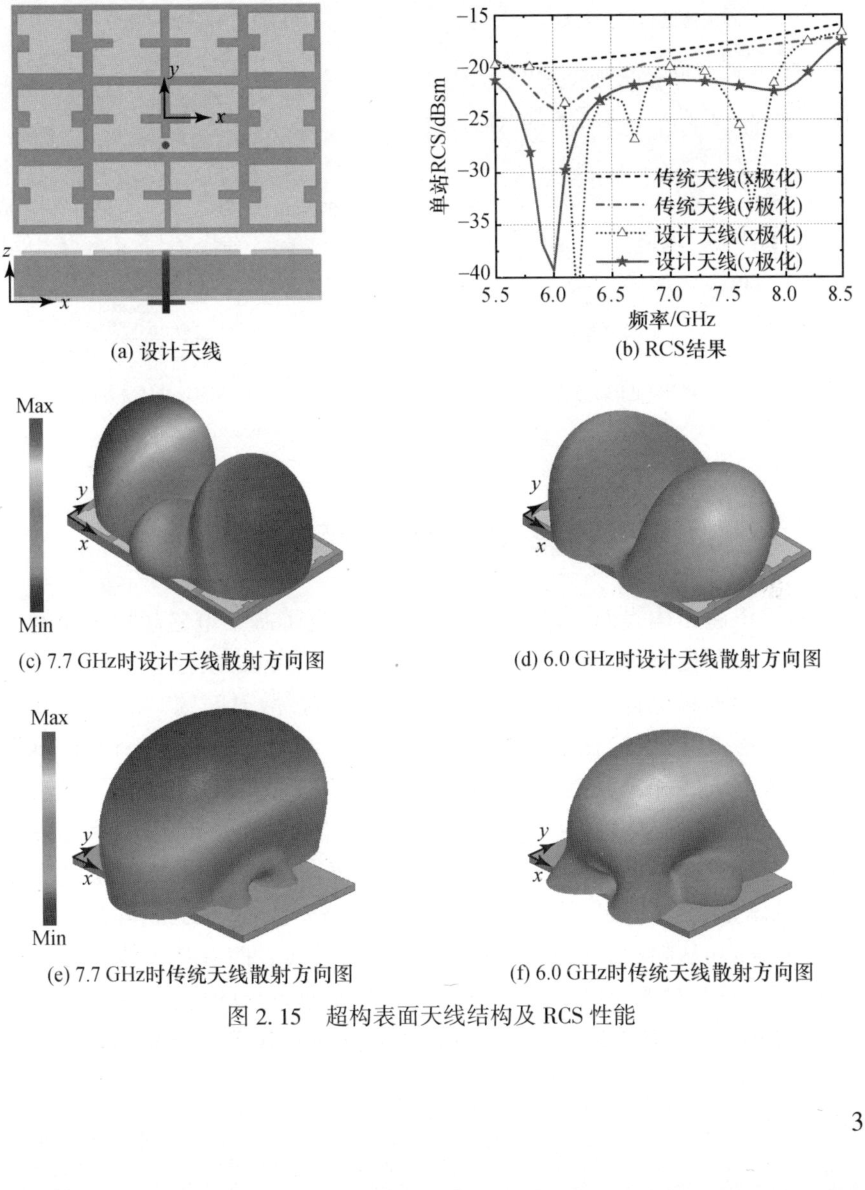

(a) 设计天线　(b) RCS结果

(c) 7.7 GHz时设计天线散射方向图　(d) 6.0 GHz时设计天线散射方向图

(e) 7.7 GHz时传统天线散射方向图　(f) 6.0 GHz时传统天线散射方向图

图 2.15　超构表面天线结构及 RCS 性能

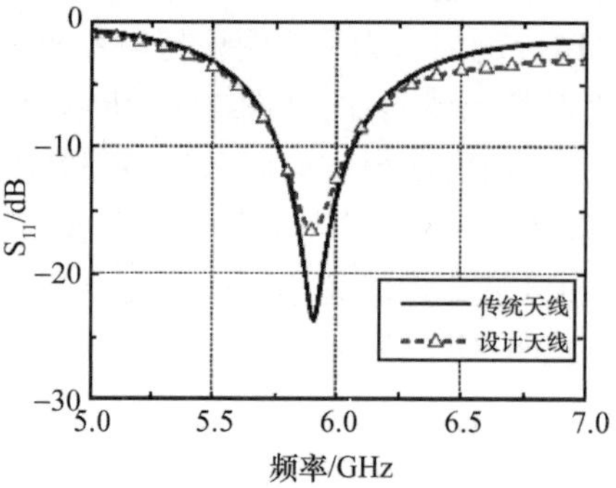

(a) 天线端口反射系数

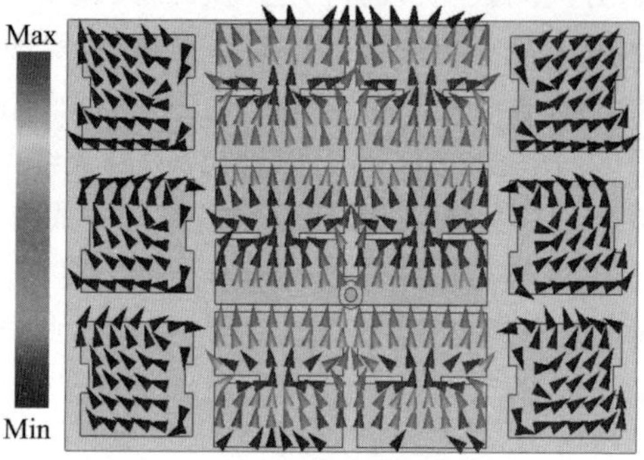

(b) 5.9 GHz表面电流分布

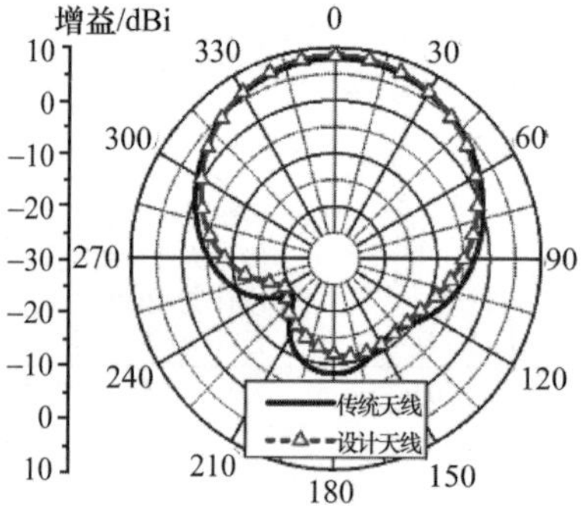

(c) 5.9GHz处E面方向图

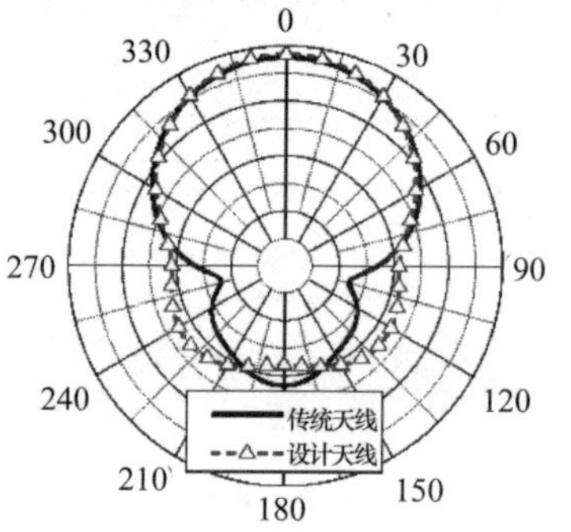

(d) 5.9GHz处H面方向图

图 2.16　天线辐射性能

2.3 小　结

本章将电磁超构表面与印刷天线相结合,研究了基于电磁超构表面的天线辐射散射综合调控机理。针对印刷天线的结构特点,首先,建立了辐射散射问题共用的表面电磁综合分析模型,分析了天线辐射、散射问题“场源”的共性都是电流源或磁流源,不同在于这些源的激励源头不同。根据这一特点,以强制馈电超构表面天线和缝隙耦合馈电超构表面天线为例,分别分析了天线辐射、散射性能与表面局部结构的内在联系,揭示天线散射场的特点及成因和辐射场的形成机理。以此为基础,从天线和电磁超构表面的结构、性能两个维度综合考虑,在总体方法上,提出了两种一体化设计思路方法:即从天线阵列到一体化超构表面天线和从超构表面到一体化超构表面天线。前者将天线阵元直接视为超构表面,通过对天线单元的精心设计和对阵列布局的优化,在获得良好辐射性能的同时实现 RCS 减缩。后者从相对成熟的低 RCS 电磁超构表面设计开始,通过引入感性/容性馈电,激励起部分超构表面,从而得到低 RCS 超构表面天线。针对每种设计方法,分别给出了详细的设计步骤,并以一个具体实例简明阐述了设计方法及步骤的有效性。本章不仅为隐身天线的优化设计提供了理论依据,还为后续超构表面设计明确了需求目标,并为基于超构表面的隐身天线具体设计提供了方法指导。

第3章 宽带吸波低RCS超构表面设计

吸收雷达波是减小RCS、实现隐身最直接且有效的方法之一。然而,对于天线隐身而言,吸波和天线的辐射看似是天生的一对矛盾,因此吸波很少直接应用于天线的隐身,尤其是传统的涂覆型吸波材料,其几乎不能用于天线隐身设计。利用超构表面对电磁波幅度响应得到的吸波材料是一种结构型吸波材料[5],其具有薄、轻、强等突出优点,且表面无损耗层,可用于辐射结构周围,并且能承受一定载荷,这些特点使得这类超构表面在天线隐身设计中表现出巨大应用潜力[95-96]。鉴于吸波带宽和隐身带宽的一致性,实现宽频带的吸波超构表面一直是研究人员的梦想。针对低频吸波超构表面带宽窄、剖面厚、实现难等问题,本章将研究超构表面的吸波机理,分析磁性介质对吸波性能的影响,并探索把有源器件集成于超构表面,设计实现宽带、超薄超构表面吸波体,为其在天线宽带隐身中的应用奠定基础。

3.1 超构表面吸波率与RCS的关系

首先,从理论上推导了超构表面吸波率与RCS的关系[97]。定义反射率 $R=|S_{11}|^2$,透射率 $T=|S_{21}|^2$,则对于以金属板为底层($|S_{21}|^2=0$)的超构表面,吸波率 A 为

$$A=1-R-T=1-|S_{11}|^2-|S_{21}|^2=1-|S_{11}|^2 \tag{3.1}$$

式中

$$R=|S_{11}|^2=\frac{|\boldsymbol{E}^r|^2}{|\boldsymbol{E}^i|^2} \tag{3.2}$$

式中:上标i,r分别代表入射、反射。

以 σ 表示目标的RCS,d 表示测试距离,则有

$$\sigma=\lim_{d\to\infty}4\pi d^2\frac{|\boldsymbol{E}^s|^2}{|\boldsymbol{E}^i|^2} \tag{3.3}$$

式中:s代表散射。

对于垂直入射下的单站RCS

$$\boldsymbol{E}^{\mathrm{s}}=\boldsymbol{E}^{\mathrm{r}} \tag{3.4}$$

将式(3.4)、式(3.2)、式(3.1)分别代入式(3.3),得

$$\sigma = \lim_{d\to\infty} 4\pi d^2 (1-A) \tag{3.5}$$

对于理想金属板,当 $A = A_{pec} = 0$ 时,则可得吸波体吸波率 A 与 RCS 减缩量(RCSR)$\Delta\sigma$ 之间的关系为

$$\Delta\sigma = -10\lg(1-A)\,\mathrm{dB} \tag{3.6}$$

图 3.1 给出了 $\Delta\sigma$ 随 A 变化的曲线。可以看出,当吸波率为 50%时,理想情况下的 RCSR 仅有 3dB,随着吸波率的增加,RCSR 迅速上升,当吸波率达 90%时,RCSR 为 10dB。可见,实际上,对于隐身要求较高的场合,半功率的吸波效果并不能满足需求,为了获得较好的 RCS 减缩效果,设计吸波体时,其吸波率应尽可能高,对于 10dB 的 RCS 减缩目标,超构表面的吸波率应大于 90%。

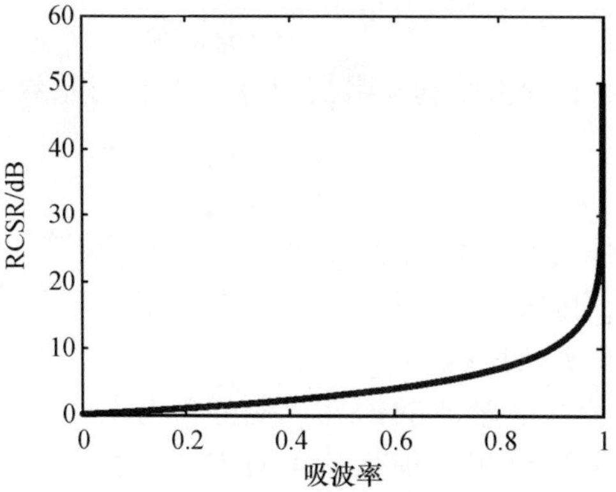

图 3.1　吸波率与 RCSR 的关系曲线

3.2　吸波机理分析

理解超构表面的吸波机理,是进行结构设计的基础和前提。超构表面要想实现较好的吸波特性,需满足两个条件:一是超构表面的表面阻抗要与自由空间波阻抗匹配,入射电磁波能够无反射地进入超构表面结构中;二是超构表面结构内要存在损耗,电磁波的能量能够以热能的形式被消耗掉。

阻抗匹配原理可以基于电磁波传输线理论分析。当电磁波由自由空间入射到超构表面时,在接触面既会产生反射又会产生透射,其反射和透射的情况由阻抗匹配程度决定。传输线理论可以对这一现象进行分析。

设超构表面吸波体的等效介电常数与磁导率的关系为

$$\varepsilon(\omega) = \varepsilon_0 \varepsilon_r(\omega) \tag{3.7}$$

$$\mu(\omega) = \mu_0 \mu_r(\omega) \tag{3.8}$$

其中:μ_0、ε_0 为真空中的磁导率与介电常数,μ_r、ε_r 为吸波体的相对磁导率与相对介电常数。当电磁波照射到吸波体上,根据传输线理论,得到在 TE 和 TM 极化下的反射系数为

$$R_{TE}=|r_{TE}|^2=\left|\frac{\cos\theta-\mu_r^{-1}\sqrt{n^2-\sin^2\theta}}{\cos\theta+\mu_r^{-1}\sqrt{n^2-\sin^2\theta}}\right|^2 \tag{3.9}$$

$$R_{TM}=|r_{TM}|^2=\left|\frac{\varepsilon_r\cos\theta-\sqrt{n^2-\sin^2\theta}}{\varepsilon_r\cos\theta+\sqrt{n^2-\sin^2\theta}}\right|^2 \tag{3.10}$$

式中:θ 为入射角,当 $\theta=0$ 时,将式(3.7)、式(3.8)代入式(3.9)、式(3.10)推导可得吸波体结构的反射系数,可统一表示为

$$R(\omega)=\left|\frac{Z-\eta_0}{Z+\eta_0}\right|^2 \tag{3.11}$$

式中:等效阻抗为 Z;自由空间的波阻抗为 η_0。若反射系数为 0,则 $Z=\eta_0$,推导得到

$$\mu/\mu_0=\varepsilon/\varepsilon_0 \tag{3.12}$$

这时超构表面吸波体的相对介电常数与相对磁导率相等。因此,在设计中,尽可能使得特定频率范围吸波体的相对介电常数与相对磁导率的大小相等,就可以最大限度减小电磁波的反射。

超构表面吸波体对电磁波的损耗机制通常分为 3 种:电阻型损耗、电介质损耗和磁损耗。利用电阻型损耗这类吸波体结构的损耗特性与材料的电导率有关,常在吸波体上加载不同的集总元器件或运用高阻抗表面以增加其电导率,使得载流子引起的宏观电流越大,从而有利于将电磁波能量转化为热能。利用电介质损耗和磁损耗这两类机制设计的吸波体结构的电磁参数需要满足一定条件。根据电磁理论,单位长度上电磁波衰减量可用衰减参数 α 表示为[98]

$$\alpha=\frac{\omega}{\sqrt{2}c}\sqrt{(\mu''\varepsilon''-\mu'\varepsilon')\sqrt{\mu'^2+\mathrm{i}\varepsilon''^2}} \tag{3.13}$$

式中:ω 为入射电磁波的角频率;c 为真空中电磁波的传播速度;材料的复介电常数和复磁导率分别为 $\varepsilon=\varepsilon'-\mathrm{i}\varepsilon''$、$\mu=\mu'-\mathrm{i}\mu''$。要实现对吸波体内电磁波的衰减需满足:$\varepsilon''$、$\mu''$不能同时等于零。根据式(3.13),要想增加衰减量,则 μ'' 越大、μ'越小越好(电介质损耗型材料则无须考虑该问题)。而 ε'、ε''值的取值大小需要由材料决定,对于电介质损耗型材料,则 ε'越小、ε''越大越好,对于磁损耗材料则相反。

3.3　基于磁性介质的超薄吸波超构表面

3.3.1　单元结构设计

2008 年 Landy 等提出的吸波超结构是在电介质上刻蚀金属得到的[5]，这种方法随后被广泛应用于双频、多频、宽带、极化不敏感等吸波表面设计[99-102]。但当工作频段较低时，工作带宽迅速变窄、剖面变厚、有时甚至很难实现，为此，采用磁性材料作为介质，验证了磁性介质在低频宽带吸波超构表面设计中的可行性。

基于磁性介质所设计的第一种吸波结构单元如图 3.2 所示，整个单元采用旋转对称结构，以实现对任意极化雷达波的有效吸收。该结构在磁性介质上下表面都印制有金属，上表面金属呈曲折线结构，可以延长电流路径，在二维平面内实现小型化，下表面为金属地板。由于采用的介质基板为磁性材料，其独特的磁特性可以使吸波结构以超薄的剖面工作在 P 波段，因此该结构可以实现三维体积小型化。在设计中采用 Ansys HFSS 软件对单元的结构参数进行优化仿真，最终得到的单元周期为 32mm，磁介质厚度为 12mm。

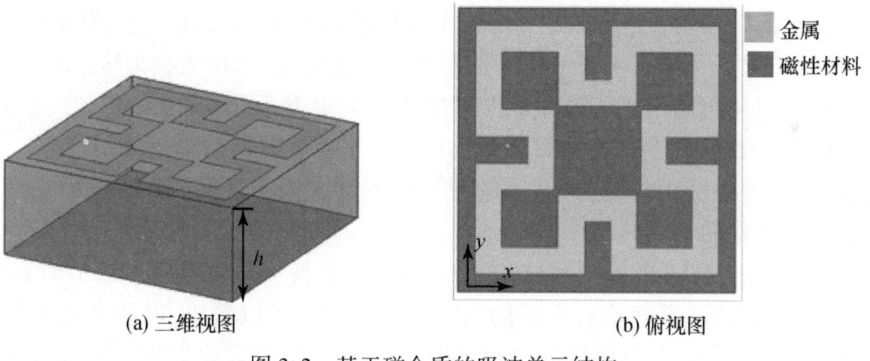

(a) 三维视图　　(b) 俯视图

图 3.2　基于磁介质的吸波单元结构

为了进一步提高吸波带宽，在结构 1 的基础上，通过在金属结构中集成集总电阻，将电磁谐振与电路谐振有机结合，设计了基于磁性介质和集总电阻的宽带超薄吸波超构表面。单元结构如图 3.3 所示，基板上表面印制有常见的“十字”形贴片，贴片边长为 a，宽度为 w。十字贴片两枝节上各加载有两个集总电阻，阻值为 R。介质材料相对磁导率为 μ，磁损耗角正切值为 $\tan\mu$。

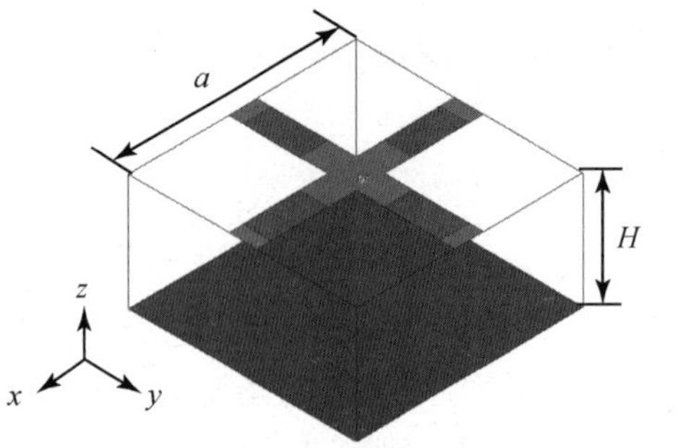

(a) 立体视图

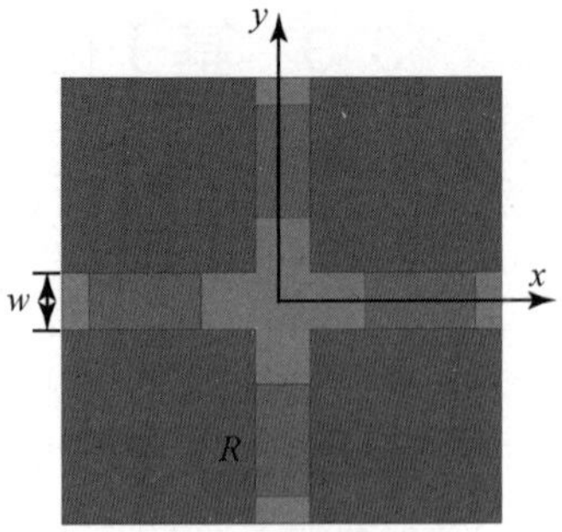

(b) 俯视图

图 3.3　基于磁介质与集总电阻的吸波单元结构

3.3.2　吸波性能分析

由于全金属地板的存在,所设计的两种吸波结构透射系数在微波频段都为 0,因此吸波率定义为:$A=1-|S_{11}|^2$,其中 S_{11} 为单元的反射系数。鉴于设计的吸波结构具有旋转对称性,这里仅对 x 极化雷达波照射下的吸波特性进行分析。图 3.4 为结构 1 仿真得到的雷达波垂直照射下吸波率随磁导率和磁损耗角正切的变化曲线。如图 3.4(a)所示,随着磁导率的增加,吸波中心频率逐渐向低频移动,而吸波率变化较小。当磁损耗角正切在一定范围内变化时,对吸波频点几乎没有影响,但是对吸波率的影响比较大,如图 3.4(b)所示。随着损耗角的增大,最大吸波率呈现出先上升后下降的趋势,这表明介质磁损耗是影响吸波率的主要因素,并且两者之间不是简单的线性关系。因此,在设计吸波结构时,选择适当的磁性材料至关重要,其中磁损耗角正切是需要重点优化的参数。

作为对比,当图 3.2 所示结构 1 中的磁介质换成电介质时,图 3.5(a)和(b)给出了雷达波垂直照射下结构的吸波率曲线。可以看出,电介质的电特性参数对吸波性能的影响规律与磁介质基本一致。介电常数主要影响吸波中心频率,而电损耗角正切则主要影响吸波率。

比较图 3.4 与图 3.5,不难发现,吸波频率对磁导率的变化比介电常数更敏感,采用磁性介质较电介质可以明显提高吸波带宽,且高吸波率对电介质的损耗角更加敏感,这表明,磁性介质可以提升超构表面的吸波稳健性,从而获得更好的吸波稳定性,使用电介质实现低频工作时需要很大的介电常数,这使得使用常规电介质实现低频工作较困难,并且吸波带宽较窄,而使用磁介质时,略微增大磁导率就可以使工作频率明显降低,并且绝对带宽的减小并不明显。因此使用磁性介质设计吸波结构可以实现小型化超低频工作。以 $\mu=3.2$ 为例,所

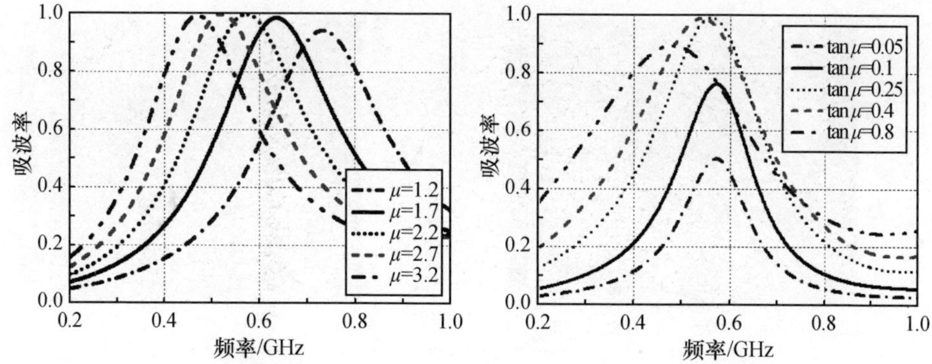

(a) 磁导率　　(b) 磁损耗

图 3.4　磁介质特性参数对吸波率的影响

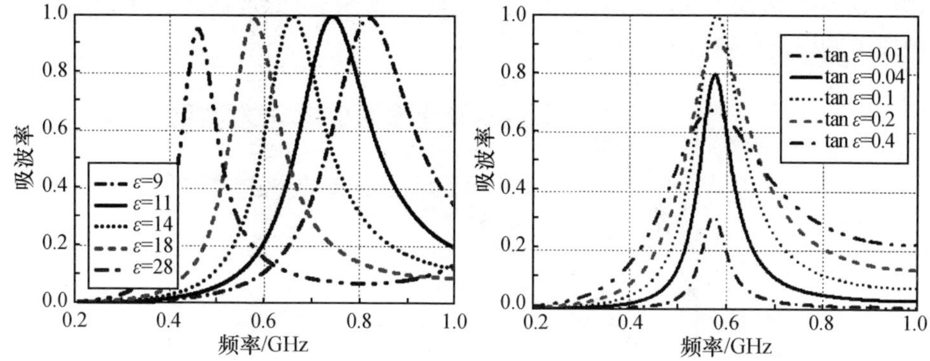

(a) 介电常数　　(b) 电损耗

图 3.5　电介质特性参数对吸波率的影响

设计的吸波结构中心频点为 0.46GHz，基板厚度仅为 0.018λ，单元周期为 0.049λ，以超薄的尺寸在 P 波段实现了完美吸波特性。

图 3.6 仿真了不同入射角和极化角对吸波特性的影响。可以看出，当雷达波入射角度 θ 从 0°增大到 45°时，超构表面的吸波频带略微向高频移动。而极化角从 0°增加到 45°时，单元的吸波性能几乎不变。这些结果说明设计单元拥有极化不敏感和宽入射角特性。

图 3.7 为吸波结构 2 在雷达波不同入射角时的吸波特性曲线。对应的尺寸参数为：$a = 4$mm，$H = 3$mm，$w = 0.5$mm，电阻 $R = 260\Omega$，介质板相对磁导率 $\mu = 60$，磁损耗正切 $\tan\delta = 0.8$。从仿真结果可以看出，在垂直入射时，该吸波结构能够对 0.23～2GHz 的频段实现 90%以上的有效吸波，当入射角在 30°范围内，吸波率仍大于 87%，甚至在 0.6GHz 以后吸波效果优于垂直入射。当入射角

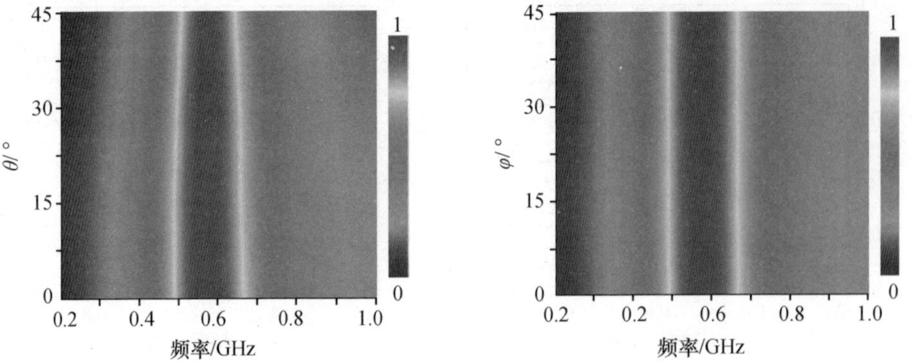

(a) 不同入射角下的吸波率　　(b) 不同极化角下的吸波率

图 3.6　雷达波斜照射下的吸波率

达到 60°时,相较于 30°以内,吸波效果下降较为明显,但是在高于 0.75GHz 的频段吸波率仍然超过了 90%。

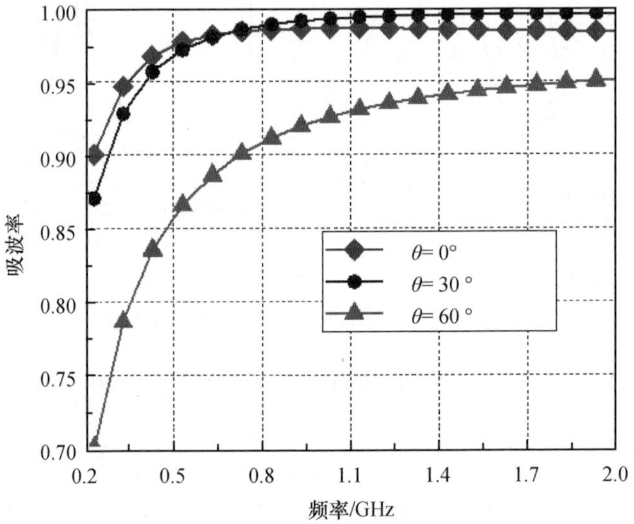

图 3.7　不同入射角对应吸波特性曲线

为进一步分析超构表面的吸波机理,图 3.8(a)给出了 1GHz 谐振点处的表面电流密度分布,图 3.8(b)为介质损耗密度分布。结合两图对比,可以判断雷达波主要被介质下层所吸收,所以金属贴片在此过程中的主要作用并不是吸波,而是实现阻抗匹配。由于磁介质的特殊性质,使得电磁波被引导至介质深层,因此相比于电介质材料,磁介质具备更强的吸波能力。

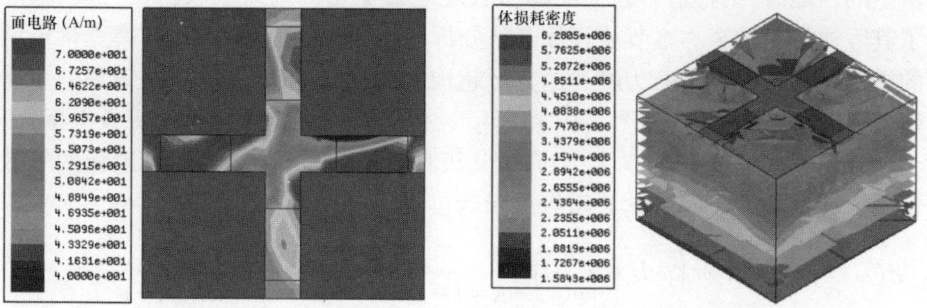

(a) 表面电流分布　　(b) 介质损耗密度

图 3.8　吸波机理分析(见彩图)

3.4　基于可调电子元件的超宽带可调吸波超构表面

尽管上述采用磁性介质可以提高吸波带宽,但无源吸波体在低剖面结构下能够实现的工作带宽仍然有限,且一旦加工完成,其工作性能也就随之固定。可重构技术的出现为展宽吸波体的工作带宽提供了一种新思路[103]。通过在结构中加载可调元器件[104-108],吸波体的工作频段能够根据需要实现动态可调,因此无须增加剖面高度即可实现宽带工作,并且在每个频点均能保证极高的吸波率。基于该思路,文献[109]在单元结构中加载 PIN 开关二极管,通过控制二极管的通断,实现了在两个吸波频段的高效吸波;文献[48]则通过变容二极管的加载,实现了吸波频率的连续可调。总结以上研究现状可以看出,目前实现可重构吸波性能的主要方法是加载单一类型有源器件,实现的吸波带宽也较为有限。能否将不同类型的有源器件混合集成于超构表面单元,以怎样的结构样式和工作模式才能进一步拓宽吸波频段非常值得研究。针对上述问题,通过等效电路模型分析,本节提出一种混合集成有源器件拓宽吸波体工作带宽的新方法[110]。该方法在单元结构中同时加载变容二极管和开关二极管,将工作频率的连续可调与离散搬移结合起来,利用组合工作的思想实现吸波频率的超宽带连续可调。基于所提出的方法,设计了一款超宽带可调超构表面吸波体,阐述了其吸波机理,并通过实验验证了设计方法的有效性。

3.4.1　宽带可调吸波设计方法

传统的无源超构表面吸波体多为电磁谐振结构,当吸波体的表面阻抗和自由空间匹配时,结合适当的损耗即可实现电磁能量的高效吸收,这一机理决定了其吸波带宽较窄。本节从等效电路分析入手,研究吸波体工作频率宽带可调的方法。图 3.9(a)(b)为经典的方形超构表面吸波单元,其可以等效为一个并联 RLC 谐振电路[111],如图 3.9(c)所示。其中 L_p 为上表面贴片的等效电感、C_p 为贴片单元间的耦合电容、R_s 为介质基板损耗电阻、L_g 为下表面接地板的等效电感。该结构的表面阻抗 Z 可以表示为

$$Z(\omega)=\mathrm{j}\omega L_g//R_s//\left(\mathrm{j}\omega L_p+\frac{1}{\mathrm{j}\omega C_p}\right)=\frac{\mathrm{j}\omega L_g(1-\omega^2 L_p C_p)R_s}{R_s[1-\omega^2(L_p+L_g)C_p+\mathrm{j}\omega L_g(1-\omega^2 L_p C_p)]} \tag{3.14}$$

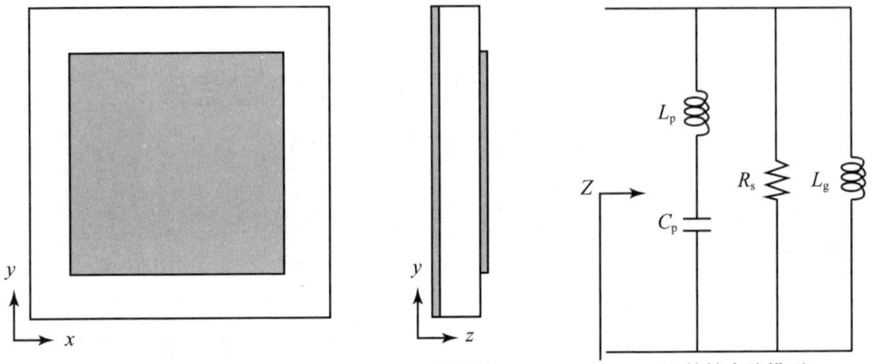

(a) 俯视图　(b) 侧视图　(c) 等效电路模型

图 3.9　方形无源超构表面单元

当该结构谐振时,阻抗 Z 等效为纯电阻,且阻值约等于自由空间波阻抗(377Ω),此时谐振工作频率为

$$f_0=\frac{1}{2\pi\sqrt{(L_p+L_g)C_p}} \tag{3.15}$$

从式(3.15)中很明显可以看出,通过改变单元结构的等效电感或等效电容,且电感和电容的变化足够大时,可以有效调节吸波体的工作频率。为此,在单元结构中串联变容二极管,如图 3.10 所示,其中 C_v 为变容二极管的等效电容,此时对应的谐振频率为

$$f_0=\frac{1}{2\pi\sqrt{(L_p+L_g)C_pC_v/(C_p+C_v)}} \tag{3.16}$$

由此可知,改变变容二极管容值 C_v 的大小,可以连续调节吸波体的工作频率。但当吸波体结构固定后,很难在很宽的频带内确保其和自由空间阻抗都匹配。这导致集成变容二极管后连续可调的吸波带宽往往有限。

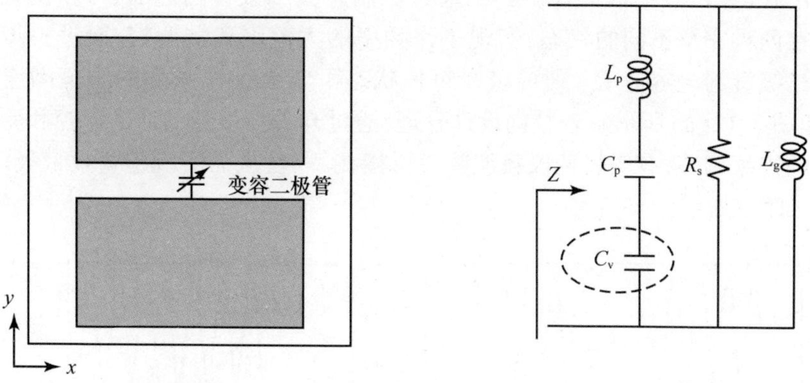

(a) 结构图　　　　(b) 等效电路模型

图 3.10　频率可调超构表面单元

为了进一步拓展吸波带宽，提出在结构中同时集成变容和开关二极管，得到如图 3.11(a)所示的结构。开关二极管导通时近似等效为一个小电阻 R_d，此时整个超构表面吸波单元的等效电路如图 3.11(b)所示。从该电路图可以计算出导通状态下的谐振频率为

$$f_{on}=\frac{1}{2\pi\sqrt{(L_{p1}+L_{p2}+L_{p3}+L_g)C_pC_v/(C_p+C_v)}} \tag{3.17}$$

另一方面，当开关二极管断开时近似等效为一个电容 C_d，此时超构表面吸波单元的等效电路如图 3.11(c)所示。从该电路图可以计算出断开状态下的谐振频率为

$$f_{off}=\frac{1}{2\pi\sqrt{(L_{p1}+L_{p2}+L_g)C_pC_vC_d/(C_pC_v+C_vC_d+C_dC_p)}} \tag{3.18}$$

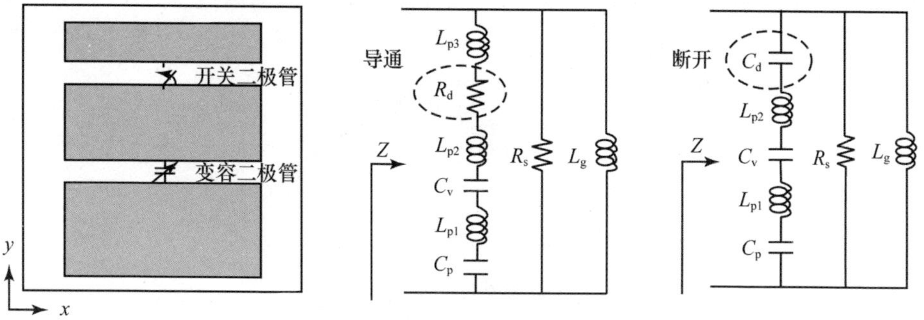

(a) 结构图　　　　(b) 导通时等效电路模型　　　　(c) 断开时等效电路模型

图 3.11　超宽带可调超构表面单元

由式(3.17)和式(3.18)可知,通过控制开关二极管的通断,可以使吸波体工作在两种完全不同的状态,实现工作频率的大范围离散调控;而进一步控制变容二极管的电容值 C_v,则可以在每种状态下实现工作频率的小范围连续可调,如图3.12(a)所示。若结构设计合理,通过开关二极管的通断调控和变容二极管的连续调节,有望将两段吸波频带拼接在一起,从而实现超宽频带吸波,如图3.12(b)所示。

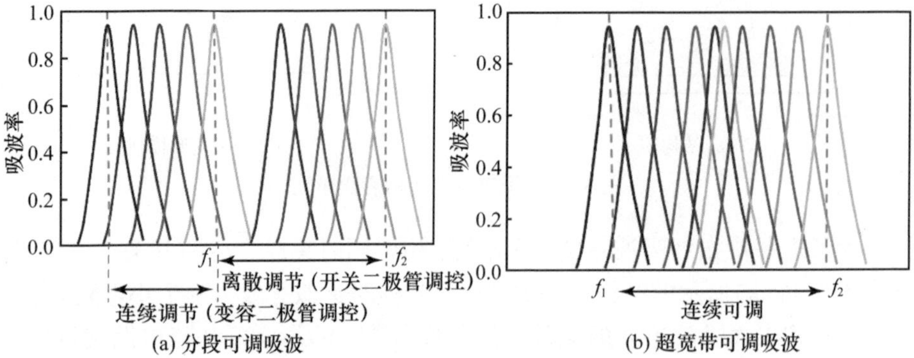

图3.12　宽带可调吸波示意图

3.4.2　单元结构设计

为了验证以上设计方法的有效性,结合C频段雷达隐身的应用需求,提出了如图3.13所示的实际超宽带可调超构表面吸波体单元。介质基板采用高损耗FR4板材,相对介电常数为4.4,损耗角正切为0.02,厚度为0.5mm。基板下表面为完整的金属地,上表面结构包含两个矩形金属贴片和一个梯形金属贴片,三个贴片之间用一个变容二极管和一个开关二极管串联。变容二极管近似集成在上表面贴片的中央电流最强处,以实现有效的频率调控。开关二极管集

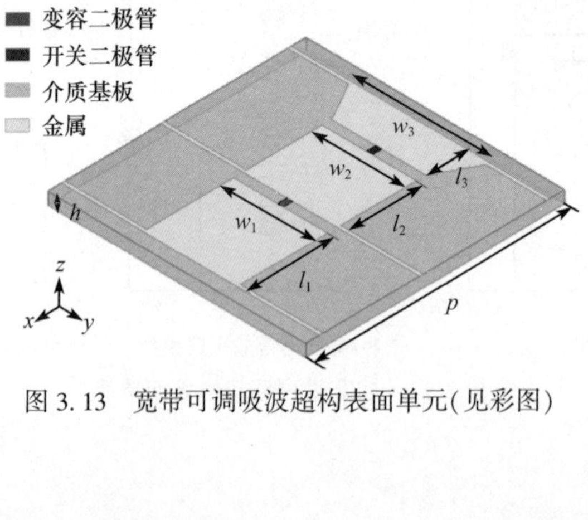

图3.13　宽带可调吸波超构表面单元(见彩图)

成在边缘一侧,以确保通/断时吸波频段连续可调。根据 C 频段的设计目标,结合全波数值仿真,优化后得到的单元结构参数如表 3.1 所列。此外,为了方便给二极管直流馈电,每个金属贴片都连接有宽度为 0.15mm 的高阻抗偏置线,连接直流源后可以给二极管提供偏置电压。

表 3.1　单元结构尺寸

(单位:mm)

参数	p	h	w_1	w_2	w_3	l_1	l_2	l_3
尺寸	11	0.5	4	4	6	4	3.5	1.8

利用高频电磁仿真软件 HFSS 中的周期边界条件,仿真得到了该结构在两种二极管处于不同工作状态下的吸波率,结果如图 3.14 所示。从图 3.14(a)可以看出,当开关二极管断开时,梯形贴片几乎不参与谐振,此时将变容二极管的容值从 0.71pF 增大到 10.23pF 时,吸波峰值对应的频率从 8.51GHz 连续下降到 5.85GHz;而当开关二极管导通时,整个单元的金属贴片结构均参与工作,此时通过调节变容二极管的容值,吸波峰值对应的频率调节范围下移到 4.57~6.05GHz。综合开关二极管通/断两种状态下的吸波性能,所设计的超构表面吸波体在 4.57~8.51GHz 的范围内实现了连续可调吸波,吸波率大于 80%的带宽达到 60%。图 3.14(b)展示了雷达波从不同角度入射时的吸波率曲线,可以看出,当入射角小于 60°时,吸波率几乎不受影响。这些结果表明:所设计的超构表面吸波体不仅实现了超宽带高效吸波,且吸波性能在宽入射角内都有良好稳定性。

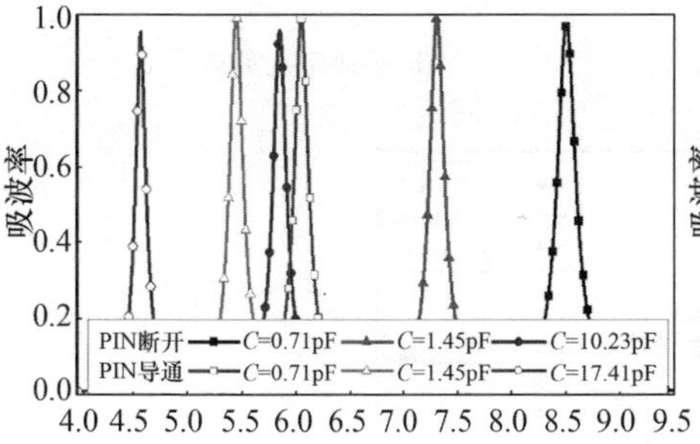

(a) 垂直入射

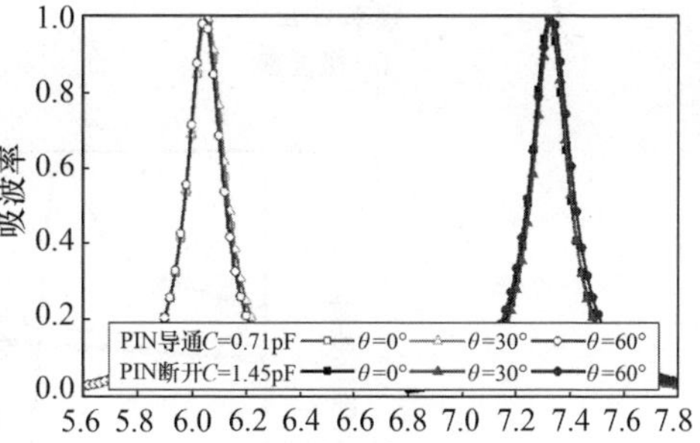

(b) 斜入射

图 3.14　开关二极管不同工作状态下吸波率曲线随变容管容值的变化

3.4.3　吸波性能分析及验证

对上述设计结构进一步分析。仿真了吸波体性能随介质基板厚度和损耗角正切的变化,如图 3.15 所示。从图 3.15(a)可以看出,介质基板的损耗不变时,基板厚度的变化由于会显著影响超构表面结构自身的等效 L_g、C_p,导致吸波频率和吸波峰值都发生了明显变化。进一步地,图 3.15(b)(c)给出了图 3.15(a)对应的表面阻抗,可以看出,当基板厚度 $h = 0.5\text{mm}$ 时,在谐振频点 6.05GHz 处,吸波体的输入阻抗实部约等于自由空间波阻抗 377Ω,虚部约等于 0,实现了能量无反射/透射,此时计算出来的吸波率为 99%,实现了对入射雷达波的完美吸收;而当厚度大于或者小于 0.5mm 时,阻抗都会出现不同程度的失配,部分能量被反射,引起吸波率的下降。因此,想要实现高吸波率,首先要确保吸波体的表面阻抗和自由空间波阻抗匹配。被束缚的能量要依靠有耗介质基板才能损耗掉,因此基板的损耗对吸波率也有至关重要的影响。图 3.16(a)给出了介质基板不同损耗角正切下的吸波率曲线,可以明显看出,损耗角正切越大,吸波率也越大,而当损耗角正切减小时,吸波率峰值快速下降。从图 3.16(b)中的功率损耗密度图也能看出,损耗角越大,能量被消耗的越多,吸波率也就越高。

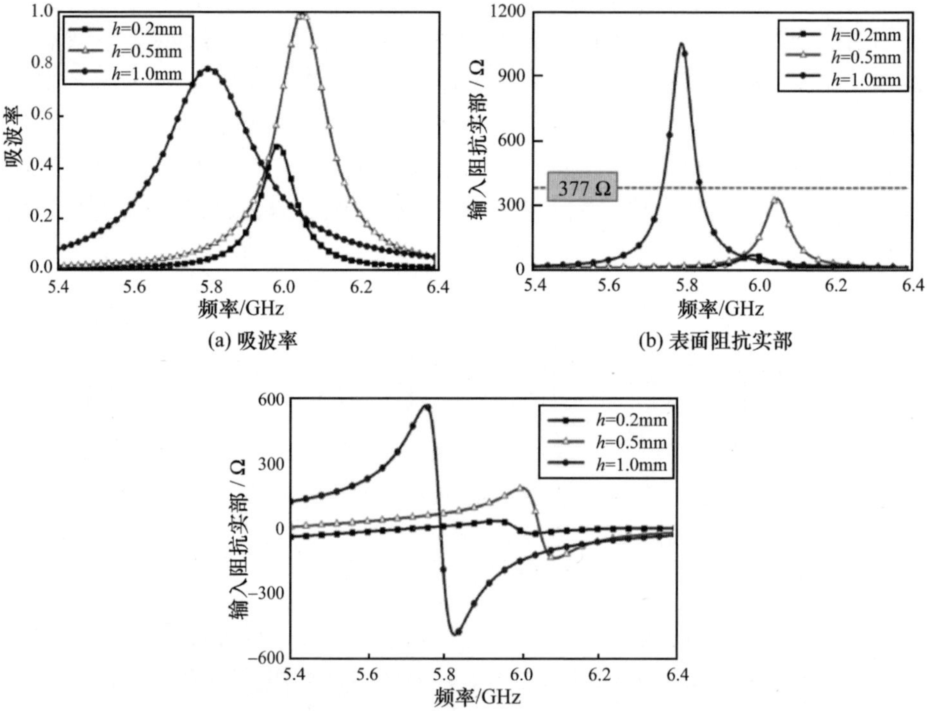

(a) 吸波率　(b) 表面阻抗实部

(c) 表面阻抗虚部

图 3.15　吸波体性能随介质基板厚度的变化(PIN 导通,$C = 0.71\text{pF}$,$\tan\delta = 0.02$)

吸波率测试多采用波导法,即将有限个单元放置在波导腔内进行测试。该方法的特点是:精度高、受空间环境影响小,但要求单元周期和波导口的尺寸要

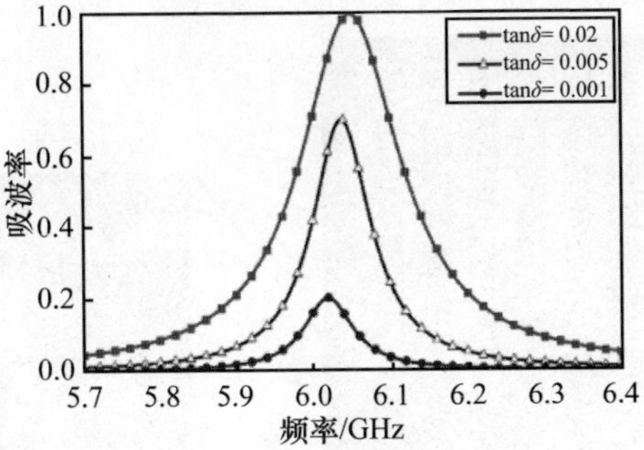

(a) 吸波率

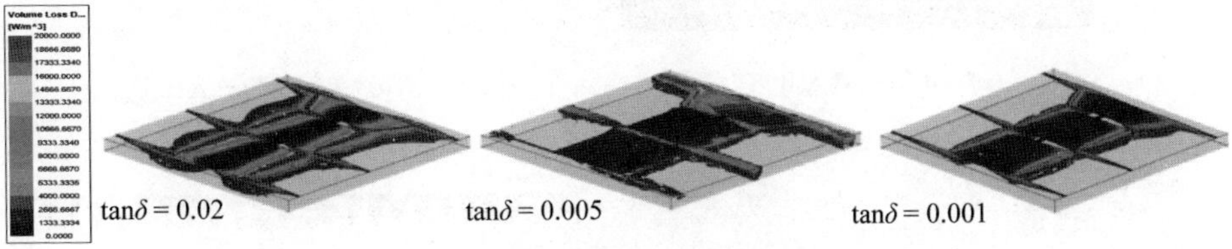

(b) 吸波峰值处的体功率损耗密度

图 3.16　吸波体性能随介质基板损耗角正切的变化

(PIN 导通，C=0.71pF，h=0.5mm)（见彩图）

匹配。受上述吸波单元尺寸的限制，这里采用一种间接验证吸波率的方法，即通过空间波法测试 RCS 减缩效果[74]，验证仿真设计的正确性。将上述设计的吸波体单元排列成 10×10 的阵面并进行加工，加工样件如图 3.17(a)所示，整体尺寸为 110 mm×110 mm×1.5 mm。图 3.17(b)为单元放大图，每个单元上焊接有一个变容二极管和一个开关二极管。变容二极管型号为 SMV1265-040LF，可调节容值范围为 0.71～22.47pF，开关二极管型号为 Infineon BAR50-02。图 3.17(c)为超构表面样件的直流馈电电路示意图，为了给变容二极管施加反向偏置电压 V_c，每个单元结构中最下方的矩形贴片由高阻抗偏置线连接到一起，并接在电压源的正极，而中间矩形贴片由高阻抗偏置线连接到电压源的负极。单元结构中的梯形贴片由高阻抗偏置线连接到电压源的另一个正极，给 PIN 二极管提供导通/截止电压 V_d。

在暗室中利用空间波法对超构表面样件进行测试，测试装置如图 3.17(d)所示。为了提高测试的准确性，在收发天线之间放置一块吸波材料，以减小天线之间的耦合，同时在矢网上应用时域门技术抑制多径散射。图 3.18 与表 3.2 给出了所设计的超构表面吸波体样件较同等大小的参考金属板的 RCS 减缩结果。为了方便分析，图中同时给出了仿真结果。实测结果表明，当 PIN 二极管两端不施加电压时(V_d=0)，二极管断开，此时将变容二极管两端的反偏电压 V_c 从 0.5V 逐渐增大到 30V，RCS 减缩峰值频率可以在 5.82～8.34GHz 的频段内

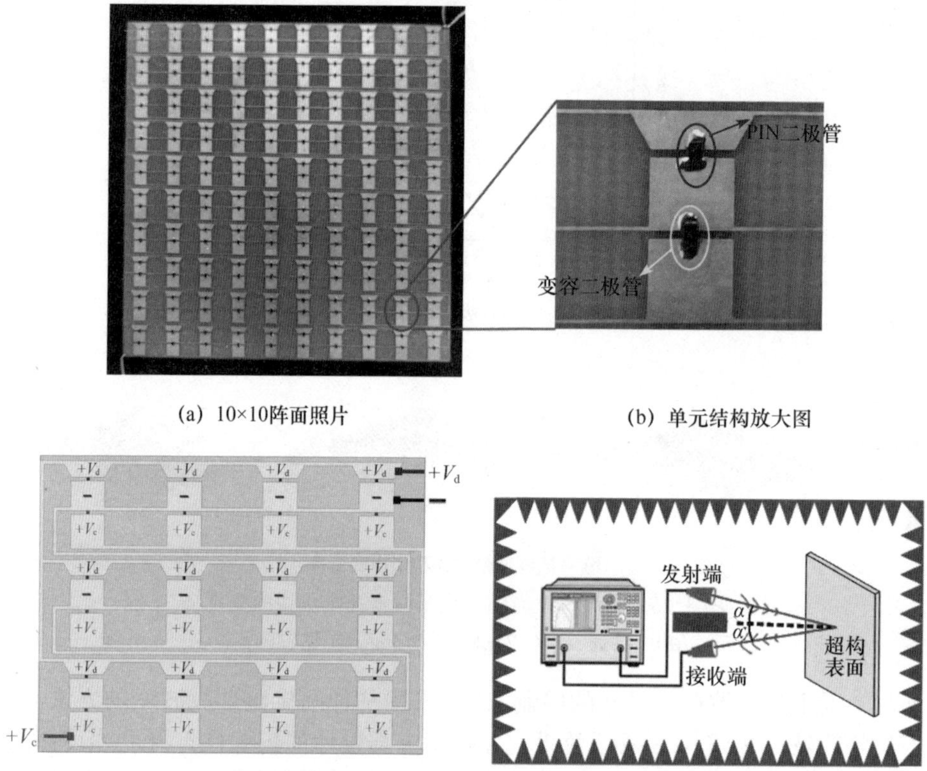

(a) 10×10阵面照片　　(b) 单元结构放大图

(c) 直流馈电电路示意图　　(d) 测试装置

图 3.17　宽带可调超构表面吸波体实物及测试装置

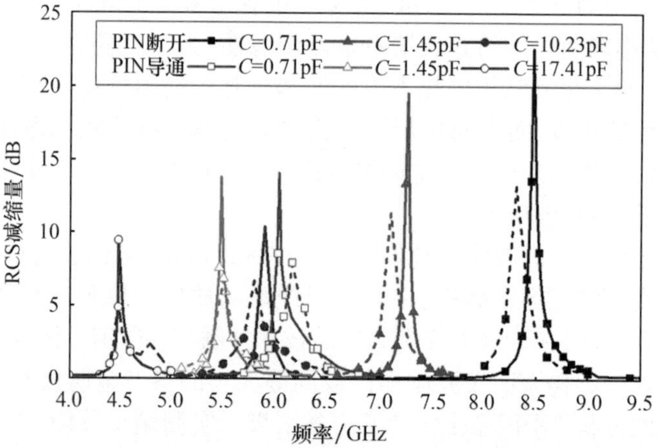

图 3.18　仿真与实测的单站 RCS 减缩曲线(实线:仿真结果;虚线:实测结果)

连续可调；而给 PIN 二极管两端施加正向导通电压时（V_d=0.95V），可调频率范围向低频移动至 4.48～6.16GHz。可以看出，通过调节开关二极管和变容二极管的状态，吸波超构表面样件在 4～9.5GHz 的频段内能够实现不同程度的 RCS 减缩，且每种状态下的最大减缩频点对应周期结构的吸波频点。

表 3.2　超宽带可调超构表面吸波体仿真与实测性能

偏置电压/V		C/pF	吸波峰值频率 / GHz	RCS 减缩峰值频率/GHz	
V_d	V_c		仿真	仿真	实测
0.95	0.5	17.41	4.57	4.50	4.48
	9.0	1.45	5.45	5.47	5.52
	30.0	0.71	6.05	6.03	6.16
0	0.5	10.23	5.85	5.90	5.82
	9.0	1.45	7.31	7.26	7.10
	30.0	0.71	8.51	8.46	8.34

此外，从图 3.18 中也可以看出，测试结果和仿真结果之间存在一定的差距，包括频率偏移、减缩量大小以及减缩带宽。产生这些差距的原因主要是由于开关二极管和变容二极管并不是理想器件，存在分布阻抗、封装电感和器件的不一致性等，这些都影响谐振频率以及与自由空间的阻抗匹配程度。另外，基板参数偏差和加工误差也会引起频率偏移。但总体上看，实测的 RCS 减缩频率变化趋势与仿真结果吻合良好，表明所设计的超构表面吸波体可以在宽带范围内实现吸波频率的连续可调，同时也证实了所提出设计方法的有效性。

3.5　小　结

本章定量推导了超构表面吸波率与 RCS 的关系，从阻抗匹配和损耗机制两个角度分析了超构表面的吸波机理，从理论上提出了提高超构表面吸波率和吸波带宽的方法与途径，并针对低频吸波超构表面带宽窄、剖面厚、实现难等问题，采用新型磁介质材料、混合加载多种集总电子元件等方法，设计了两种宽频段的低频吸波超构表面，分别依靠介质损耗和欧姆损耗实现了良好的吸波效果。提出的磁性介质吸波方法具有工作带宽宽，且能覆盖 P 波段吸波的特点；提出的混合集成有源器件拓宽吸波体工作带宽的方法，在单元结构中同时加载变容二极管和开关二极管，将工作频率的连续可调与离散搬移结合起来，利用频段级联工作的思想实现吸波频率的超宽带连续可调，采用该方法设计了一种工作在 C 波段的超宽带可调吸波体，仿真和测试结果验证了设计方法的有效性。所设计的吸波超构表面在低频宽带隐身和天线宽带隐身中具有潜在应用价值。

第4章　相位调控低 RCS 超构表面设计

与第 3 章直接吸收电磁能量实现目标隐身不同，本章将讨论基于相位调控设计低 RCS 超构表面的方法。很多研究表明：超构表面的相位调控特性某种意义上比幅度调控更加容易实现，适当的相位设计可以实现多种多样的散射场，其空间场的可设计性较吸波减缩 RCS 具有更好的灵活性。对于隐身应用，漫散射[112-113]和异常散射[10,33,68]是两类常用的散射场。其中，经过漫散射的设计，超构表面可以获得类似于“粗糙”表面的功能，从而使照射雷达波的能量更均匀地分散至整个空间，以减小表面与周围环境的散射特性差别，削弱雷达波的后向回波。而异常散射可以克服金属表面的镜面反射现象，将能量散射至威胁角域之外，得到的灵活聚焦方向甚至还可以形成虚假目标，同样实现隐身的目的。此外，通过优化相位分布，还可以对散射场进行任意赋形，以满足不同的应用需求。但在实际中，有两类问题仍需关注：(1)在结构上，超构表面的电磁特性往往需要在具有一定数量的周期单元时才能体现，因此，超构表面呈现的整体尺寸往往较大。许多印刷天线通常拥有半波长结构。为了将超构表面用于天线 RCS 减缩，需要超构表面具有紧凑的结构特点。(2)在性能上，传统的固定调相超构表面设计起来较为简单，但其一经制备，性能就是固定的，不能适应环境而变化，现有的可调单元往往存在极化单一、可调带宽窄等问题。针对上述问题，本章首先从理论上分析基于相位调控特性设计低 RCS 超构表面的机理[114]，从有源器件加载方式、拓扑结构优化等维度，结合场路综合分析方法，研究紧凑型相位调控超构表面单元的设计方法，然后设计双极化宽带相位可调超构表面单元，并以此为基础，研究多功能编码低 RCS 超构表面的设计方法，为其在天线宽带隐身中的应用奠定基础。

4.1　基于相位调控特性的低 RCS 超构表面设计机理

人们对电磁辐射问题的研究较早、认识较为成熟，而对电磁散射问题的研究则较晚、认识仍处于不断深化阶段。从本质上讲，电磁散射问题和电磁辐射问题具有很多相似性，如散射场可以认为是感应电流的二次辐射场，只是激发感应电流的源不同而已。对于辐射问题,其源为发射机通过馈电结构(包括空间馈电、强制馈电、耦合馈电等)给予天线的电磁能量,天线不同单元得到的幅度、相位可能都不相同;而对于散射问题,其源为远处照射来的雷达波,此时表面上所有单元"看到"的都是均匀平面波,幅度完全相同,相位与来波方向有关。以基于超构表面的天线为例,辐射和散射问题的对比如图 4.1 所示。可以看出,作为天线,每个单元"看到"的源特点不同;作为散射表面,每个单元"看到"的源特点完全相同(平面波垂直照射)。

(a) 天线辐射　　(b) 电磁散射

图 4.1　辐射与散射问题的对比

经过上述分析,通过对比辐射问题的研究,在不计入边缘效应的前提下,可以得到平面结构超构表面的散射场计算公式为

$$E^{s}(\theta,\varphi)=\cos^{q_e}\theta\sum_{m=0}^{M-1}\sum_{n=0}^{N-1}A_{mn}^{s}\mathrm{e}^{-\mathrm{j}kr_{fmn}}\mathrm{e}^{\mathrm{j}\varphi_{mn}}\mathrm{e}^{\mathrm{j}k\boldsymbol{r}_{mn}\cdot\boldsymbol{u}} \tag{4.1}$$

式中

$$A_{mn}^{s}=\cos^{q_e}\theta_{\mathrm{inc}}\cdot|\Gamma_{mn}| \tag{4.2}$$

θ_{inc} 为来波方向;kr_{fmn} 为平面波到每个单元的不同照射路径引起的相位,对于垂直照射的情况,kr_{fmn} 为一常数;φ_{mn} 为单元的实际相位;$\cos^{q_e}\theta$ 为单元的辐射/接收方向图;$|\Gamma_{mn}|$ 为每个单元被照射后的反射幅度;$\boldsymbol{u}$ 为单位方向矢量。需要说明的是,式(4.2)假设了照射平面波幅度 $|E^{i}|=1$。

由式(4.1)的散射方向图可以求得散射场的最大方向性为

$$D_0^{s}=\frac{4\pi\,|E^{s}(\theta_m,\varphi_m)|}{\int_0^{2\pi}\int_0^{\pi/2}|E^{s}(\theta,\varphi)|^{2}\sin\theta\mathrm{d}\theta\mathrm{d}\varphi} \tag{4.3}$$

对于一般的情况,超构表面的损耗效率为

$$\eta_{\text{el}}^{\text{s}} = \frac{\sum_{m=0}^{M-1}\sum_{n=0}^{N-1}(A_{mn}^{\text{s}})^2}{\sum_{m=0}^{M-1}\sum_{n=0}^{N-1}(\cos^{q_e}\theta_{\text{inc}})^2} \tag{4.4}$$

则散射场的增益值可表示为

$$G_0^{\text{s}} = D_0^{\text{s}} \cdot \eta_{\text{el}}^{\text{s}} \tag{4.5}$$

根据式(4.5)可以得到超构表面相比于同样大小理想金属板的 RCS 减缩值 $\Delta\sigma$ 为

$$\Delta\sigma = \frac{4\pi S}{\lambda^2 G_0^{\text{s}}} \tag{4.6}$$

式中：S 为超构表面的面积；λ 为工作波长。

实际上，也可由式(4.1)直接计算超构表面的 RCS 值 σ，即

$$\sigma = \lim_{R\to\infty} 4\pi R^2 \frac{|E^{\text{s}}|^2}{|E^{\text{i}}|^2} \tag{4.7}$$

此时，需要将式(4.2)修正为

$$A_{mn}^{\text{s}} = \frac{|E^{\text{i}}|\cos^{q_e}\theta_{\text{inc}} \cdot |\Gamma_{mn}|}{R} \tag{4.8}$$

式中：R 为照射雷达至超构表面的距离。对于散射问题，由于距离较远，整个超构表面可以视为一个点，且认为 R 为无穷大。

4.1.1 相位量化对散射场的影响

理论上，通过适当的超构表面结构设计可以实现 360°任意相位。实际中，针对低 RCS 超构表面的设计目标，有时并不需要这么多相位值，有限的相位值同样能达到低 RCS 效果，且从相位可控超构表面的角度看，相位精度越低，其需要的有源电子器件数量少，可实现度更高。因此，本节将首先分析相位量化对散射场的影响[115]，其结论无论对超构表面阵列还是单元设计都非常重要。

对于非规则的相位设计，本节采用遗传算法对超构表面进行优化。优化过程中采用了二维快速傅里叶逆变换（IFFT）技术进行加速计算，此时，uv 平面的散射场表达式为

$$E^{\text{s}}(u,v) = (1-u^2-v^2)^{q_e/2} \cdot MN \cdot \text{IDFT}[A_{mn}^{\text{s}} e^{-\text{j}kr_{fmn}} e^{\text{j}k\varphi_{mn}}] \tag{4.9}$$

式中：M、N 分别为超构表面沿 x、y 方向的单元数；u 和 v 的定义为

$$\begin{cases} u = \sin\theta\cos\varphi = k_{\text{x}} \dfrac{2\pi}{Mkd_{\text{x}}} \\ v = \sin\theta\sin\varphi = k_{\text{y}} \dfrac{2\pi}{Nkd_{\text{y}}} \end{cases} \tag{4.10}$$

式中

$$k_x=-\frac{M-1}{2},-\frac{M-1}{2}+1,\cdots,\frac{M-1}{2},k_y=-\frac{N-1}{2},-\frac{N-1}{2}+1,\cdots,\frac{N-1}{2} \tag{4.11}$$

d_x、d_y 分别为单元沿 x 和 y 方向的周期。可见，u 的取值范围为$[-\lambda/(2d_x),\lambda/(2d_x)]$，$v$ 的取值范围为$[-\lambda/(2d_y),\lambda/(2d_y)]$。需要注意的是，整个优化将在 uv 平面进行，而非 $\theta\varphi$ 平面。另外，为了简化相控单元的描述，采用二进制编码序列表示单元的反射相位特性。对于理想的相位可调单元，表 4.1 给出了不同相位精度对应的编码结构，1bit、2bit、3bit 的相位分别采用一位、两位和三位二进制数表示。

表 4.1　不同相位精度的编码对照表

相位精度	0°	45°	90°	135°	180°	225°	270°	315°
1bit	0	–	–	–	1	–	–	–
2bit	00	–	01	–	10	–	11	–
3bit	000	001	010	011	100	101	110	111

下列理想单元的分析中，均设工作频率为 11.1GHz，单元周期 12mm，单元反射幅度为 1。

为了分析相位量化对散射场的影响，当平面波垂直照射时，对漫散射和异常散射分别计算了不同相位精度、不同尺寸超构表面的散射场。

在漫散射的优化中，设定目标函数为使整个空间散射场的最大值最小化，即

$$\text{Cost}=\max(E^s(u,v)) \tag{4.12}$$

图 4.2 和图 4.3 分别给出了针对 10×10 单元和 40×40 单元的优化编码分布及对应的散射场。需要说明的是，为了便于对比，图中的散射方向图均按相同尺寸的金属板进行了归一化。从图 4.2 的结果可知，对于 10×10 单元构成的超构表面，经过优化，不同相位精度得到的方向图都无明显的散射峰值，即使对于 1bit 设计，整个空域的能量分布仍较为均匀；从图 4.3 的结果可知，对于 40×40 单元构成的超构表面，优化同样得到了空间均匀分布的散射场。表 4.2 列出了优化后超构表面在整个上半空间的 RCS 峰值相对于同样尺寸金属板的减缩量。可以看出，当超构表面尺寸一定时，不同相位精度得到的峰值 RCS 减缩量较为接近，而随着超构表面尺寸的增大，峰值 RCS 的减缩量也会增加。这说明对于隐身需求中的漫散射场，采用简单低成本的 1bit 相控超构表面就可以得到较好的效果。

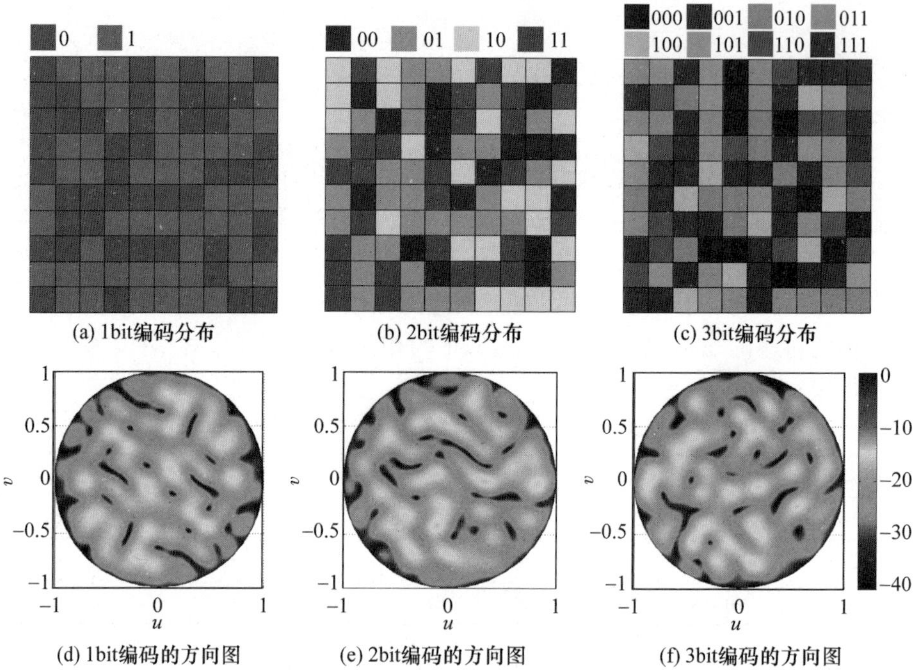

(a) 1bit编码分布　(b) 2bit编码分布　(c) 3bit编码分布

(d) 1bit编码的方向图　(e) 2bit编码的方向图　(f) 3bit编码的方向图

图 4. 2　10×10 阵列的优化编码与漫散射方向图

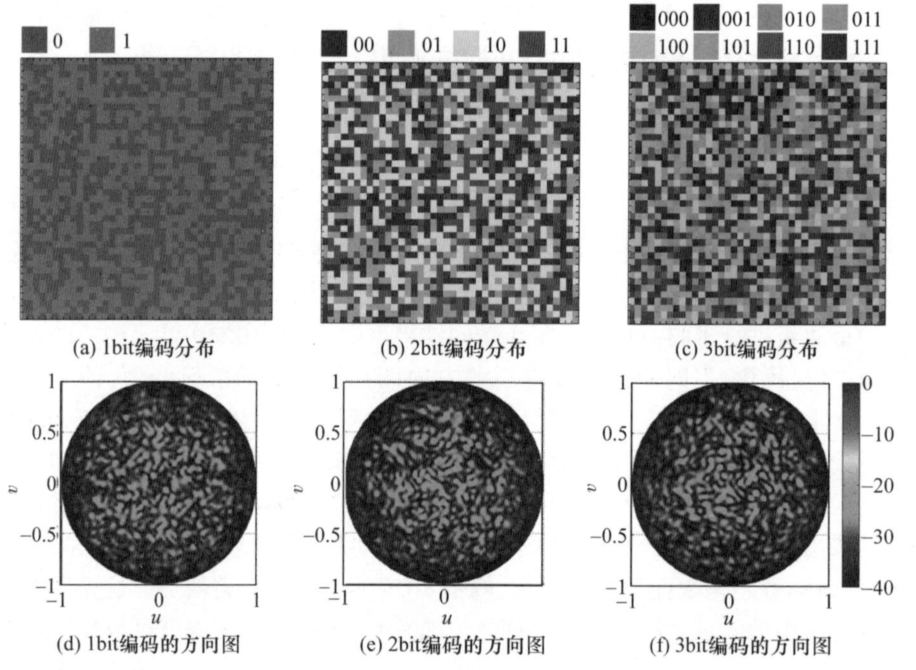

(a) 1bit编码分布　(b) 2bit编码分布　(c) 3bit编码分布

(d) 1bit编码的方向图　(e) 2bit编码的方向图　(f) 3bit编码的方向图

图 4. 3　40×40 阵列的优化编码与漫散射方向图

表 4.2　不同相位精度下超构表面的峰值 RCS 减缩量

阵元数 \ 相位精度	1bit	2bit	3bit
10×10	14.6dB	14.2dB	14.4dB
40×40	23.1dB	22.3dB	22.7dB

在异常散射的优化中，可将散射场设计为指向任意非威胁角度的聚焦波束，以此来克服传统介质表面镜面反射的限制。例如，本节任取一波束指向，即（20°，0°），进行优化分析。优化中目标函数按控制散射主波束和散射副瓣的方式建立，有

$$\text{Cost} = \sum_{\substack{(u,v)\in mainlobe\ \&\\ E^{s}(u,v)<M_{L}^{s}(u,v)}} (E^{s}(u,v) - M_{L}^{s}(u,v))^{2} + \sum_{\substack{(u,v)\notin mainlobe\ \&\\ E^{s}(u,v)>M_{U}^{s}(u,v)}} (E^{s}(u,v) - M_{U}^{s}(u,v))^{2} \tag{4.13}$$

式中：M_{L}^{s} 主要用于控制散射主瓣电平；M_{U}^{s} 主要用于控制散射主瓣范围和旁瓣电平。图 4.4 给出了 10×10 单元的优化编码分布和对应的散射方向图。可以看出，对于 1bit 相位的设计，尽管优化的目标方向图为单一的波束指向，但实际

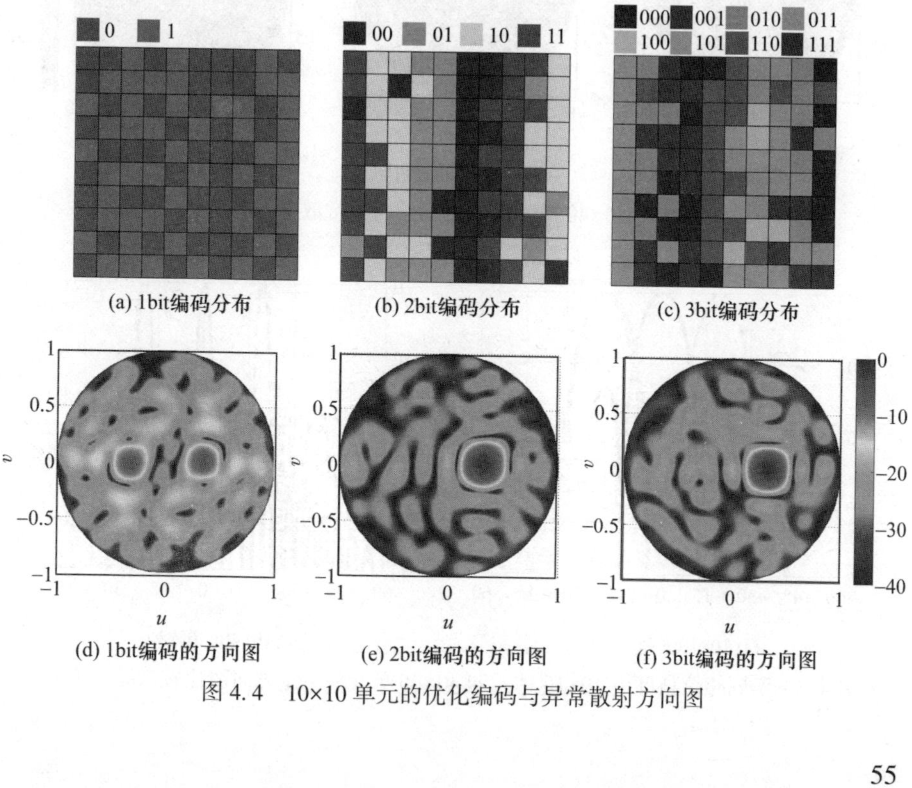

(a) 1bit编码分布　(b) 2bit编码分布　(c) 3bit编码分布

(d) 1bit编码的方向图　(e) 2bit编码的方向图　(f) 3bit编码的方向图

图 4.4　10×10 单元的优化编码与异常散射方向图

却得到了两个聚焦方向；而对于 2bit 和 3bit 相位，优化的散射方向图则仅有一个聚焦波束。对于 40×40 单元的超构表面，如图 4.5 所示，也可以观察到相同的结论。图 4.6 更进一步比较了 *xoz* 平面的方向图。可以看到，对于理想的金属板(PEC)，当平面波垂直照射时，金属板的法线方向(0°方向)产生了强烈的镜像散射峰值，而优化相位分布之后，1bit 设计得到了两个几乎对称的聚焦波束，

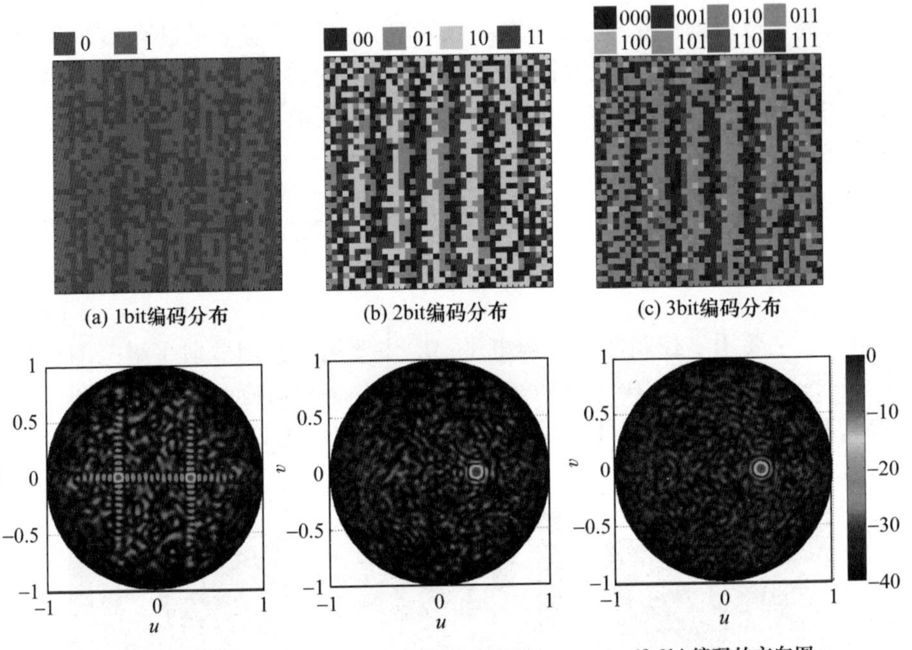

(a) 1bit编码分布 (b) 2bit编码分布 (c) 3bit编码分布

(d) 1bit编码的方向图 (e) 2bit编码的方向图 (f) 3bit编码的方向图

图 4.5　40×40 单元的优化编码与异常散射方向图

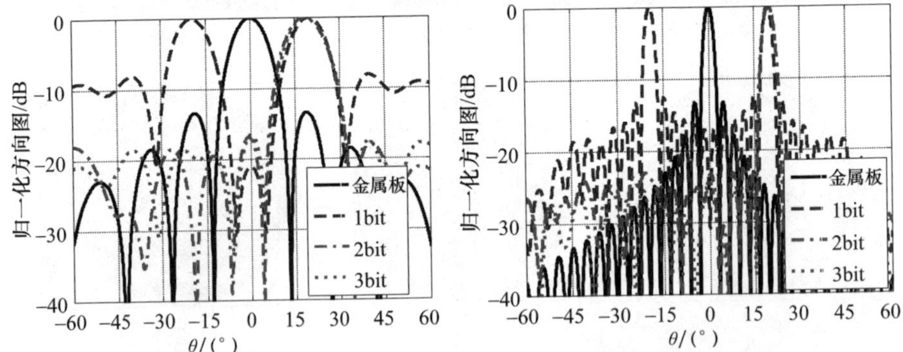

(a) 10×10阵列 (b) 40×40阵列

图 4.6　不同相位精度下 10×10 单元和 40×40 单元的二维方向图比较(*xoz* 平面)

2bit 和 3bit 设计则实现了目标的异常定向散射。表 4.3 详细对比了优化波束的 RCS 峰值、波束指向和波束宽度，从中可以看出，2bit 和 3bit 相位优化获得的性能非常接近，而 1bit 相位设计尽管也可以实现异常散射的功能，但受相位精度的限制，得到的聚焦散射波束可能具有两个最大指向。这些结果说明：为了实现定向的散射场控制，超构表面的单元至少需要具有 2bit 的相位精度。

表 4.3　不同相位精度下 10×10 单元和 40×40 单元的散射性能

散射性能 \ 相位精度		1bit	2bit	3bit
RCS 峰值 /dB	10×10	−0.8	4.8	4.7
	40×40	22.4	25.4	25.6
散射波束指向	10×10	±19.65°	18.40°	18.95°
	40×40	±19.35°	19.70°	19.75°
半功率波束宽度	10×10	11.25°	12.55°	12.25°
	40×40	2.9°	3.5°	3.6°

4.1.2　赋形散射场的优化设计

除上述漫散射和异常散射之外，实际上，利用超构表面强大的相位调控功能，也可以实现对散射波束形状的控制。为了说明这个功能，以 40×40 单元的超构表面为例，图 4.7 和图 4.8 给出了几种编码分布及对应的散射波束[74]。对于 1bit 相位精度的设计，图 4.7(a)为经典的"棋盘形"编码分布，其散射方向图如图 4.7(c)所示，散射能量主要分布在 4 个对角线方向，而法线方向几乎为零散射场，这与传统金属板的法向强散射峰具有显著差别。实际上，利用遗传算法也可以优化得到更多的波束，优化的目标函数如式(4.13)。其中，图 4.7(b)为优化的一个多波束编码分布，从图 4.7(d)对应的散射方向可以看出，该编码分布可以得到 6 个波束。值得一提的是，由于 1bit 的相位差值为 180°，其相位在 360°内具有对称性，因此当平面波对称地照射表面时，采用 1bit 优化得到的多波束往往也具有对称性。这意味着实现的多波束个数常常为偶数。为了获得奇数或更先进的波束，需采用更高精度的相位设计。图 4.8 为利用 3bit 相位优化得到的结果。其中，图 4.8(a)和图 4.8(c)为三波束设计，图 4.8(b)和图 4.8(d)为具有锐截止特性的余割平方波束设计结果。

(a) “棋盘形”编码分布　(b) 多波束编码分布

(c) “棋盘形”编码的方向图　(d) 多波束编码的方向图

图 4.7　1bit40×40 单元的优化编码与赋形散射方向图

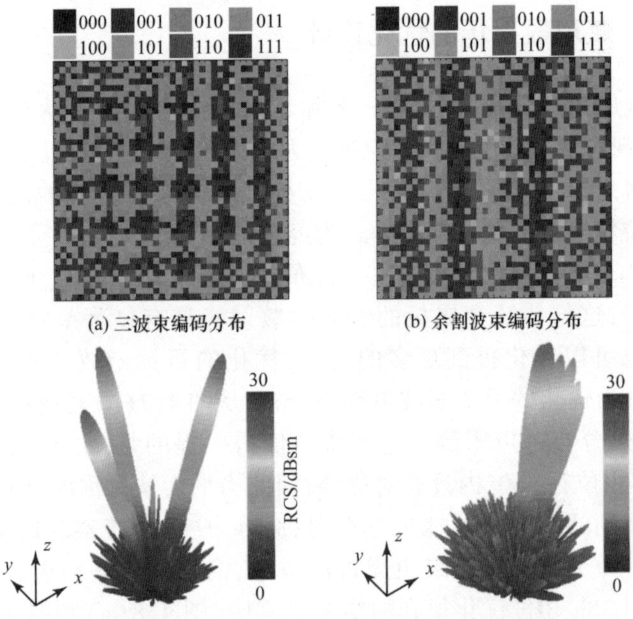

(a) 三波束编码分布　(b) 余割波束编码分布

(c) 三波束编码的方向图　(d) 余割波束编码的方向图

图 4.8　3bit40×40 单元的优化编码与赋形散射方向图

4.2　紧凑型相位调控超构表面单元设计

4.2.1　有源器件加载方式分析

为了实现工作频率的连续可调,可以在超构表面单元结构中加载变容二极管。通常来说,变容二极管有两种加载方式:并联加载和串联加载。为了分析这两种加载方式对可调带宽、频率的影响,对经典的方形贴片型相位调控超构表面进行等效电路分析[116],其单元结构如图 4.9(a)所示。在工作频段,该单元可以看成为并联的 LC 谐振电路,其等效电路如图 4.9(b)所示。从等效电路结构可知,该单元的表面阻抗 Z 可以表示为

$$Z(\omega) = Z_g // Z_p = j\omega L_g \frac{1 - \omega^2 L_p C_p}{1 - \omega^2 (L_p + L_g) C_p} \tag{4.14}$$

式中:Z_p 为贴片阻抗;Z_g 为介质基板的等效阻抗。令上式分母部分为 0,可以得到该结构的谐振频率为

$$f_0 = \frac{1}{2\pi\sqrt{(L_p + L_g) C_p}} \tag{4.15}$$

式中:L_p、L_g 和 C_p 分别代表贴片电感、接地介质基板电感和相邻贴片间的边缘电容。

从式(4.15)可以看出,通过改变结构的等效电容,可以调节该结构的谐振频率。因此,通过在结构中串联或并联加载变容二极管,可以实现工作频率的连续可调。图 4.10(a)和图 4.11(a)分别展示了变容管串联加载型人工磁导体超构表面(Varactor-Series-Loaded AMC,VSLAMC)和并联加载人工磁导体超构表面(Varactor Parallel-Loaded AMC,VPLAMC)的单元结构示意图,这两种结构在各自谐振频点处的工作模式可以分别看成(1,0)模和(0.5,0)模。与图 4.9

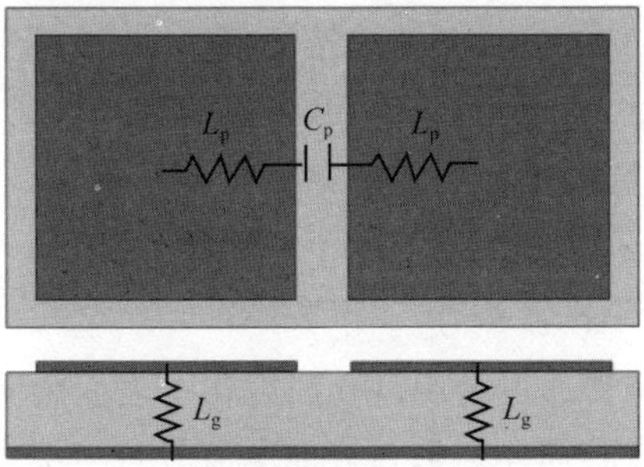

(a) 结构示意图

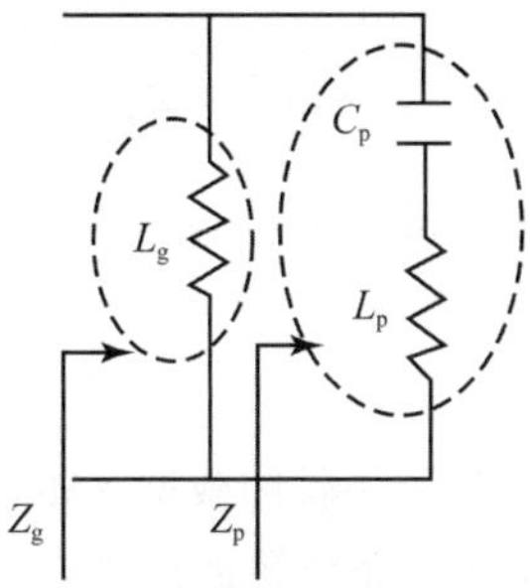

(b) 等效电路图

图 4.9　方形无源人工磁导体超构表面单元

所示的无源超构表面结构相比，VSLAMC 和 VPLAMC 的等效电路模型分别如图 4.10(b)和图 4.11(b)所示，其中所加载变容管的等效电容用 C_v 表示。

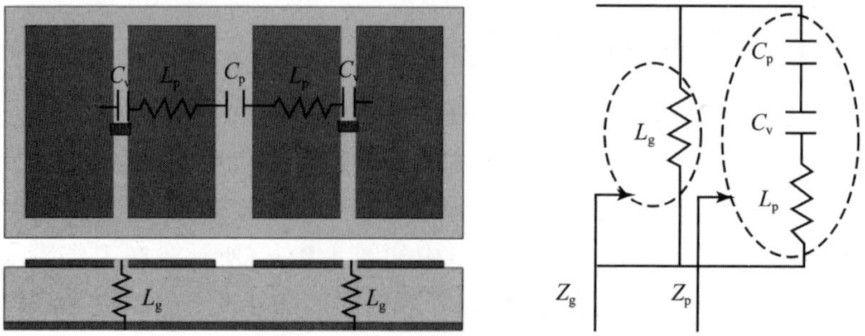

(a) 结构示意图　　(b) 等效电路图

图 4.10　变容管串联加载人工磁导体超构表面单元(VSLAMC)

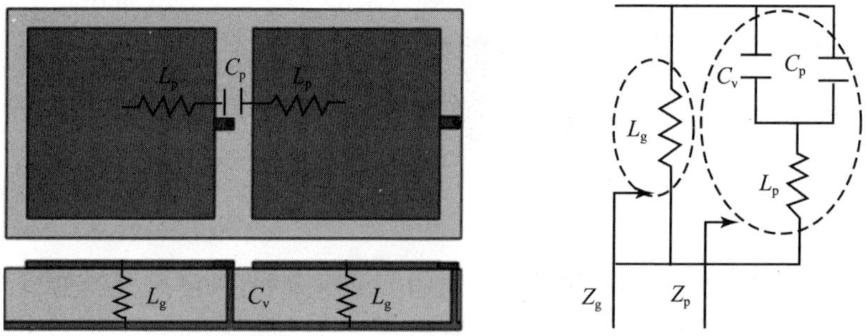

(a) 结构示意图　　(b) 等效电路图

图 4.11　变容管并联加载人工磁导体超构表面单元(VPLAMC)

对于串联加载型结构，变容管串联加载在上表面贴片中间，如图 4.10(a)所示，由等效电路可知，整个结构对应的表面阻抗可表示为

$$Z(\omega) = Z_g // Z_p = j\omega L_g \frac{(C_p + C_v) - \omega^2 L_p C_p C_v}{(C_p + C_v) - \omega^2 (L_p + L_g) C_p C_v} \tag{4.16}$$

令上式分母部分为 0，可以得到串联加载型结构的谐振频率为

$$f_s = \frac{1}{2\pi\sqrt{(L_p + L_g) C_p C_v / (C_p + C_v)}} \tag{4.17}$$

而对于并联加载型 AMC 结构，变容管通过金属过孔加载在上表面金属贴片边缘与下表面金属地板之间，如图 4.11(a)所示。通过表面电流分布与工作机理分析，变容二极管的电容 C_v 应该和贴片等效电感 L_p 串联，和边缘电容 C_p 并联，如图 4.11(b)所示。因此，并联加载型结构的表面阻抗和谐振频率分别表示为

$$Z(\omega) = Z_g // Z_p = j\omega L_g \frac{1 - \omega^2 L_p (C_p + C_v)}{1 - \omega^2 (L_p + L_g)(C_p + C_v)} \tag{4.18}$$

$$f_p = \frac{1}{2\pi\sqrt{(L_p + L_g)(C_p + C_v)}} \tag{4.19}$$

比较式(4.15)、式(4.17)和式(4.19)可知

$$f_s > f_0 > f_p \tag{4.20}$$

由此可知,相比于串联加载,并联加载方式能够有效降低结构的工作频率。从另一个角度看,对于指定的工作频率,并联加载型结构能够实现更小的阵面尺寸和更薄的厚度,即拥有更紧凑的结构特点。

对相位可调超构表面而言,除了工作频段外,另一个很重要的指标是频率可调谐范围。假设所加载变容二极管的电容变化范围为 C_1 到 C_2(其中 $C_1 > C_2$),对于串联加载型结构,能够实现的最高与最低工作频率比为

$$f_{SR} = \frac{f_{s2}}{f_{s1}} = \sqrt{\frac{C_p + C_2}{C_p + C_1} \cdot \frac{C_1}{C_2}} \tag{4.21}$$

而对于并联加载型结构,能够实现的最高与最低工作频率比为

$$f_{PR} = \frac{f_{p2}}{f_{p1}} = \sqrt{\frac{C_p + C_1}{C_p + C_2}} \tag{4.22}$$

为了能够有效调节结构的工作频率,所加载的变容管容值 C_1 和 C_2 要远大于结构的等效分布电容 C_p,因此可得出

$$f_{SR} < f_{PR} \tag{4.23}$$

由此可知,当使用相同的变容二极管时,采用并联加载方式能够获得更宽的频率调节范围,这意味着并联加载单元的带宽会更宽。结合式(4.17)与式(4.19)可知,变容管并联加载型结构可以实现更低的工作频率和更宽的频率调节范围,因此,在低频段超薄有源超构表面设计中,可以采用并联变容二极管的使用方式。

为了进一步证明上述结论,对图 4.10(a)和图 4.11(a)所示的有源超构表面结构进行了全波仿真,两种单元的拓扑结构尺寸参数完全相同,单元周期为 38mm,贴片长度为 30mm,介质板相对介电常数为 4.3,厚度为 3mm。图 4.12 给出了两种结构在变容管取最大电容和最小电容时对应的反射相位曲线。很明显,并联加载型结构的工作频率更低,且频率可调范围($f_{PR} = 1.54$)大于串联加载型结构($f_{SR} = 1.3$),与理论分析结果相吻合。

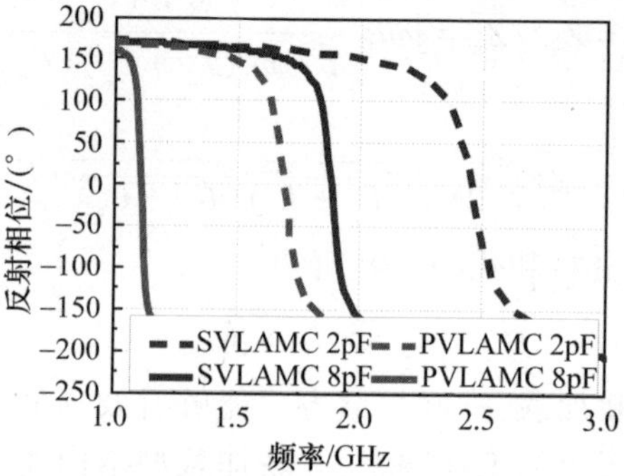

图 4.12　VSLAMC 与 VPLAMC 的反射相位对比

4.2.2　拓扑结构对比分析

为了寻找紧凑单元的优化拓扑结构,对 4 种常用的 1bit 相位调控单元性能进行比较分析。4 种常用调相超构表面单元的结构(俯视图)如图 4.13 所示,分别记为模型 1、模型 2、模型 3 和模型 4,图中每个模型的两部分结构用开关二极管。模型 1 即为单边接地 1bit 调相单元;模型 2 为在矩形贴片的中间切掉矩形条带并通过开关相连;模型 3 为 2 个矩形金属环通过开关相连;模型 4 为矩形金属环和矩形金属贴片通过开关相连。4 个模型的不同之处有两点:一是介质板上表面所印刷的金属辐射贴片的形状样式不同;二是当开关二极管处于 ON(导通)状态时,模型 1 的金属辐射贴片与金属地相连,而模型 2、3、4 仅仅是金属辐射贴片之间的连通,并未与金属地相连。4 个模型采用的介质板的相对介电常数为 2.65,损耗角正切为 0.0019。

为了便于比较,作为验证例子,分析时采用的 4 个模型的金属辐射贴片轮廓均为正方形;用金属短路片来模拟开关,它的有无(理想通断)可以实现开关的导通(ON)和截止(OFF)两种状态。对于模型 2,金属辐射贴片由两个全等的矩形组成,两矩形之间的缝隙宽度 $a=0.6$mm。对于模型 3,金属辐射贴片由两个大小不同的方环组成,小方环在大方环的内部,两方环的环宽和它们之间的间隔距离 $b=1$mm。模型 4 是在模型 3 的基础上把内部方环变成完整的方形。

单元周期是超构表面金属图案结构尺寸优化的基础。当用上述单元设计低 RCS 超构表面时,单元周期越小对散射场的控制将越精确。例如,对于±20°的散射波束扫描,单元周期最大可达 0.7 个波长,根据波长与频率的关系 $\lambda=c/f$,可得最大单元周期为 22mm,即单元周期不超过 22mm 都可以。紧凑单元要求单元周期 p 尽可能小,为此,选取 21mm、18mm、15mm,由大至小依次给 p 赋值,每赋一个值就对金属辐射贴片的尺寸进行一次优化,检验在当前单元周期下能

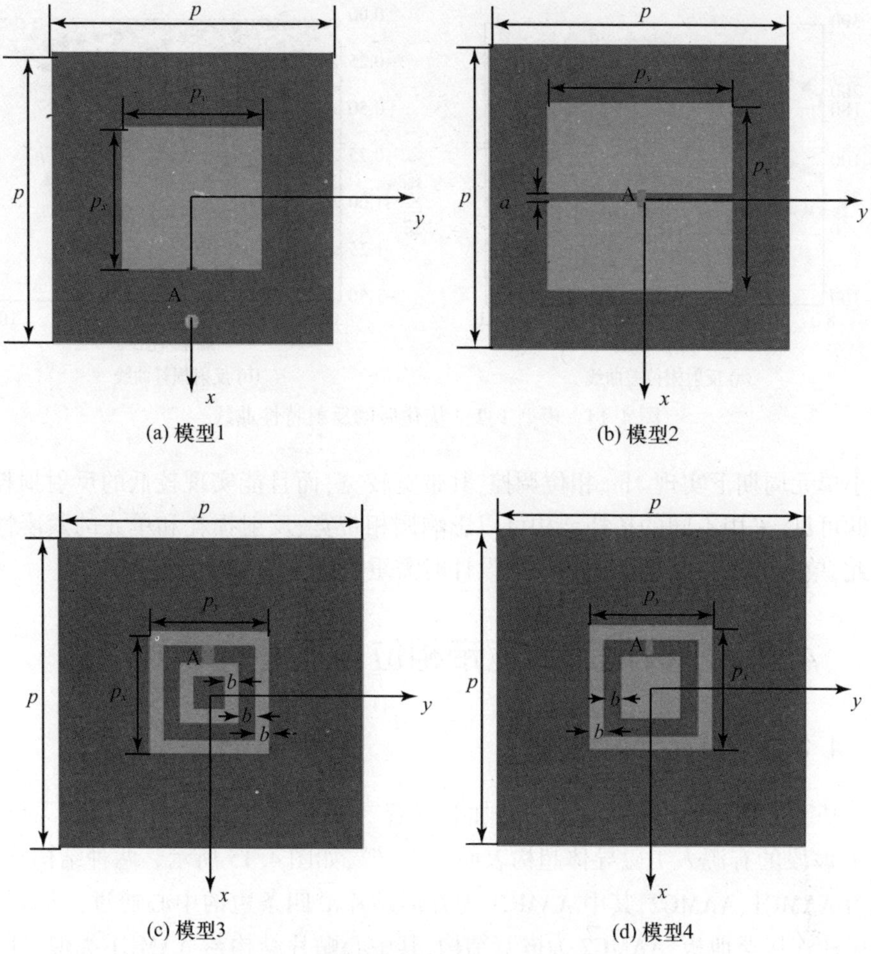

图 4.13　四种常用调相超构表面单元俯视图

否找到一个合适的金属辐射贴片的尺寸以实现 1bit 相位调控。

经过优化，发现 $p=15\text{mm}$ 时，模型 1、2、4 可实现 1bit 相位调控，模型 3 则不能实现。模型 1、2、4 优化后的金属辐射贴片尺寸 p_x 值分别为 9.5mm、12.9mm 和 12.3mm，这 3 种模型在此尺寸下反射特性曲线如图 4.14 所示。

图 4.14(a)为可实现 1bit 相位调控的 3 种模型在 ON 和 OFF 状态下的反射相位差曲线，从图中可以看出，在工作频率 9.37GHz 附近，反射相位差都近似为 180°，且模型 2 的相位差曲线明显更为平缓，说明其带宽更宽。为了选择性能更优良的单元结构，再来比较反射损耗，损耗越小说明性能越好。图 4.14(b)为这 3 种模型在 ON 和 OFF 两种状态下的反射损耗曲线，可以看出，在 9.37GHz 附近，模型 4 的损耗最大，模型 1 次之，模型 2 最小。综上所述，模型 2 不仅可在

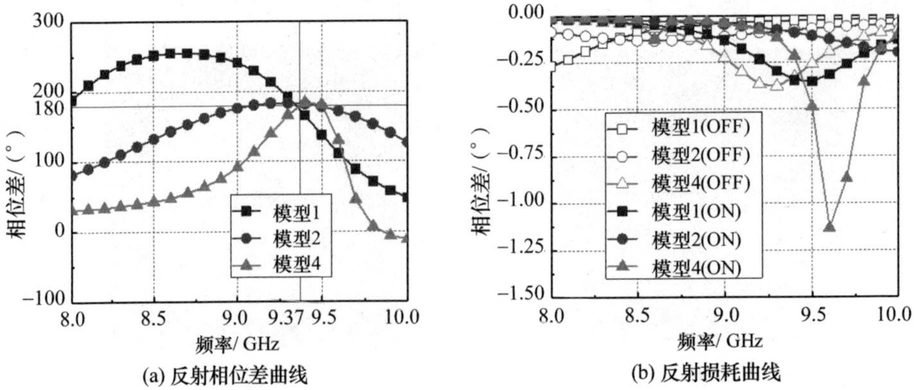

图 4.14　模型 1、2、4 优化后的反射特性曲线

较小单元周期下实现 1bit 相位调控，其带宽较宽，而且能实现较低的反射损耗。由此可见，采用不同的拓扑结构可以影响调相带宽、反射损耗和单元的紧凑性，因此，单元的拓扑结构是超构表面设计时需重点优化的对象。

4.3　双极化超薄宽带相位可调超构表面单元

4.3.1　单元结构设计

基于上述理论分析，使用并联加载变容二极管的方式，设计了两种工作在 P～L 波段的有源人工磁导体超构表面结构[116]，如图 4.15 所示。两种结构分别记为 AAMC1、AAMC2，其中 AAMC1 为方形贴片沿四条边的中心通过二极管和金属柱连接至地板，AAMC2 为嵌套结构，其中心贴片结构与 AAMC1 类似，外围

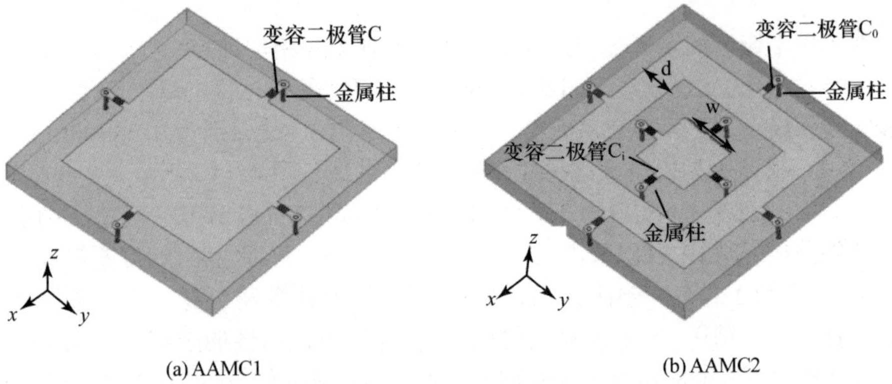

图 4.15　有源人工磁导体超构表面(AAMC)单元结构

为方形环沿四条边的中心通过二极管和金属柱连接至地板。由于谐振型单元在低频工作时带宽较窄,所以在结构中并联加载变容二极管,在实现结构小型化、低剖面的同时,可以动态调节超构表面的谐振频率,实现宽带调相。AAMC1 中的四个二极管采用同样的型号,而 AAMC2 中外环和内贴片分别采用两种不同型号的变容二极管。两种结构的基板相对介电常数均为 4.3,厚度仅有 3mm,相当于 0.0035 倍的波长。两种结构均采用旋转对称结构,因此可以工作在双极化状态,采用有限元法仿真得到的反射特性如图 4.16 和图 4.17 所示,由于结构的对称性,只给出了 x 极化入射波照射下的反射特性曲线。

4.3.2　调相性能分析

从图 4.16 可看出,当变容二极管容值从 33pF 变化到 0.47pF 时,AAMC1 的同相反射工作频率覆盖了 0.35~2.06 GHz,反射损耗均小于 0.8dB。这一结果表明,AAMC1 可以以极低的剖面高度实现超宽带调相。但是该结构所需要的变容二极管容值变化范围过大,很难找到满足需求的商用变容二极管,这主要是由于 AAMC1 结构过于简单导致的。通常来说,环状结构会比贴片状结构有更低的工作频率,因此将环状与贴片状结构相结合,设计了 AAMC2 结构。

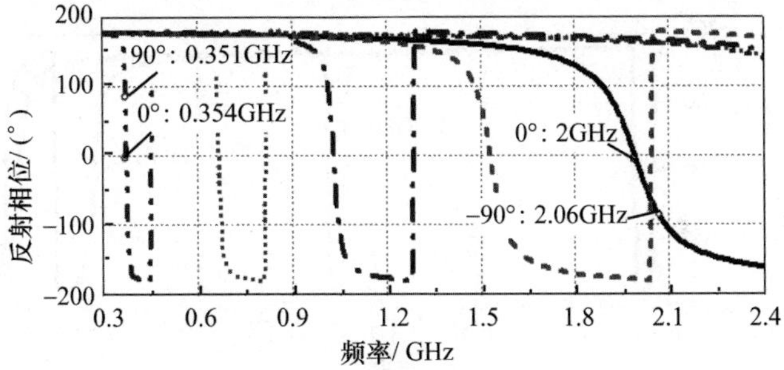

(a) 相位

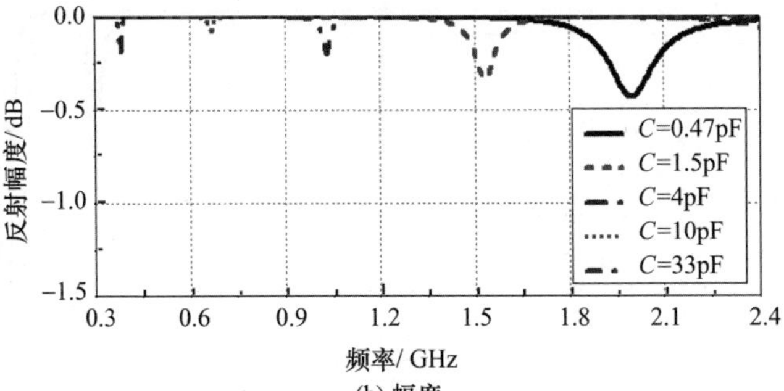

(b) 幅度

图 4.16　AAMC1 的反射特性随变容管容值的变化

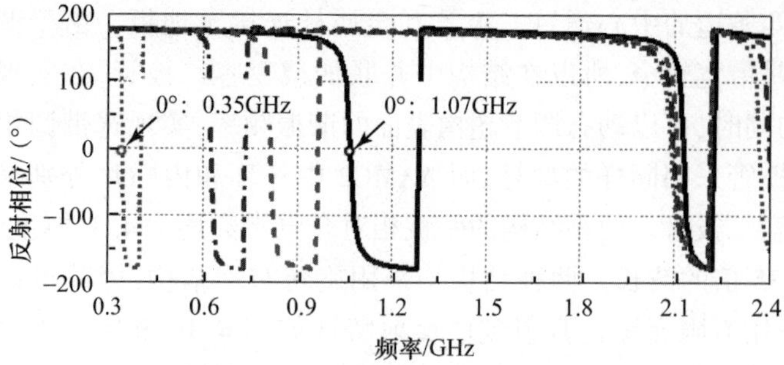

(a) C_i=1pF时，相位随C_o的变化

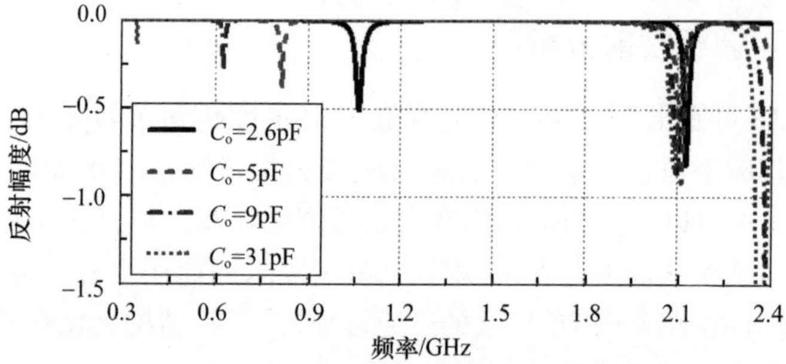

(b) C_i=1pF时，幅度随C_o的变化

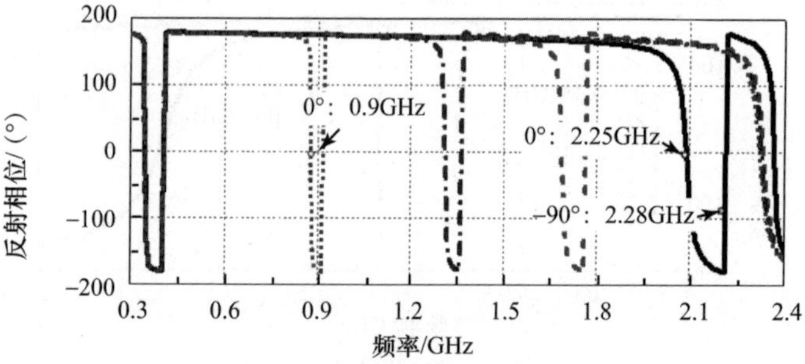

(c) C_o=31pF时，相位随C_i的变化

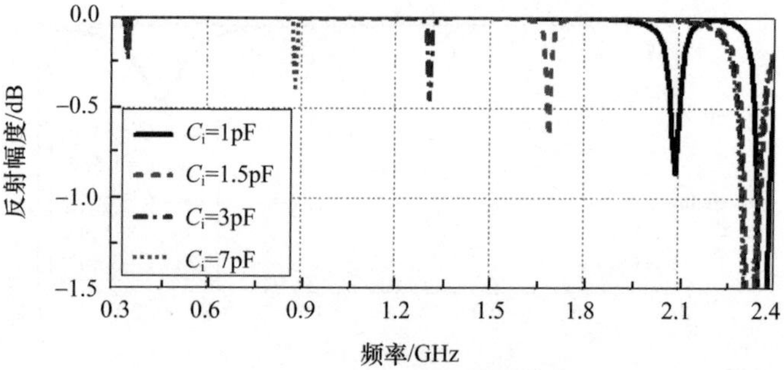

(d) C_o=31pF时，幅度随C_i的变化

图 4.17　AAMC2 的反射特性随变容管容值的变化

在 AAMC2 中,外环与内贴片金属均通过四个变容二极管与地板相连,其中外环所连变容管的容值为 C_o,而内片所连变容管的容值为 C_i。当调节 C_o 时,同相工作频率可以在较低的频段内实现连续调节,而调节 C_i 的数值,同相工作频率可以在较高的频段内实现连续调节,两段频率拼接在一起,即可以实现相位宽带连续可调。从图 4.17 所示结果可以看出,外环和内贴片分别形成了一个同相反射频点。当外环电容 C_o 从 31pF 变化到 2.6pF 时,较低的同相反射频点从 0.35GHz 变化到 1.07GHz,反射损耗均小于 0.8dB;而当内贴片电容 C_i 从 7pF 变化到 1pF 时,较高的同相反射频点从 0.9GHz 变化到 2.25GHz,反射损耗均小于 1.1dB。两者组合起来后,总体可以实现覆盖 0.35GHz~2.28GHz 的工作频段,覆盖 P~L 波段,且需要的变容二极管容值变化范围较小,商用现状即可满足。

为了验证上述设计的有效性,加工制作了两块 AAMC1 超构表面样件,包含 16×16 个单元,其中可变电容用固定容值的贴片电容代替,如图 4.18 所示。采用空间波照射超构表面样件,测试得到了样件的反射幅度和相位。图 4.19 给出了样件在暗室中的测试结果,可见,仿真和实测结果吻合良好,特别是反射相位非常一致,证明了设计的有效性。

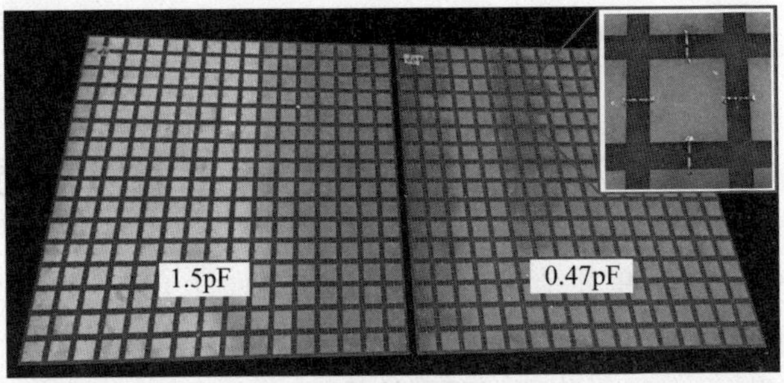

(a) AAMC1实物样件

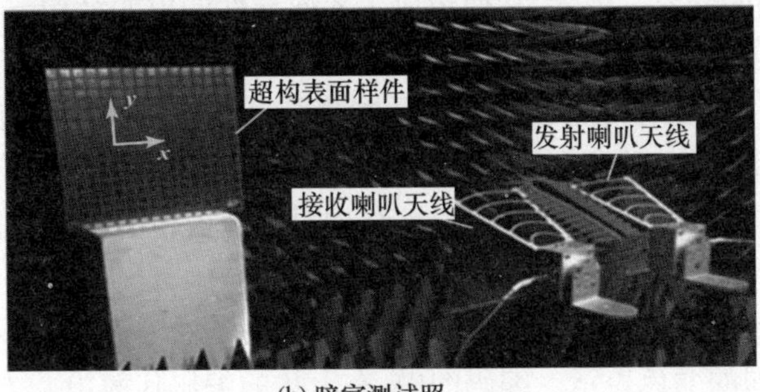

(b) 暗室测试照

图 4.18　实际测试照片

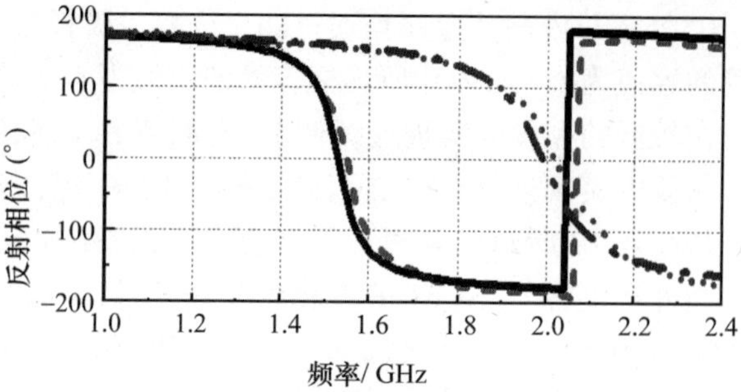

(a) 相位

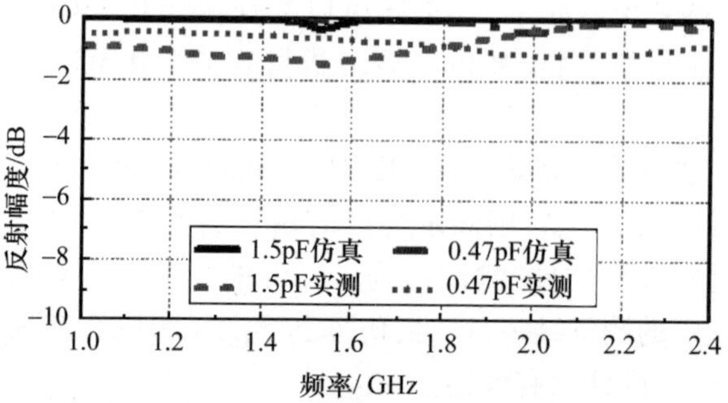

(b) 幅度

图 4. 19　实测 AAMC1 的反射特性

4. 4　多功能电调编码低 RCS 超构表面

基于 4. 3 节设计的单元结构 AAMC1,进一步设计了一款反射型多功能电调编码低 RCS 超构表面[117],如图 4. 20 所示。该超构表面由 8×8 个单元构成,单元均采用方形贴片,与 4. 3 节稍有不同的是,这里每个单元沿 x 方向和 y 方向并联加载有不同的变容二极管,从而形成了各向异性的单元结构。通过控制二极管的容值,可以独立调节单元在不同极化方向的反射相位。对于整个超构表面,若每个单元的反射相位都能独立控制,则可以通过设计期望的反射相位分布,将散射波束偏转到指定方向,从而降低威胁角域的 RCS。由于 x 方向和 y 方向的变容二极管是独立可控的,所以该结构对不同极化的入射波能够实现不同的功能。

图 4. 21 展示了一种具体的电容排布方式,为了清晰起见,对不同容值进行编码,并用不同的颜色表示。编码图中,右上角的编码代表沿 y 方向的电容,而左下角的编码代表沿 x 方向的电容。对应的变容管容值列于表 4. 4 中。由于采用的编码分布在 x 方向和 y 方向形成了不同的相位梯度分布,所以对于 x 极

图 4.20　反射型多功能电调超构表面(见彩图)

化和 y 极化入射波,散射波束会在 *xoz* 和 *yoz* 两个主平面内形成不同的波束偏转角。对应的远场散射波束图和电场分布图如图 4.22 所示。从仿真结果可以看出,当雷达波垂直照射该表面时,对于 x 极化入射波,散射波束在 *xoz* 面内偏转 31°,而对于 y 极化入射波,散射波束在 *yoz* 面内偏转 23°。由于散射能量被偏转到其他方向,因此法向散射波束能量得到减小,以此实现了特定角域内的 RCS 减缩。

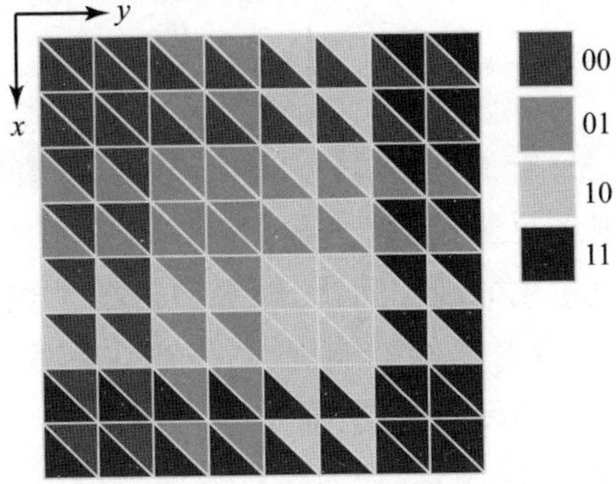

图 4.21　多功能电调超构表面实例

表 4.4　编码与对应的变容管容值

		00	01	10	11
AMS	*C*x	0.43	0.56	0.61	0.66
	*C*y	0.5	0.56	0.6	0.63

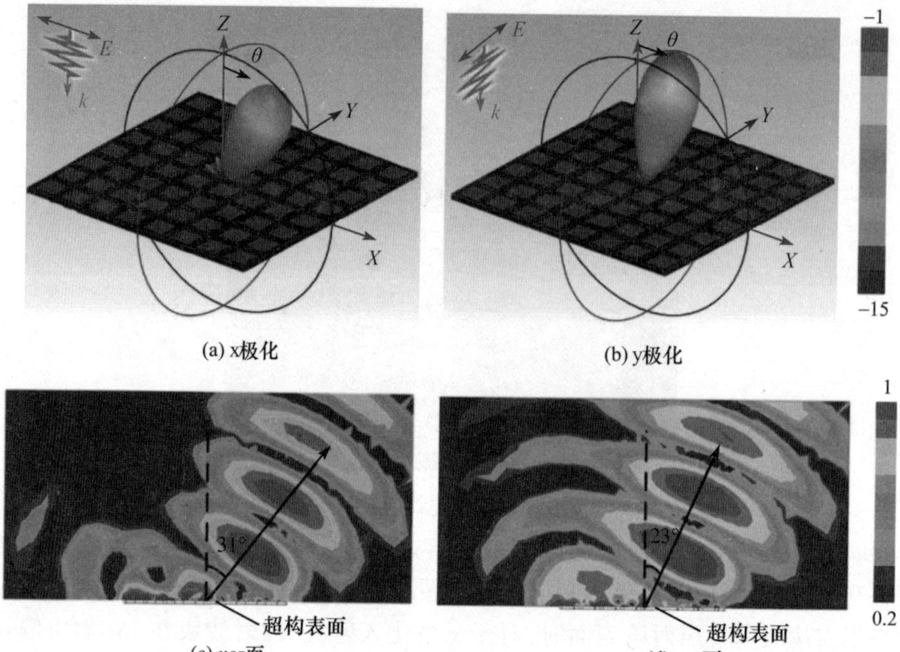

(a) x极化　(b) y极化

(c) *xoz*面　(d) *yoz*面

图 4.22　多功能电调超构表面在 2.78GHz 的散射特性
(a)、(b)三维散射方向图,(c)、(d)对应的电场分布图。

4.5 小　结

本章从场源的角度分析了电磁辐射和电磁散射问题的异同,理论推导了相位调控超构表面的散射场计算公式,为散射场的优化设计奠定了基础。随后,针对超构表面单元相位量化的现实问题,以漫散射场、异常散射场、赋形散射场为例,研究了相位量化对散射场的影响规律,发现采用简单低成本的 1bit 相控超构表面就可以得到较好的漫散射场,而 1bit 相位设计尽管也可以实现异常散射的功能,但受相位精度的限制,得到的聚焦散射波束可能具有两个最大指向,因此,为了实现定向的散射场控制,超构表面的单元至少需要具有 2bit 的相位精度,对于复杂的赋形散射波束,当采用高精度的相位设计时,才可以获得更加灵活的散射波束形状控制。为了实现宽带相位调控和紧凑的单元结构,从有源器件加载方式和单元拓扑结构两个维度,结合理论推导、电磁仿真,研究了宽带紧凑型相位调控超构表面单元的设计方法,发现并联集成有源器件更有利于宽带和低频调相设计,采用不同的拓扑结构可以影响调相带宽、反射损耗和单元的紧凑性,因此,单元的拓扑结构和适当的有源器件加载是超构表面设计时需重点考虑的问题。基于上述分析,设计了两种双极化超薄宽带相位可调超构表面单元,并以其中一种单元为例,验证了设计单元可以构建多功能低 RCS 超构表面。本章发现的规律和所设计的单元为后续基于超构表面相位调控的低 RCS 天线设计打下坚实基础。

第5章　极化调控低 RCS 超构表面设计

极化是电磁波最具特色的特征量之一。超构表面与电磁波作用可以改变反射或透射波的极化方式,这一特性也可以用于低 RCS 表面及天线设计。与第4章相位调控超构表面类似,极化调控超构表面的特性也需要在具有一定数量的周期单元时才能体现,因此,极化调控超构表面呈现的整体尺寸往往较大。许多印刷天线通常拥有半波长结构。为了将极化调控超构表面用于印刷天线 RCS 减缩,需要超构表面具有紧凑的结构特点。为此,本章首先研究基于极化调控特性的低 RCS 超构表面设计机理,设计几种紧凑型极化旋转超构表面单元,并以一种单元为例,分析单元不同排列方式构成的超构表面的 RCS 性能,最后将滤波和极化调控功能复合,设计可用于天线罩的低 RCS 超构表面。

5.1　基于极化调控特性的低 RCS 超构表面设计机理

首先对超构表面的极化旋转机理进行分析。如图5.1(a)所示为一反射型超构表面的单元俯视图,该单元底层地板为全金属,当微波频段的雷达波照射单元时,只会发生反射或损耗,而不会产生透射现象。结合该单元对极化旋转机理进行阐述,将 xy 坐标系逆时针旋转45°得到 uv 坐标系,设照射该结构的雷达波为 x 极化,其电场分量沿对角线方向的 u 轴和 v 轴分解,即

$$E_{\mathrm{i}} = E_{\mathrm{i}} e^{\mathrm{j}kz} \boldsymbol{e}_{\mathrm{x}} = \frac{\sqrt{2}}{2} E_{\mathrm{i}} e^{\mathrm{j}kz} (\boldsymbol{e}_{\mathrm{u}} + \boldsymbol{e}_{\mathrm{v}}) \tag{5.1}$$

经该结构反射后,反射电场表示为

$$E_{\mathrm{r}} = \frac{\sqrt{2}}{2} E_{\mathrm{i}} e^{-\mathrm{j}kz} (r_{\mathrm{uu}} e^{\mathrm{j}\varphi_{\mathrm{uu}}} \boldsymbol{e}_{\mathrm{u}} + r_{\mathrm{vv}} e^{\mathrm{j}\varphi_{\mathrm{vv}}} \boldsymbol{e}_{\mathrm{v}}) + \frac{\sqrt{2}}{2} E_{\mathrm{i}} e^{-\mathrm{j}kz} (r_{\mathrm{uv}} e^{\mathrm{j}\varphi_{\mathrm{uv}}} \boldsymbol{e}_{\mathrm{u}} + r_{\mathrm{vu}} e^{\mathrm{j}\varphi_{\mathrm{vu}}} \boldsymbol{e}_{\mathrm{v}}) \tag{5.2}$$

式中:r_{uu}、r_{vu}、r_{vv}、r_{uv} 分别为 u 极化到 u 极化、u 极化到 v 极化、v 极化到 v 极化、v 极化到 u 极化的反射幅度,φ_{uu}、φ_{vu}、φ_{vv}、φ_{uv} 为对应的反射相位。设 $r_{\mathrm{vu}} = r_{\mathrm{uv}} = 0$,则有

$$\boldsymbol{E}_{\mathrm{r}}=\frac{\sqrt{2}}{2}E_{\mathrm{i}}e^{-\mathrm{j}kz}(r_{\mathrm{uu}}e^{\mathrm{j}\varphi_{\mathrm{uu}}}\boldsymbol{e}_{\mathrm{u}}+r_{\mathrm{vv}}e^{\mathrm{j}\varphi_{\mathrm{vv}}}\boldsymbol{e}_{\mathrm{v}}) \tag{5.3}$$

若满足 $r_{\mathrm{uu}}=r_{\mathrm{vv}}$，当 $\varphi_{\mathrm{uu}}-\varphi_{\mathrm{vv}}=\pi+2k\pi$（k 为整数）时，$\boldsymbol{E}_{\mathrm{r}}=\frac{\sqrt{2}}{2}E_{\mathrm{i}}e^{-\mathrm{j}kz}r_{\mathrm{uu}}e^{\mathrm{j}\varphi_{\mathrm{uu}}}(\boldsymbol{e}_{\mathrm{u}}-\boldsymbol{e}_{\mathrm{v}})$，即可实现反射波为 y 极化，相较于入射波具有 90°的极化旋转功能。上述理论分析了线极化至线极化的旋转机理，实际中，可采用沿 u、v 轴对称的拓扑结构，以满足 $r_{\mathrm{vu}}=r_{\mathrm{uv}}=0$ 的条件。因此，本章的后续单元结构设计均是在这一原则的指导下开展的。

与相位调控超构表面类似，极化旋转超构表面也可以用来构造低 RCS 表面。以图 5.1(b)所示为例，将图 5.1(a)所示的单元以一定周期排列构成超构表面块，图 5.1(b)中的区域 1、3 分别放置该超构表面块，同时，将该超构表面块顺时针旋转 90°得到的超构表面块分别放置于区域 2、4 中，4 个超构表面块构成了整个超构表面。当雷达波照射该超构表面时，整个表面的总散射场可表示为

$$E_{\mathrm{total}}^{\mathrm{s}}=\sum_{i=1}^{4}|E_i^{\mathrm{s}}|e^{\mathrm{j}\varphi_i} \tag{5.4}$$

式中：$|E_i^s|$ 和 φ_i 分别代表第 i 个超构表面块的散射场幅度和相位。设雷达波为 x 极化，每个超构表面块的散射波极化方式如图 5.1(b)所示，若每个超构表面块的散射场幅度相同，则超构表面块的总散射场将产生矢量对消效果，即在整个超构表面法向形成散射场零点，从而得到低 RCS 超构表面。实际上，上述理论分析还可以进一步推广为：只要区域 1、3 中超构表面块和区域 2、4 中超构表面块的散射场幅度近似相等、相位差接近 180°，按图 5.1(b)所示构造的超构表面就将具有低 RCS 性能。与相位调控超构表面相比，这种依靠极化旋转实现的低 RCS 表面仅需要设计一个单元结构，通过单元的旋转即可直接得到低 RCS 性能，且很容易获得宽频带特性。

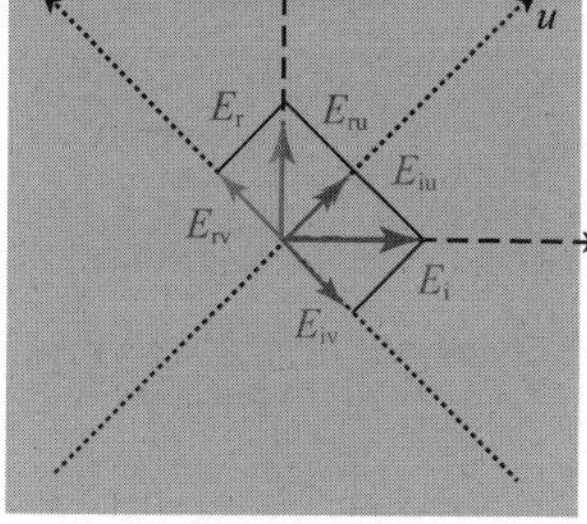

(a) 极化旋转单元

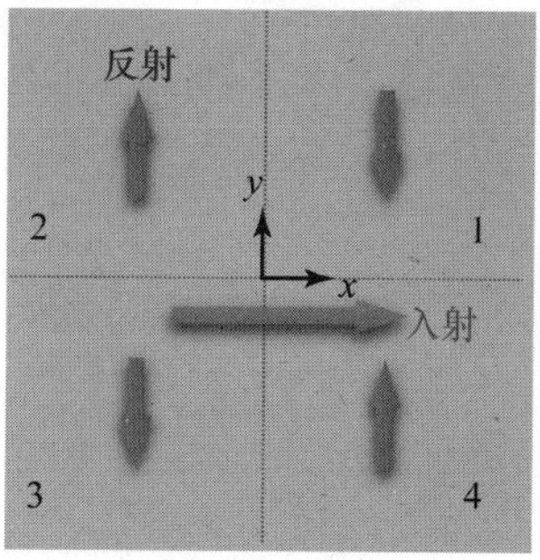

(b) 低RCS超构表面

图 5.1　基于极化调控特性的低 RCS 超构表面

5.2 紧凑型宽带极化旋转超构表面单元设计

5.2.1 基于多层介质的紧凑型极化旋转超构表面

围绕结构紧凑和宽带极化旋转的目标，首先提出将多层介质——金属印刷结构和金属探针相结合设计超宽带、紧凑型极化旋转超构表面的方法。基于该方法设计了一种同时工作于 C 和 X 波段的极化旋转超构表面新结构，如图 5.2(a)所示，该结构单元由两层介质、三层金属图案和两个金属探针构成，其弯折金属形状、嵌套图案和金属柱增加了结构空间填充率，从而使得结构紧凑，而多层、多金属结构增加了谐振点，级联后拓展了带宽。

该单元两层介质板层自下而上的高度依次为 $h_1 = 3\text{mm}$，$h_2 = 1\text{mm}$。介质板的相对介电常数都为 2.65。介质层 1 的底面为完整的金属地，上表面印刷

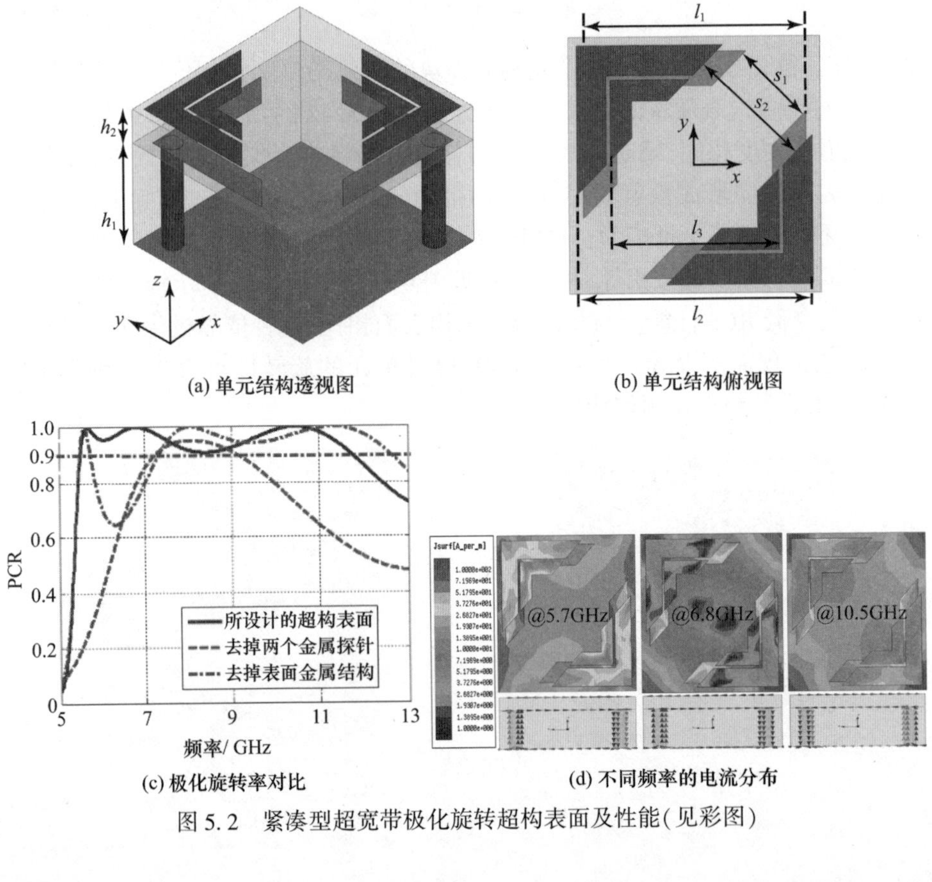

(a) 单元结构透视图　(b) 单元结构俯视图　(c) 极化旋转率对比　(d) 不同频率的电流分布

图 5.2　紧凑型超宽带极化旋转超构表面及性能(见彩图)

有金属结构，介质层2的上表面印刷有嵌套的金属结构。结合图5.2(a)和(b)，优化设计的单元尺寸为：$l_1 = 5.3\text{mm}$；$l_2 = 5.6\text{mm}$；$l_3 = 4.0\text{mm}$；$s_1 = 2.0\text{mm}$；$s_2 = 3.0\text{mm}$。介质层1中嵌入的两个金属探针将上层的印刷金属图案和底板相连。定义极化旋转率(Polarization Conversion Rate，PCR)如下：

$$\text{PCR} = \frac{r_{yx}^2}{r_{yx}^2 + r_{xx}^2} \tag{5.5}$$

式中：r为反射系数；r_{yx}为x极化波照射后得到y极化波的反射系数；r_{xx}为x极化波照射后得到x极化波的反射系数。在HFSS软件中，采用周期边界仿真了如图5.2(a)和(b)所示的单元线—线极化的PCR。从图5.2(c)中的结果可以看出，提出的超构表面在5.5~11.7GHz内PCR大于0.9，且整个频带内有3个明显的谐振点；若去掉介质层2表面的印刷金属结构，第1个谐振频点几乎不变，而第2和第3个谐振频点向高频偏移，第1、第2谐振点间的PCR降低；若去掉两个金属探针，PCR大于0.9的频带宽度明显减小。因此，金属探针对该结构的宽带和小型化具有决定作用。图5.2(d)进一步给出了三个谐振点的电流分布，可以看到，第1个谐振频点主要由介质2上层外围的金属印刷结构和金属探针耦合产生，第2个谐振频点主要是由介质1上的金属印刷结构和金属探针作用产生的，第3个谐振频点则是由所有的金属印刷结构和金属探针共同作用产生的，所以通过优化金属结构的尺寸，可以灵活调整谐振频点和工作频带。

图5.3(a)和图5.3(b)分别给出了不同尺寸的s_1和s_2对PCR的影响。从图5.3(a)可以看出，s_1变化对3个谐振频点的位置影响都很大，当s_1较小时，3个谐振点间隔较大，PCR大于0.9的频率呈现多频带特性。从图5.3(b)可以看出，s_2的变化则主要影响第2个谐振频点，优化s_2的尺寸可以有效提高极化转化效率。当雷达波以斜角度照射超构表面时，仿真得到的PCR如图5.3(c)所示，可以看到，当照射角达45°时，PCR仍大于0.8，且整个极化转换频带几乎不变，这表明该单元具有良好的斜照射稳定性，也反映了其结构具有紧凑超薄的特点。综上所述，设计的超构表面单元尺寸为$0.11\lambda \times 0.11\lambda \times 0.073\lambda$，在5.5~11.7GHz实现了极化转化率大于0.9，且其极化转换性能对斜照射雷达波具有良好的稳定性。

5.2.2　基于单层介质的紧凑型极化旋转超构表面

多层介质在制备时需采用层压技术，容易造成制作误差，影响极化旋转性

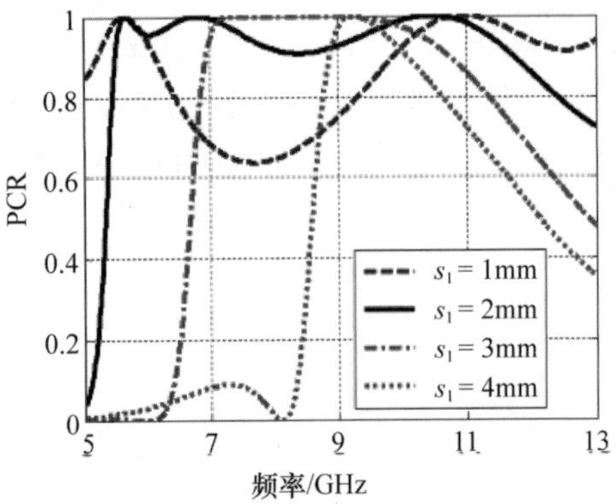

(a) 不同长度s_1对极化转换率的影响

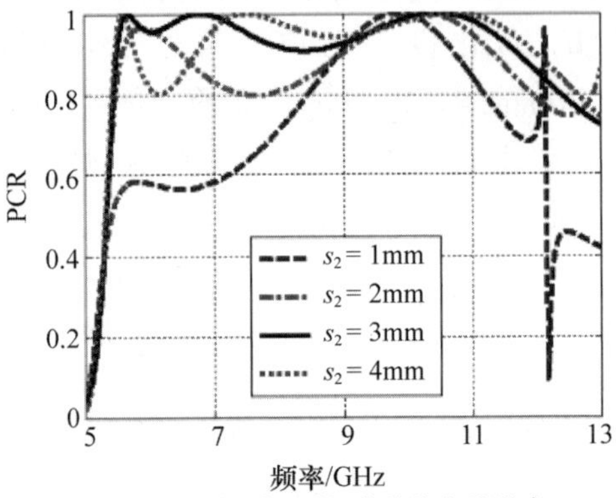

(b) 不同长度s_2对极化转换率的影响

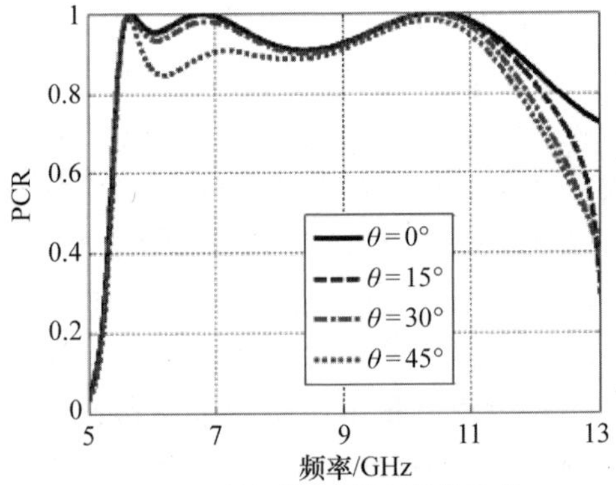

(c) 斜入射角下的极化转换率

图 5.3　紧凑型超宽带极化旋转超构表面的极化旋转率分析

能。相比之下，单层介质制备的超构表面不需层压技术，制作具有更好的鲁棒性。为此，在上述多层结构设计的基础上，进一步提出超构表面单元间联通设计单层紧凑型极化旋转超构表面的方法。这种方法将单元与单元直接连接，相当于增大了电流流动路径，可以实现结构紧凑的效果。基于该方法设计了图5.4(a)所示的单元结构，图中橘黄色代表印刷在介质上的金属，四个L形金属条带位于超构表面的4个角上，2个T形贴片与一条对角线上的L形金属条带相连，青色为厚度3mm的介质板，其相对介电常数为2.65，整个单元的底部为金属地。优化后得到的单元尺寸为：$h = 3.0$mm；$l_1 = 1.3$mm；$l_2 = 2.0$mm；$w_0 = 0.2$mm；$w_1 = 0.4$mm；$w_2 = 1.0$mm；$w_3 = 2.0$mm。

利用商用软件HFSS对提出的单元进行仿真，图5.4(b)给出了该单元在x极化波照射下得到的y极化反射波的PCR曲线，可以看出，PCR在7.6~22.0GHz内大于0.9，带宽达97.3%，而单元的厚度仅有0.076λ。为了进一步理解该单元的工作机理，将图 5.4(a)中 xy 坐标系逆时针旋转 45°得到 uv 坐标系，仿真得到了 uv 极化电磁波照射下反射波的幅度、相位，分别如图 5.4(c)和(d)。由于提出结构沿 u、v 轴均为对称结构，其相应极化下的反射幅度均接近于 1，但反射相位却差异明显，结合图 5.4(d)可知，相位差在 7.6～22.0GHz 接近 180°，且满足严格 180°的频点有 3 个，这一结果导致了超构表面的高极化旋转率，也证实了图 5.4(b)结果。图 5.5 分析了影响超构表面极化旋转率的几个关键结构参数，可以看出，l_1、l_2 和 w_1 对极化旋转性能影响较大，其中 l_1 主要影响极化旋转效率，对工作频带影响很小，而 l_2 和 w_1 同时对极化旋转效率和工作频带影响较大，结合这些规律就可以根据需要优化得到想要的超构表面尺寸。总之，上述提出的单元尺寸仅为 0.15λ×0.15λ×0.076λ，同时实现了宽带、高效率的极化旋转性能。

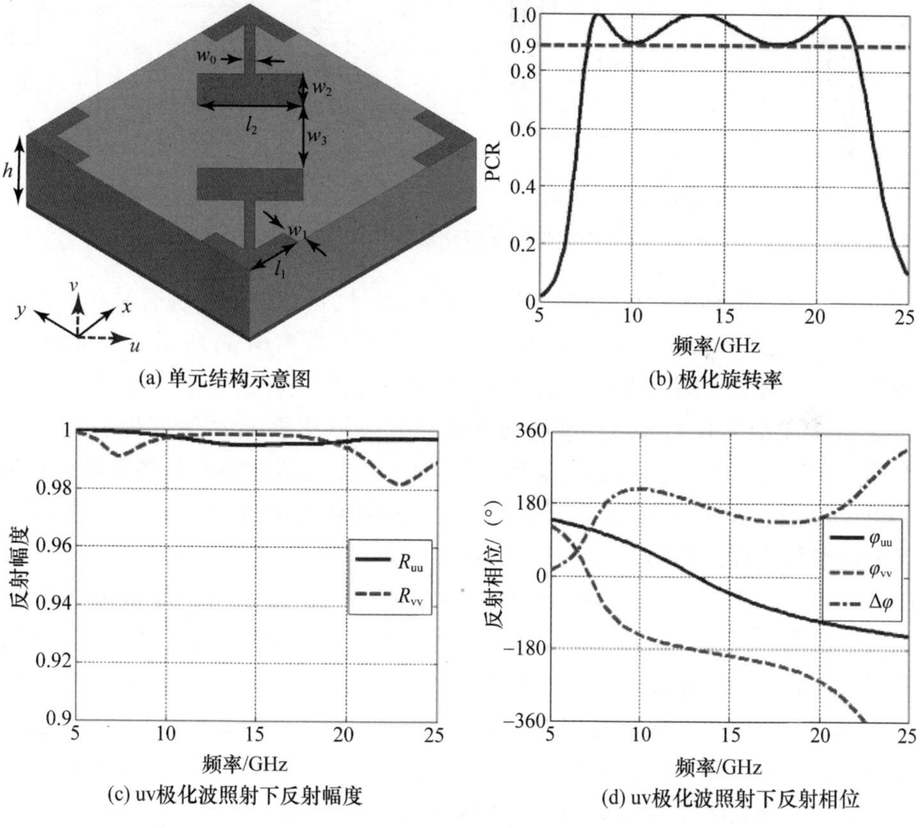

(a) 单元结构示意图　(b) 极化旋转率

(c) uv极化波照射下反射幅度　(d) uv极化波照射下反射相位

图 5.4　紧凑型宽带超薄极化旋转超构表面及性能(见彩图)

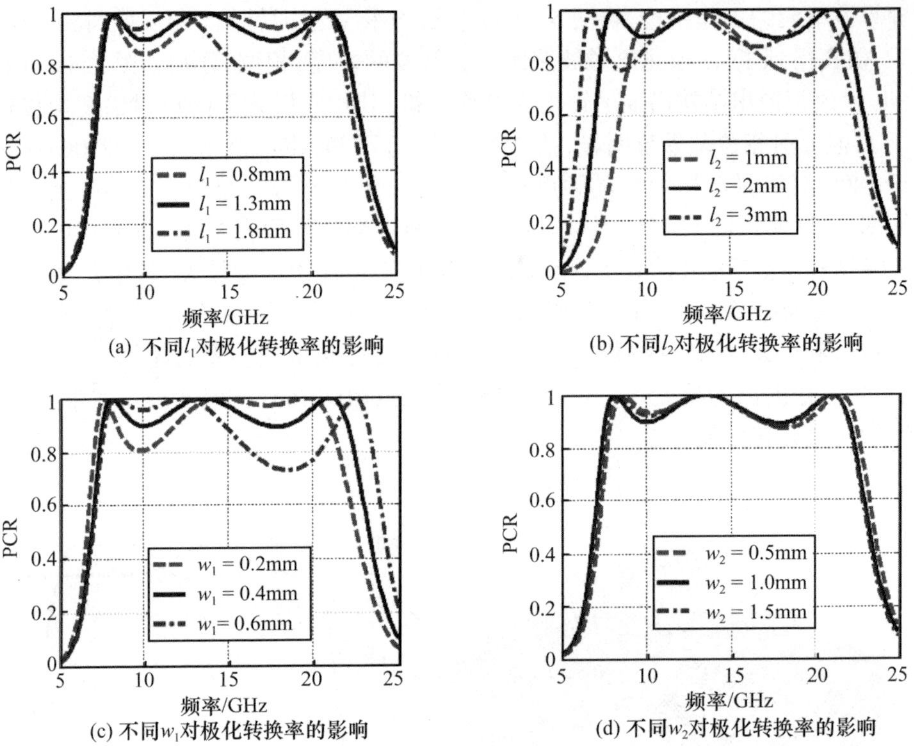

(a) 不同l_1对极化转换率的影响

(b) 不同l_2对极化转换率的影响

(c) 不同w_1对极化转换率的影响

(d) 不同w_2对极化转换率的影响

图 5.5 紧凑型宽带超薄极化旋转超构表面的参数分析

将上述单层和多层极化旋转超构表面的设计方法相结合,综合采用金属通孔、单元间联通和单层介质等技术,进一步设计了图 5.6(a)所示的单元结构,图中顶层是代表印刷在介质上的金属,T 形贴片沿一条对角线放置,并和相邻单元相连,T 形贴片的末端用金属通孔和地板连接,中间介质厚度为 3.5mm 的介质板,该单元的周期为 6mm,金属通孔半径 $r=0.1$mm,T 形贴片各参数分别为 $a=0.9$mm,$b=2$mm,$c=1.9$mm,$k=0.3$mm。利用 HFSS 软件仿真计算得到该单元的反射幅度曲线如图 5.6(b)所示,从图中可以看出,当 x 极化雷达波照射单元时,该单元实现极化旋转的工作频带为 6.9~19.6GHz,相对带宽为 95.8%,达到了宽带的效果,同时该单元结构周期是最低工作频率对应波长的 0.138 倍,实现了单元结构的紧凑设计。选择图 5.6(a)中几个主要结构参数进行分析,结果如图 5.7 所示。由图 5.7(a)可知,曲线随着参数 a 的逐渐增大略微向低频移动,但 a 的变化对极化旋转效果的影响较小;由图 5.7(b)可知,曲线随着参数 b 的变大逐渐向低频移动,带宽也略有增加,当 $b=1$mm 和 $b=3$mm 时,明显看到正交极化旋转幅度有一部分在 0.9 以下,说明 b 的变化会影响极化旋转频段和旋转的幅度;由图 5.7(c)可知,曲线最低工作频率随着参数 c 的不断变大逐渐向高频移动，即随着参数 c 变大渐渐不利于单元结构的小型化，且工作带宽逐渐变小，但最高工作频率几乎不变；由图 5.7(d) 可知，厚度 h 对极化旋转频段和效果影响都很大，极化旋转带宽随着参数 h 的不断增大逐渐变窄，最高工作频率逐渐减小。综合上述结果，优化设计的单元工作频带为 6.9～19.6GHz，相对带宽为 95.8%，实现了宽带工作、结构紧凑的目标。

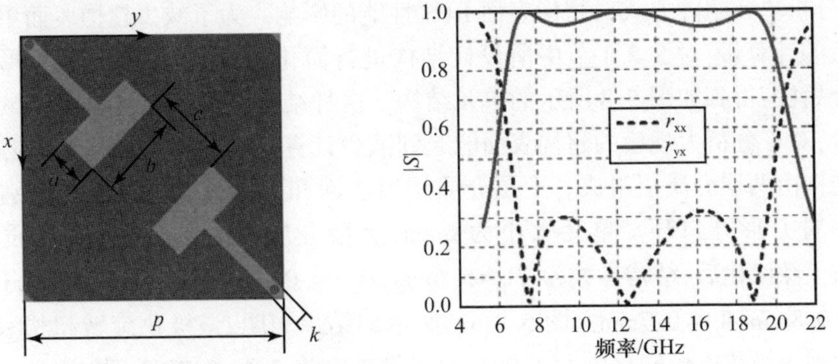

(a) 单元结构示意图　　(b) S参数

图 5.6　紧凑型超薄极化旋转超构表面

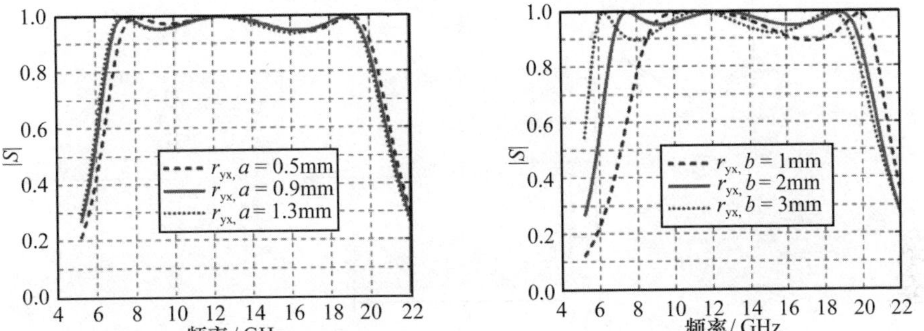

(a) 不同a对极化转换率的影响　　(b) 不同b对极化转换率的影响

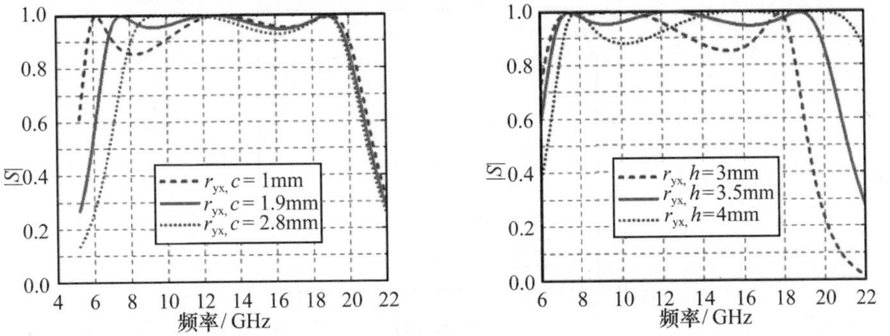

(c) 不同c对极化转换率的影响　　(d) 不同h对极化转换率的影响

图 5.7　紧凑型超薄极化旋转超构表面的参数分析

5.3 基于紧凑型极化旋转单元的宽带低 RCS 超构表面

以上述极化旋转超构表面单元设计为基础，以 5.2.1 节中所设计结构为例，分析单元组阵方式对超构表面 RCS 性能的影响。为了减少超构表面单元组阵后的计算量，对 5.2.1 节中所设计结构进行简化，去掉顶层内部的 L 形贴片和金属柱，得到如图 5.8 所示的单元结构。这种结构上的简化可以明显减少计算量，对于分析大规模的超构表面能起到减少计算时间、提高分析效率的效果。该结构由两层介质层组成。上层介质层上表面和下层介质层上表面分别印制有一对方形开口环。单元大小为 6mm，上层介质高为 1mm，下层介质高为 3mm。经优化后，结构参数为：$P_1=5.6$mm，$P_2=4.0$mm，$L_1=4.5$mm，$L_2=3.0$mm，$W_1=0.8$mm，$W_2=0.7$mm。图 5.8(d)所示的结果表明：该极化旋转超构表面 x 极化到 y 极化电场转化率大于 90%的工作带宽为 5.4～9.7GHz，相对工作带宽 57%，这里带宽较 5.2.1 节中的减少是由结构的简化造成的，但该单元仍具有结构紧凑（$0.1\lambda\times0.1\lambda\times0.07\lambda$）、宽频带的特点。

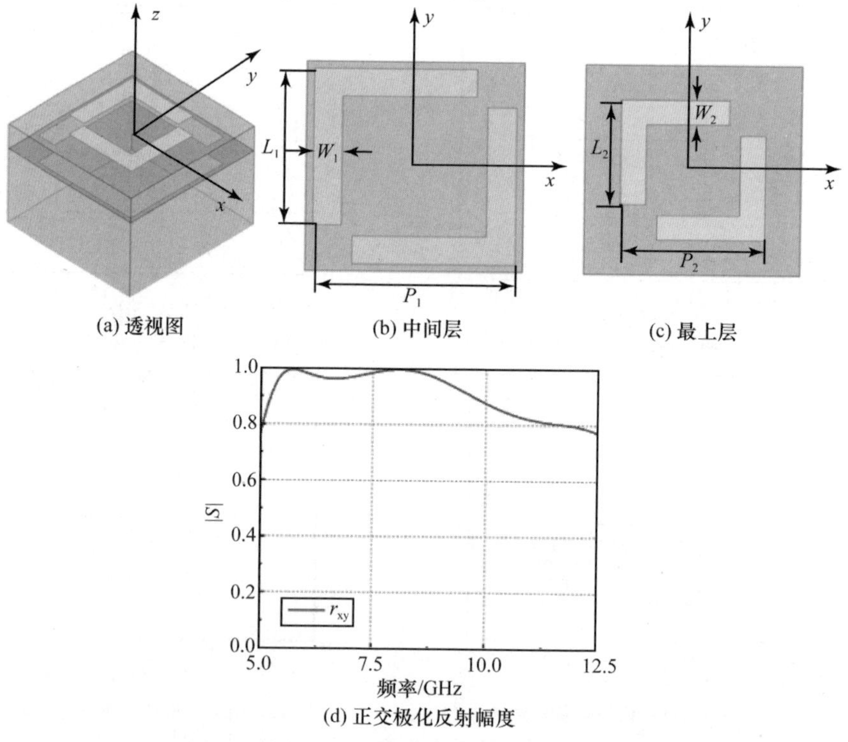

(a) 透视图 (b) 中间层 (c) 最上层

(d) 正交极化反射幅度

图 5.8 超构表面单元与性能

根据 5.1 节中的理论分析可知,若将极化旋转超构表面单元块以棋盘分布排列,当电磁波垂直入射时,四个区域内的电磁波两两反向,便可以使得在超构表面法线方向上的散射电磁波相互抵消,达到法向 RCS 减缩的效果。这里讨论两种超构表面棋盘排布方式,并将两种排列方式超构表面的 RCS 与同等大小的金属板进行比较。图 5.9(a)和(b)为两种排列方式俯视图,其中,图 5.9(a)表示沿对角线将整个超构表面划分为 4 个区域,沿 x 方向的两个区域中的单元完全相同,沿 y 方向的两个区域中的单元为 x 区域单元旋转 90°后得到的结构;图 5.9(b)表示沿 x、y 轴将整个超构表面划分为 4 个区域,每个对角线上的单元相同,两个对角线上的单元在空间上旋转了 90°。两种排列方式对垂直照射电磁波的单站 RCS 如图 5.9(c)和(d)所示。结果表明,无论对 x 或 y 极化波,排布方式二在低频部分的 RCS 减缩效果好于排布方式一,两种排布方式在中频部分的 RCS 减缩效果基本相同,排布方式一在高频部分的 RCS 减缩效果好于排布方式二;总体上,两种排布方式都较金属板有宽带 RCS 减缩效果,且 RCS 减缩量的平均值基本持平,说明利用提出的紧凑型单元构成的超构表面可以实现宽带 RCS 减缩效果。

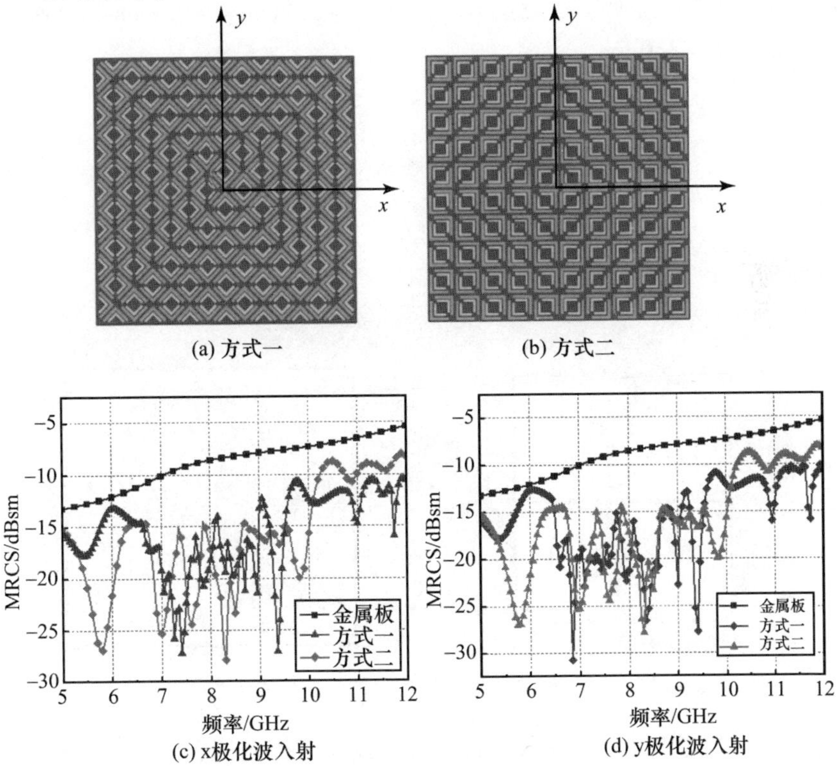

(a) 方式一　(b) 方式二

(c) x极化波入射　(d) y极化波入射

图 5.9　超构表面不同排列方式及 RCS 对比

5.4 滤波型极化调控低 RCS 超构表面

上述单一功能的极化调控超构表面单元构建的低 RCS 表面可以用于低 RCS 天线设计,但由于单元结构中有完整的金属地板,其只能置于天线口面的周围或者下方。工程上,许多天线都有天线罩,该罩体通常置于天线口面上方,一方面起到透波的作用,保证天线辐射的电磁波能正常通过罩体而不受影响,另一方面也对内部的天线起到保护作用。针对隐身天线罩的应用需求,本节将极化调控超构表面与天线罩中常用的频率选择表面相结合,设计了一种滤波型极化调控超构表面。图 5.10 示意给出了该超构表面的功能,频率为 f_2 的电磁波可以直接透过该表面正常传输,当频率为 f_1 的电磁波照射该表面时,将发生全反射,且反射波较入射波实现了正交方向的极化旋转。为了同时实现这两种功能,图 5.10 的插图中同时给出了该超构表面的单元结构,该单元采用双面刻蚀金属图案的单层介质板,其上表面沿对角方向刻蚀有骨头形金属图案,下表面在金属地板上刻蚀有金属方环槽。整个单元的尺寸为 8mm×8mm×3mm,其他尺寸为:$l_1=3.2$mm,$l_2=1.9$mm,$s=0.7$mm,$w=0.2$mm,$d_1=5.0$mm,$d_2=3.0$mm。

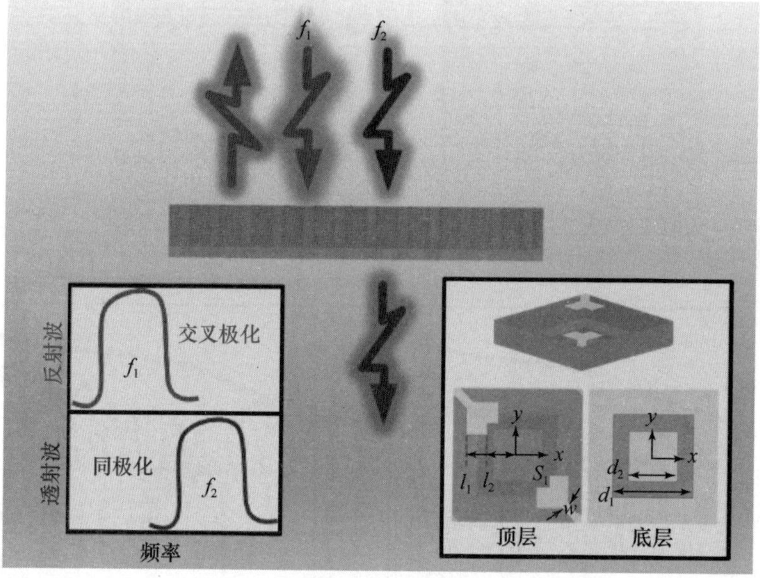

图 5.10 滤波型极化调控超构表面功能示意图

实际上,上述单元的工作机理可以视为极化调控超构表面和频率选择表面的结合。为了说明这一点,将图 5.10 中单元的上表面和下表面金属图案拆解为图 5.11(a)和(b)所示的两个单元,其中图 5.11(a)中单元的下表面为完整的金属地,图 5.11(b)中单元的上表面没有金属结构,图 5.11(c)为本节提出的单元结构。三种单元除金属图案不同之外,结构尺寸完全相同。当 x 极化波分别照射三种单元时,图 5.11(d)~(f)给出了各单元对应的反射和透射幅度。从图 5.11(d)可以看出,该单元的反射波在 7.8~18.3GHz 实现了线(x)-线(y)极化旋转;图 5.11(e)表明,该单元在 18.0~22.6GHz 的透射波幅度都在-1.5dB 以上,且透射波的极化方式与入射波保持一致。值得注意的是,上述极化旋转和滤波频段直接相连,假设两种功能之间的耦合可以忽略,若将两种功能结合起来,即可直接得到滤波型极化旋转表面。为了实现这一目标,将极化旋转单元中的谐振结构——骨头形金属图案和滤波型单元中的谐振结构——方形槽图案沿 z 方向在空间上错位,得到的单元即为图 5.11(c)所示的结构。为了理解该结构的工作机理,图 5.12(a)~(f)给出了 3 个典型频点处的表面电流分布,可以看出,在低频的 8.5GHz 和 14.2GHz,该结构的强电流主要集中在上表面的骨头形金属图案及其对应的下表面结构上;而在高频的 20.7GHz,该结构的强电流主要集中在下表面的方形槽上,此时上表面的骨头形金属图案上电流很弱,这些电流分布说明采用上下层结构错位的设计有效减小了上下层金属结构的耦合,从而保证了极化旋转和滤波功能的相对独立。图 5.11(f)中的结果也表明,提出的单元结构在 7.6~14.5GHz 具有线-线极化旋转功能,在相邻的 15.3~22.1GHz 具有滤波功能,这里两种功能对应的频段和图 5.11(d)和(e)中独立功能频段的差异主要是由上下层金属图案间不可避免的弱耦合造成的。

针对隐身天线罩的应用需求,将图 5.11(c)所示的单元周期组成 6×6 的超构表面块,并按图 5.1(b)所示的棋盘方式排列构成图 5.13(a)所示的超构表面。根据 5.1 节中的理论,若入射波为 x 极化,四个超构表面块的反射波极化方式如图 5.13(a)所示,这些散射波将在空间矢量叠加,从而得到法向 RCS 的明显减缩。图 5.13(b)比较了该超构表面与等面积金属板的单站 RCS,可以看出,该超构表面在 6.0~25.0GHz 有明显的 RCS 减缩,且在 7.7~22.8GHz 的 RCS 减缩量超过 6dB。图 5.13(c)为该超构表面的实物图,对其测试结果如图 5.13(d)所示,仿真与测试的良好一致性证明了设计的有效性。事实上,对于图 5.13(a)中的每个超构表面块而言,x 极化雷达波照射后得到的回波为 y 极化波,因此若探测雷达为单极化的单站雷达,超构表面块本身就具有隐身性能,但对于双极化雷达,图 5.13(a)中的整个超构表面具有隐身性能。

为了更好地理解超构表面的 RCS 减缩机理,图 5.14 对比了设计超构表面与金属板的三维散射方向图。图 5.14(a)~(c)表明,当雷达波垂直照射时,金属

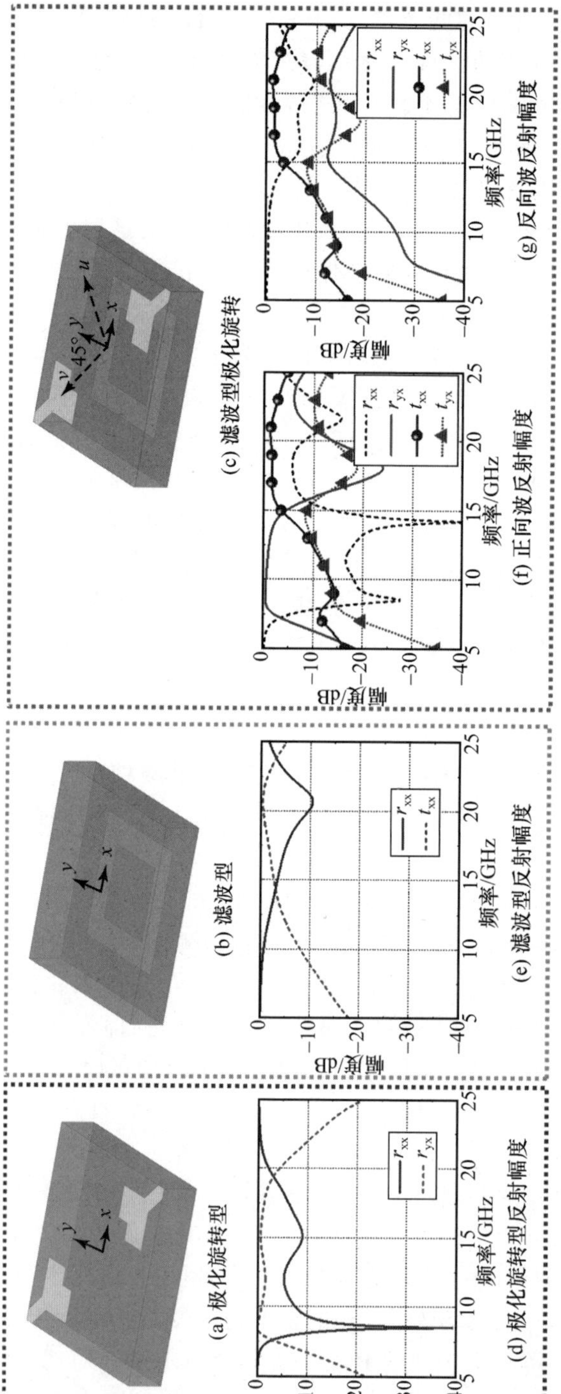

图5.11 不同结构超构表面单元及性能对比

图 5.12　滤波型极化调控超构表面的表面电流分布(见彩图)

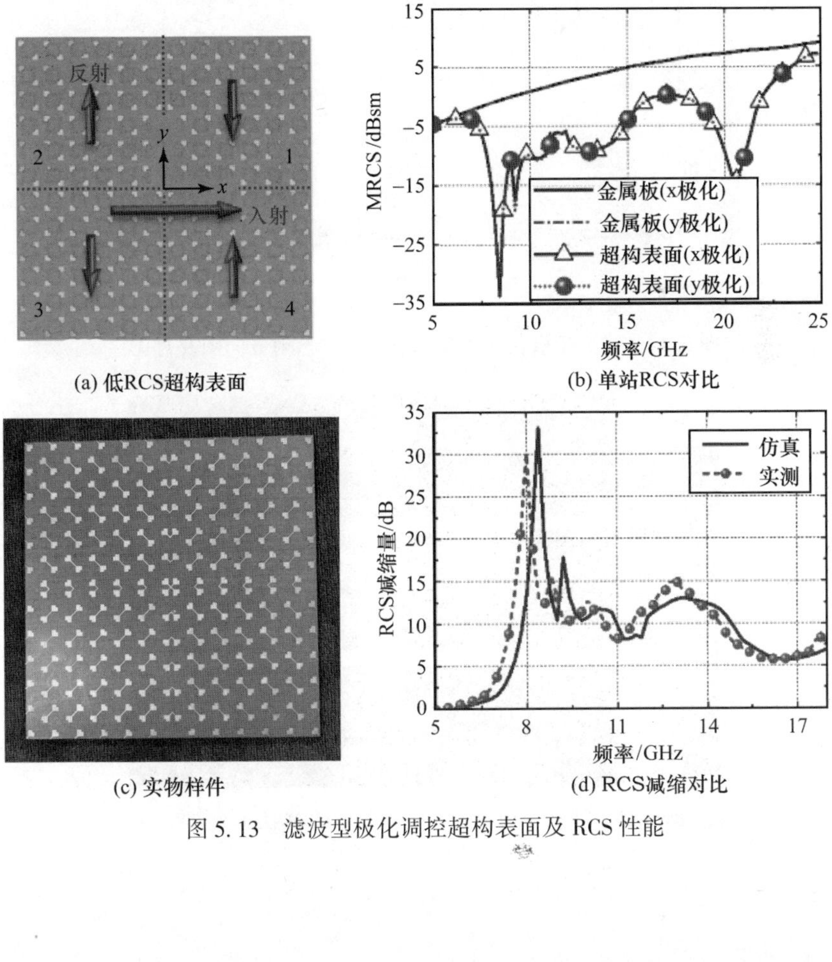

图 5.13　滤波型极化调控超构表面及 RCS 性能

板对不同频点都形成了法线方向的聚焦强散射，散射峰值造成了较高的 RCS。相比之下，对于提出的超构表面，从图 5.14(d)～(f)可以看出，其散射场在空间分布较为均匀，在 8.5GHz，超构表面法线方向出现散射零点，散射能量被打散至四个对角线方向；随着频率升高，散射场在空间分布变得更加均匀；在 20.7GHz，上半空间的散射场总体都很小，因此，超构表面在这些频点都获得了法线方向明显的 RCS 减缩。图 5.15 给出了设计超构表面的散射近场分布，可以看出，对于 8.5GHz 和 14.2GHz，散射电场主要分布在上半空间，表明超构表面对入射波起到了反射的作用，而在 20.7GHz，散射电场主要分布在下半空间，表明超构表面对入射波起到滤波的作用。这些结果综合起来说明低频处的 RCS 减缩是由超构表面的极化旋转特性产生的，而高频处的 RCS 减缩是由超构表面的滤波特性产生的。

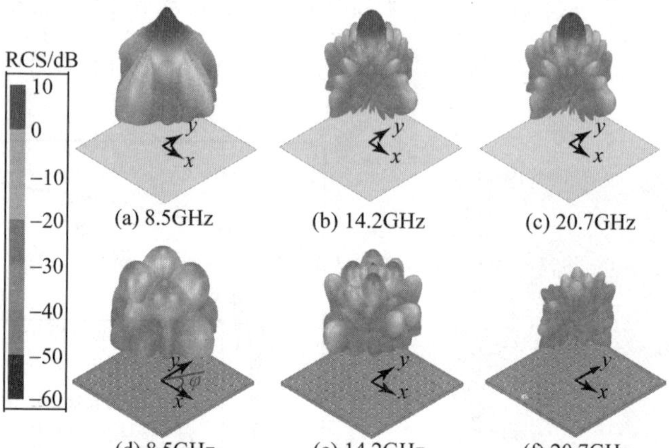

图 5.14　滤波型极化调控超构表面三维散射方向图及对比

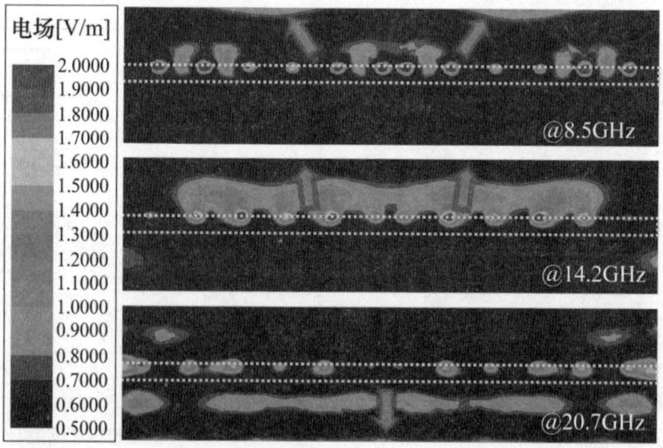

图 5.15　滤波型极化调控超构表面的散射近场分布

5.5 小　结

本章研究了超构表面的极化调控特性及其构造低 RCS 表面的设计机理。研究发现,依靠极化旋转实现的低 RCS 表面仅需要设计一个单元结构,通过单元的旋转即可直接得到低 RCS 性能,且容易获得宽频带特性。以上述机理分析为基础,提出将多层介质——金属印刷结构和金属探针相结合设计超宽带、紧凑型极化旋转超构表面的方法,设计了一种同时工作于 C 波段和 X 波段的极化旋转超构表面单元结构;提出超构表面单元间联通设计单层紧凑型极化旋转超构表面的方法,通过增大电流流动路径,设计了一种紧凑型宽带超薄极化旋转超构表面单元结构;提出结合金属通孔技术、利用结构的纵向特点实现紧凑单元的设计方法,设计了一种单层、紧凑型超薄极化旋转超构表面单元;三种超构表面都获得了超宽带极化旋转性能。基于提出的单元构建了超构表面,对比了超构表面两种排列方式得到的低 RCS 性能,验证了不同的单元组阵方式都能获得宽带低 RCS 性能,但会影响高频段或低频段的 RCS 减缩幅度。最后,针对隐身天线罩的应用需求,提出将超构表面的极化调控特性和频率选择特性相结合,设计了一种滤波型极化调控超构表面,采用多层金属图案空间错位的方法,有效减小了双功能间的耦合,实现了不同功能的频率级联,将该单元构成超构表面,高频段的电磁波可以直接穿透该表面正常传输,低频段的电磁波则被反射并在后向空间重新分布散射能量,从而实现了 RCS 的有效减缩。本章的研究为后续基于极化调控超构表面的低 RCS 天线设计奠定了理论与方法基础。

第6章　口面复用的低RCS超构表面天线设计

超构表面应用于低RCS天线设计的早期方式多采用额外加载方法,即在现有天线的基础上,通过在其口径周围环绕,或在其口径上方或下方加载等,基于超构表面的幅度、相位或极化等电磁调控特性,通过吸收、散射雷达波等缩减天线RCS。这种应用方法将导致天线口面和重量增加、体积增大、成本抬升等,不利用天线的集成化应用,探索超构表面和天线新的结合方式十分迫切。从结构上看,超构表面多为亚波长单元周期排列,而印刷天线多为半波长设计,两者有显著差异,但其共同点在于都可以采用印刷电路板技术制作而成。从性能上看,超构表面的电磁特性多针对外来雷达波而言,而印刷天线为主动辐射结构,两者也有明显差异。鉴于这些差异,如何将超构表面和天线相结合具有一定的挑战性。针对该问题,受共享孔径技术启发,本章提出口面复用的思路,这种思路是将超构表面用于缩减印刷天线RCS较为直接的方式,该方式遵循从天线到一体化超构表面天线的设计思路,具有直接、简单、有效的特点。利用这种方式,分别将多层超构表面、单层超构表面与天线口面共面复用、超构表面与天线口面层叠复用,设计了几款超构表面天线,在不破坏天线低剖面特点的前提下,实现RCS减缩,同时保证天线的良好辐射。

6.1　多层超构表面与天线口面共面复用

多层超构表面较易实现宽带性能,其在宽带低RCS设计应用中具有优势。本节以多层极化旋转超构表面为例,阐述其与天线结构共面集成一体化的方法。如图6.1所示为提出的一种口面复用单元设计实例[118]。该实例中,极化旋转超构表面为多层结构,上层为金属开口圆环,中间层为互补的缝隙,最下层为金属地,该极化旋转超构表面与天线的单元周期相同,且嵌套在天线辐射贴片的外围。以集成后的结构为天线阵元1,极化旋转结构旋转90°后的单元为阵元0,将两种单元分别置于周期边界下,图6.2(a)给出了两种单元在x极化电磁波照射下的反射性能,可以看出,两种天线对照射波的反射相位差在整个频段内都接近于180°、正交极化方向的反射幅度几乎相同且在2.9~4.2GHz都高于-2dB。根据 4.1 节和 5.1 节中理论分析可知，可利用两种单元对照射电磁波反射相位的差异，将两种单元周期排列组成的超构表面块棋盘排布，基于散射场矢量对消原理实现 RCS 减缩，为此，提出图 6.2(b) 所示的超构表面阵列天线，该阵列由 4×4 个天线单元组成，沿中心线可将所有单元分为 4 个区域，其中区域 1 与区域 3 内为 1 单元，区域 2 与区域 4 内为 0 单元。该阵列天线的辐射频段在 7.7GHz 附近，具有良好的聚焦波束。将图 6.2(b) 中阵列天线每个单元外围嵌套的极化旋转结构去掉，即为传统印刷天线，以其为参考，图 6.2(c) 和 (d) 对比了两个阵列的 RCS 计算结果，可以看出，在天线辐射带外的 2.9～4.2GHz 得到了明显的 RCS 减缩，RCS 减缩频段与极化旋转频段相一致。

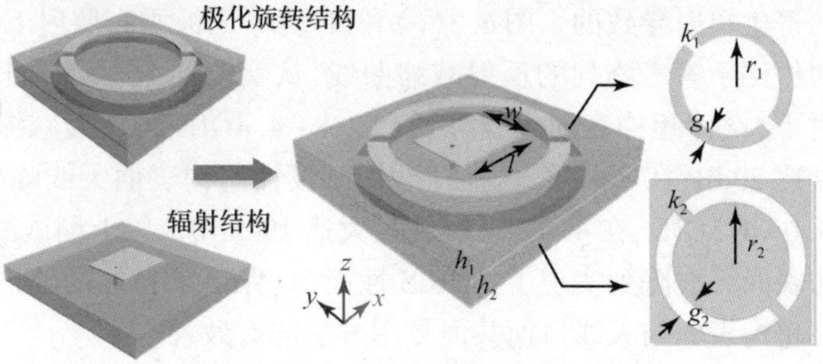

图 6.1　多层超构表面与天线集成一体化单元设计

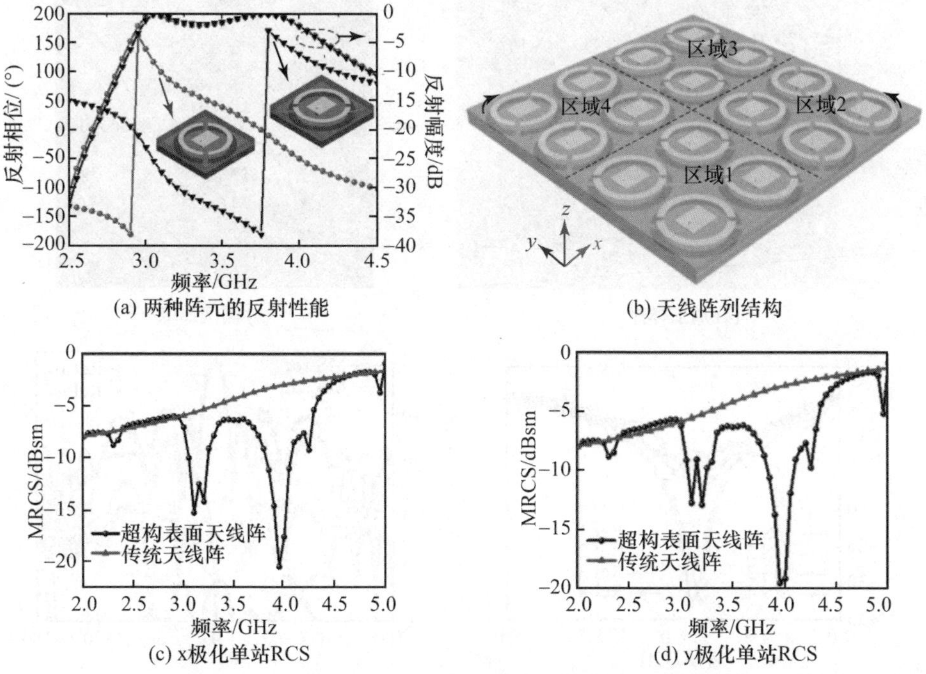

图 6.2　天线结构及 RCS 结果

为验证以上数值计算结果，分别加工了图 6. 2(b)所示的超构表面天线阵列及其参考阵列，样件如图 6. 3(a)所示。在图 6. 3(b)所示的微波暗室中分别测试了两种天线阵列的辐射、散射性能。图 6. 3(c)为阵列天线实测的单元激励端口反射系数，从图中可以看出，两阵列的最深谐振频点分别在 7. 9GHz 与 7. 95GHz 附近，且谐振深度都达到了-15dB，说明所设计的超构表面天线阵列具备良好的阻抗匹配性能，设计阵列与参考阵列的-10dB 带宽基本一致。在 7. 9GHz 测试对比了两个阵列的辐射方向图，如图 6. 3(d)所示，两个阵列的最大辐射方向均沿着法线方向且主瓣宽度几乎完全相同，对于设计的超构表面天线阵列，其副瓣电平略高于参考阵列，这主要是由辐射贴片周围嵌套的极化旋转结构的寄生辐射导致的。图 6. 3(e)和(f)为平面波垂直照射下设计超构表面天线阵列相比于参考阵列的反射减缩曲线，从实测结果可以看出，在 x 极化入射波照射下，设计超构表面天线阵列在 2. 8~4. 4GHz 内反射减缩效果明显，最大减缩量达 20dB；在 y 极化入射波照射下，设计超构表面天线阵列的反射减缩频段为 3. 0~4. 5GHz，在 4. 0GHz 减缩最大达 19. 5dB。以上测试结果表明，所设计的超构表面天线阵列实现了低 RCS 性能，且保证了良好的辐射，也证实了提出的多层超构表面与天线口面共面复用方法的有效性。

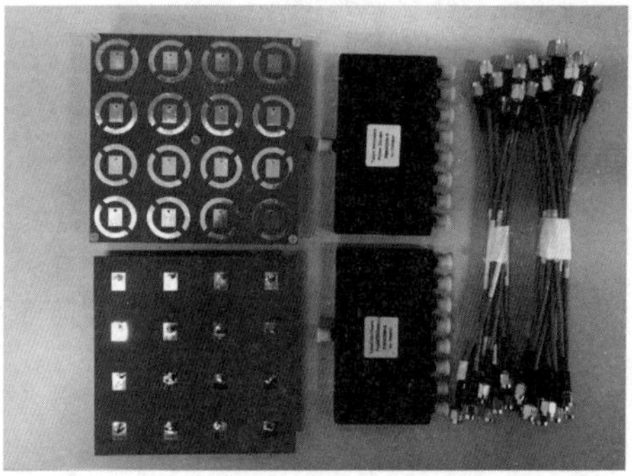

(a) 加工样件

(b) 测试环境

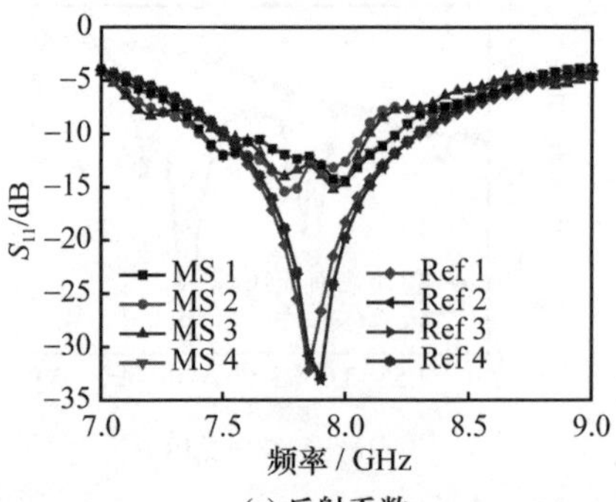

(c) 反射系数

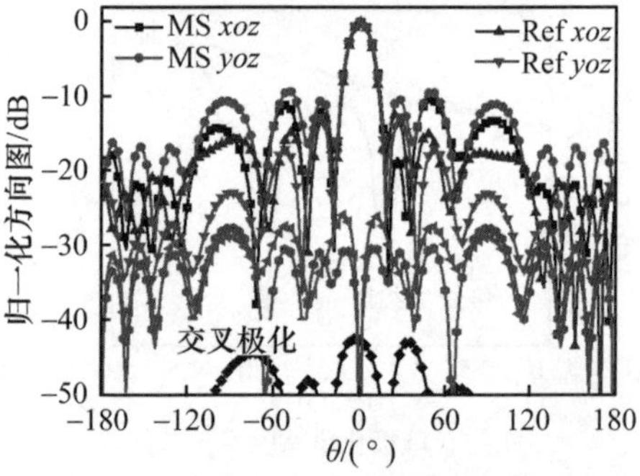

(d) 7.9GHz归一化辐射方向图

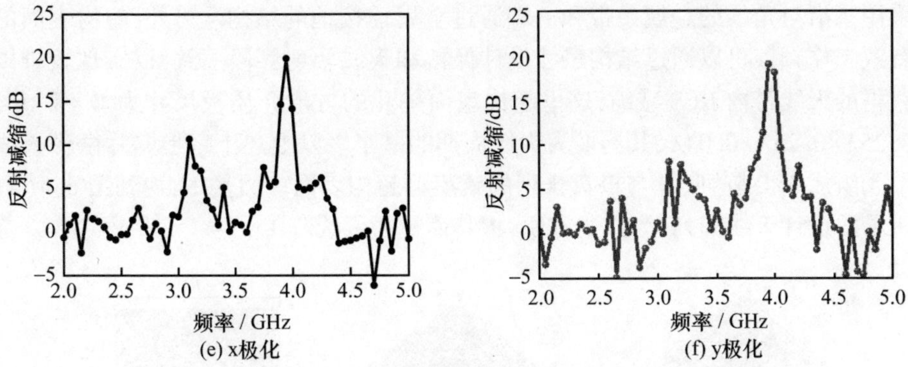

图 6.3　天线实物及性能测试结果

6.2　单层超构表面与天线口面共面复用

上述多层超构表面与天线口面共面复用的方法,将超构表面单元与天线单元结构“强行”集成在一个单元中,在没有额外增加天线结构尺寸的前提下,虽然实现了天线 RCS 减缩,但 RCS 减缩的频段与天线的辐射频段有一定距离,本质上看,这是由超构表面亚波长工作和天线半波长工作的差异造成的,这种工作频段上的距离使得提出的口面复用方式并没有对天线的辐射造成较大影响,因此,设计起来相对容易。若超构表面与天线的工作频段相同或相近,两者的结构尺寸差异使得 6.1 节提出的口面共面复用方式将失效。针对该问题,本节以结构相对简单的单层超构表面为例,阐述紧凑型超构表面与天线口面共面复用的一体化方法。作为示例,本节将介绍两种一体化低 RCS 天线阵列设计实例。

6.2.1　紧凑型极化旋转超构表面与十字形天线阵列

单层的超构表面与天线口面共面复用时,势必对两者各自金属图案结构产生影响。为此,设计中需要尽量减小超构表面和天线各自的金属图案面积,给彼此留够空间。因此,提出采用图 6.4(b)和(c)所示的十字形微带天线作为天线单元,其结构主要由四部分组成:十字架形辐射贴片、介质基片、馈电金属柱和金属地。对于单个天线,贴片的尺寸分别为 $l_1 \times w_1 = 16.4\text{mm} \times 2\text{mm}$ 和 $l_2 \times w_2 = 10\text{mm} \times 2\text{mm}$。天线整体介质基板的尺寸为 $p \times p \times h = 25\text{mm} \times 25\text{mm} \times 2\text{mm}$,介质板的相对介电常数为 2.65,损耗角正切为 0.002。馈电金属柱半径 feedr = 0.5mm,其位置与天线中心点距离 feedx = 1mm。图 6.4(d)和(e)给出了设计的紧凑型极化旋转表面。为了尽量减小与天线复用后对各自性能的影响,这里超构表面采用了沿对角线的金属条带和一端通过金属柱接地的结构。另外,超构表面的有效工作频段可以通过结构尺寸设计保持和天线辐射频段一致,以实现较难以获得的天线带内 RCS 减缩,这里超构表面单元的方形介质板尺寸为 $W \times W \times h = 0.25\lambda \times 0.25\lambda \times 0.04\lambda$,其周期为天线周期的一半。以上述十字形贴片微带天线单元组成 2×2 阵列,并与棋盘排列的紧凑型超构表面口面复用,得到图 6.4(a)所示的设计天线阵列,为描述方便,将其简称为天线阵 1。

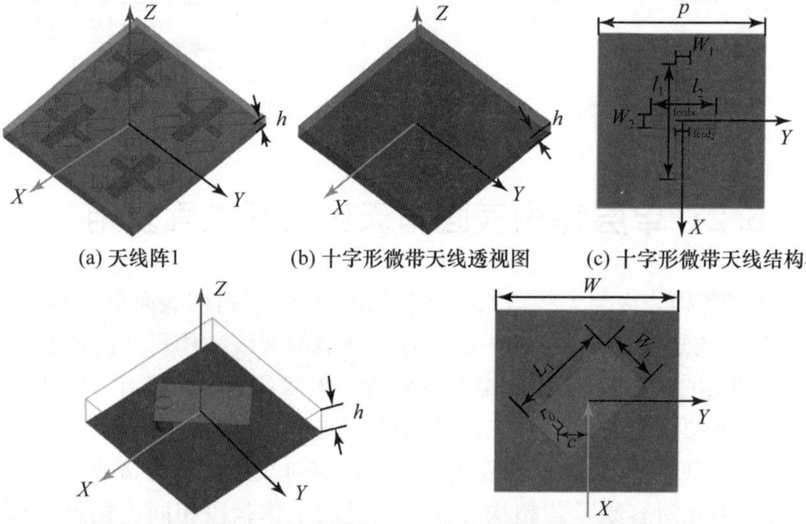

(a) 天线阵1　(b) 十字形微带天线透视图　(c) 十字形微带天线结构参数

(d) 紧凑型极化旋转表面单元透视图　(e) 紧凑型极化旋转表面单元结构参数

图 6.4　单层超构表面与天线口面复用阵列 1 及局部结构(见彩图)

在设计天线阵 1 的过程中,首先,对十字形贴片微带天线单元和紧凑型超构表面的电磁性能分别进行分析。图 6.5 给出了利用前述尺寸仿真得到的十字形贴片微带天线单元的激励端口反射系数,图 6.5(a)中结果表明天线的工作频带为 5.92~6.06GHz,其谐振中心频率为 6.0GHz,绝对带宽为 0.14GHz,相对带宽为 2.3%,图 6.5(b)为工作在中心频率的天线单元三维辐射方向图,可见,该天线辐射性能良好,最大增益为 6.7dB。对于紧凑型极化旋转超构表面,具体结构参数:$W \times W = 12.5\text{mm} \times 12.5\text{mm}$;$W_1 \times L_1 = 3.9\text{mm} \times 7.2\text{mm}$,仿真得到该结构的 S 参数曲线如图 6.6(a)所示,在 6.0GHz 处,其同极化反射幅度为-22dB,正交极化反射幅度为-1dB,实现了线-线极化旋转,正交极化反射幅度大于-3dB 的带宽为 5.8~6.2GHz,与天线的辐射工作频段相一致。

进一步地,为获得各结构参数对超构表面极化旋转性能的影响,对紧凑型超构表面的几个关键参数进行了分析。保持 $W = 12.5\text{mm}$、$h = 2\text{mm}$、$W_1 = 3.9\text{mm}$、$C = 2.1\text{mm}$、$r_0 = 0.65\text{mm}$ 不变,改变 L_1 的值,得到不同 L_1 下的 S 参数曲线,如图 6.6(b)所示,随着 L_1 不断增大,曲线整体向低频移动,同时正交极化的反射幅度几乎不变,说明调节 L_1 可以有效调节极化旋转的工作频率。保持 $W=12.5\text{mm}$、$h=2\text{mm}$、$L_1=7.2\text{mm}$、$C=2.1\text{mm}$、$r_0=0.65\text{mm}$ 不变,改变 W_1 的值,得到不同 W_1 下的 S 参数曲线,如图 6.6(c)所示,随着 W_1 不断增大,S 曲线整体向低频移动,同时正交极化的反射幅度几乎不变,说明调节 W_1 也可以有效调节极化旋转的工作频率。保持 $W=12.5\text{mm}$、$h=2\text{mm}$、$L_1=7.2\text{mm}$、$W_1=2.1\text{mm}$、$C=2.1\text{mm}$ 不变,改变 r_0 的值,得到不同 r_0 下的 S 参数曲线,如图 6.6(d)所示,随着 r_0 不断增大,曲线整体向高频移动,同时正交极化的反射幅度几乎不变,说明改变 r_0 同样可以有效调节极化旋转的工作频率。以上结果表明:L_1、W_1、r_0 都是影响超构表面极化旋转频率的关键参数,但改变其数值对极化旋转效率影响很小。

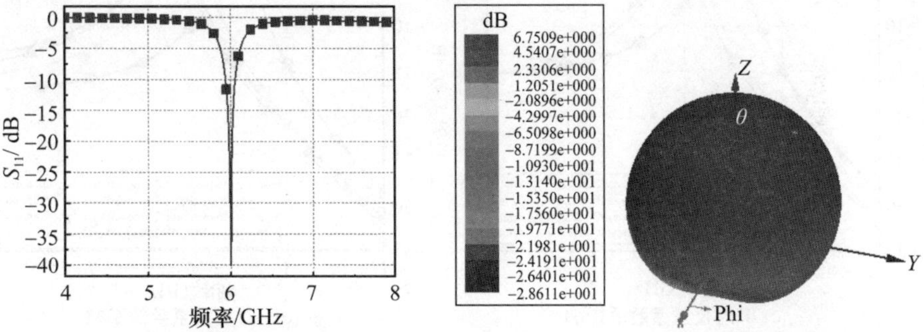

(a) 天线端口反射系数　　(b) 6.0GHz辐射方向图

图 6.5　十字形贴片微带天线单元辐射性能

在上述分析的基础上,对设计的天线阵 1 进行了分析。这里选用之前用过的一款实际可加工的介质厚度,即将前述仿真中的介质厚度 2mm 改为 3mm,同时,为了保证天线的匹配和工作频段,对部分结构参数进行了优化,优化后的天线尺寸:$p=25\text{mm}$;$w_1=17\text{mm}$;$l_1=4\text{mm}$;$w_2=16\text{mm}$;$l_2=2\text{mm}$;$\text{feedx}=2.5\text{mm}$;$\text{feedr}=0.65\text{mm}$,对应优化后的极化旋转超构表面尺寸:$W_1=3.9\text{mm}$;$L_1=7.2\text{mm}$;$W_2=16\text{mm}$;$L_2=2\text{mm}$;$r_0=0.65\text{mm}$;$C=2.09\text{mm}$;$d=2.09\text{mm}$。为了说明该天线的性能优势,将天线阵 1 中的极化旋转超构表面去掉,得到参考天线阵,并将其性能与天线阵 1 进行对比。从图 6.7(a)和(b)所示的 x 极化波和 y 极化波照射下的 RCS 对比中可知,天线阵 1 在 5.0~6.5GHz 较参考天线阵都有 RCS 减缩,图 6.7(c)为天线阵的激励端口反射系数,可以看出,天线阵 1 的工作频带为 5.12~5.29GHz,其谐振频率为 5.2GHz,参考天线阵与天线阵 1 的工作频带、谐振频率几乎完全相同。图 6.7(d)和(e)为天线阵 1 和参考天线阵在谐振频率下的 E 面和 H 面方向图,可见,天线阵 1 辐射性能良好,最大增益为 9.5dBi,方向图形

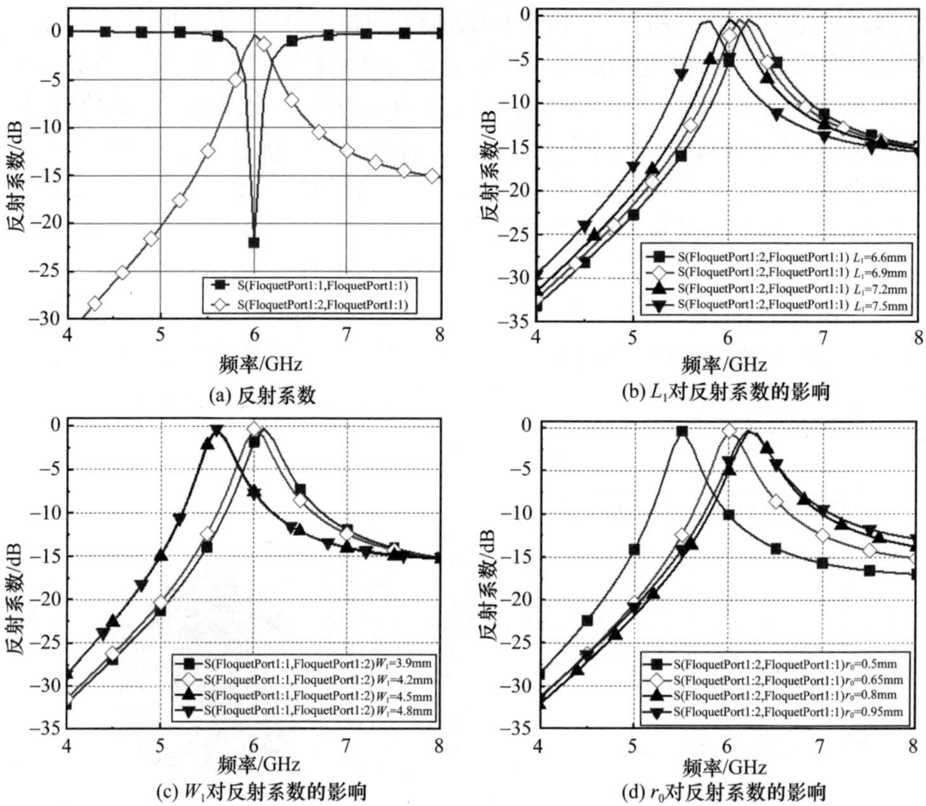

(a) 反射系数　(b) L_1对反射系数的影响

(c) W_1对反射系数的影响　(d) r_0对反射系数的影响

图 6.6　紧凑型极化旋转超构表面性能

状与参考天线阵非常相似,最大增益较参考天线阵略有提高。总之,天线阵 1 和参考天线阵的辐射性能几乎相同,但天线阵 1 实现了 RCS 有效减缩,RCS 减缩频段覆盖了天线的辐射频段。这些结果证实了提出的单层超构表面与天线口面共面复用方法的有效性。

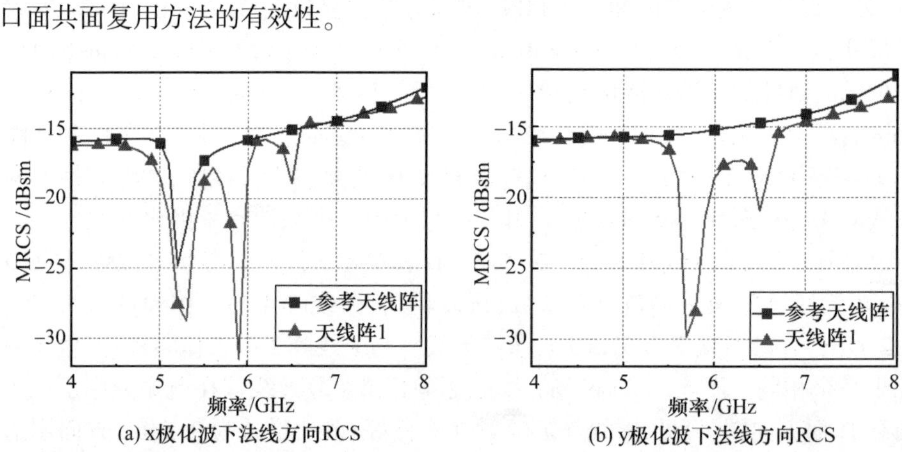

(a) x极化波下法线方向RCS　(b) y极化波下法线方向RCS

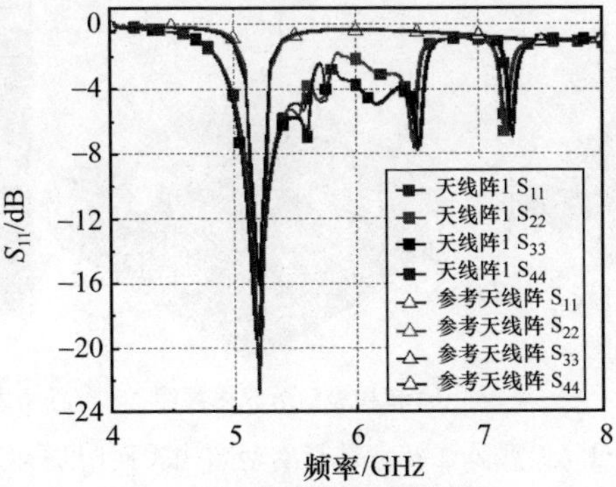

(c) 天线的端口反射系数

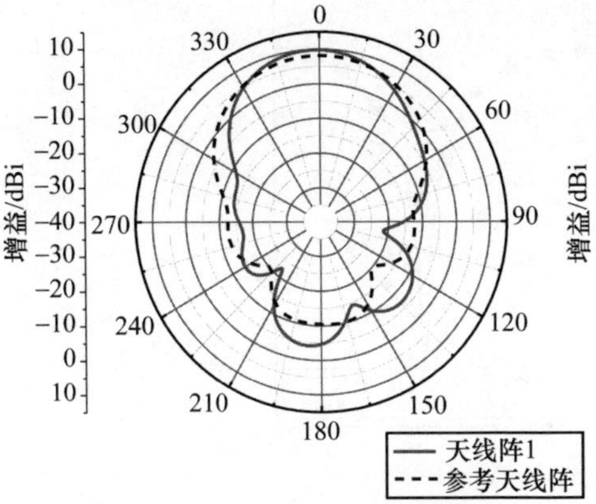

(d) 5.2GHz天线阵列E面方向图

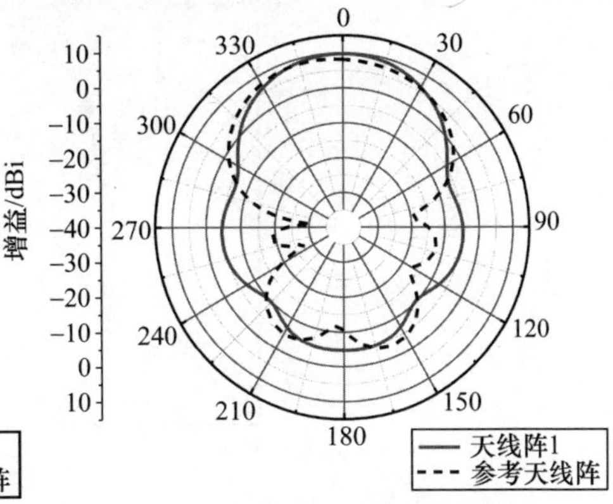

(e) 5.2GHz天线阵列H面方向图

图 6.7　天线阵 1 与参考天线的性能对比

6.2.2　宽带紧凑型极化旋转超构表面与十字形天线阵列

6.2.1 节设计的天线阵 1 虽然实现了 RCS 减缩，但减缩带宽较为有限，这主要是由设计紧凑型超构表面的窄带极化旋转性能造成的。为了拓展 RCS 减缩带宽，对天线阵 1 进行了改进，主要是对其中的超构表面进行结构改进，改进后超构表面的单元如图 6.8(b)和(c)所示，改进后的天线阵列记为天线阵 2，如图 6.8(a)所示。结合图 6.8(b)和(c)，超构表面的结构参数为：W=12.5mm、h=3mm、$L_1=W_1$=9.5mm、$L_2=W_2$=5.6mm、C_1=2.5mm、C_2=1.5mm、r_0=0.5mm。图 6.9 给出了数值计算得到的该超构表面 S 参数曲线，正交极化反射幅度大于−3dB 的带宽为 5.44～12GHz。表 6.1 对比了本节和 6.2.1 节设计的超构表面性能，由此可见，改进设计的结构极化旋转带宽有了较大提升。

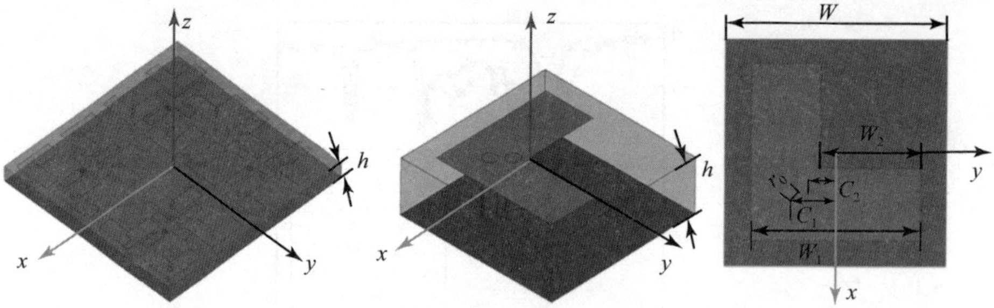

(a) 天线阵2　(b) 超构表面单元透视图　(c) 超构表面单元结构参数

图 6.8　天线阵 2 及宽带紧凑型超构表面(见彩图)

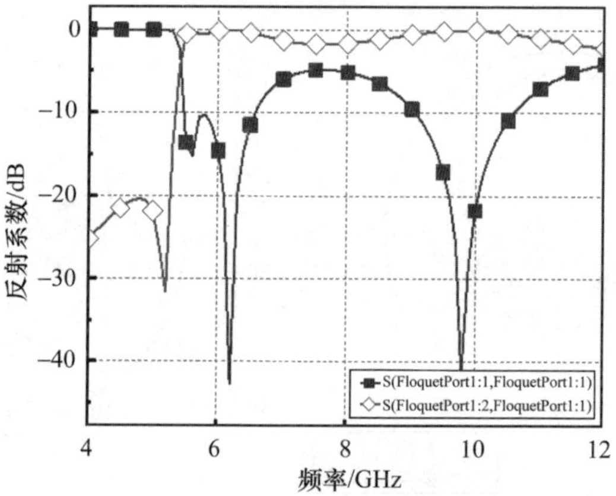

图 6.9　宽带紧凑型超构表面性能

表 6.1　极化旋转超构表面结构性能对比

结　构	正交极化反射幅度大于-3dB 带宽	6.0GHz 同极化反射幅度	6.0GHz 正交极化反射幅度
紧凑型极化旋转超构表面	5.8~6.2GHz	-22dB	-1dB
宽带紧凑型极化旋转超构表面	5.44~12GHz	-43dB	约 0dB

与天线阵 1 的分析类似,为了说明天线阵 2 的性能优势,将天线阵 2 中的极化旋转超构表面去掉,得到参考天线阵,并将其性能与天线阵 2 进行对比。当平面波垂直照射两个天线时,图 6.10(a)和(b)对比给出了天线阵 2 和参考天线阵法线方向单站 RCS,可以看出,对于 x 极化和 y 极化垂直入射的电磁波,天线阵 2 的 RCS 在 4~8GHz 较参考天线阵都有减缩,与天线阵 1 相比,RCS 减缩带宽增加了 2.5GHz,且减缩幅度有明显提升。图 6.10(c)为数值计算得到的天线激励端口反射系数,从图中可知,天线阵 2 的工作频带为 6.18~6.38GHz,其谐振频率为 6.28GHz,与参考天线阵几乎相同。图 6.10(d)和(e)分别比较了

天线阵在谐振频率下的 E 面和 H 面方向图，可以看出，天线阵 2 辐射性能良好，最大增益为 9.7dBi，与参考天线阵相比变化很小。综上所述，天线阵 2 的工作频带、增益与参考天线阵相比基本保持不变，但实现了宽带 RCS 减缩，较天线阵 1 减缩带宽增加了 2.5GHz，且减缩幅度有较大提高。这些结果再次证实了提出的单层超构表面与天线口面共面复用方法的有效性。

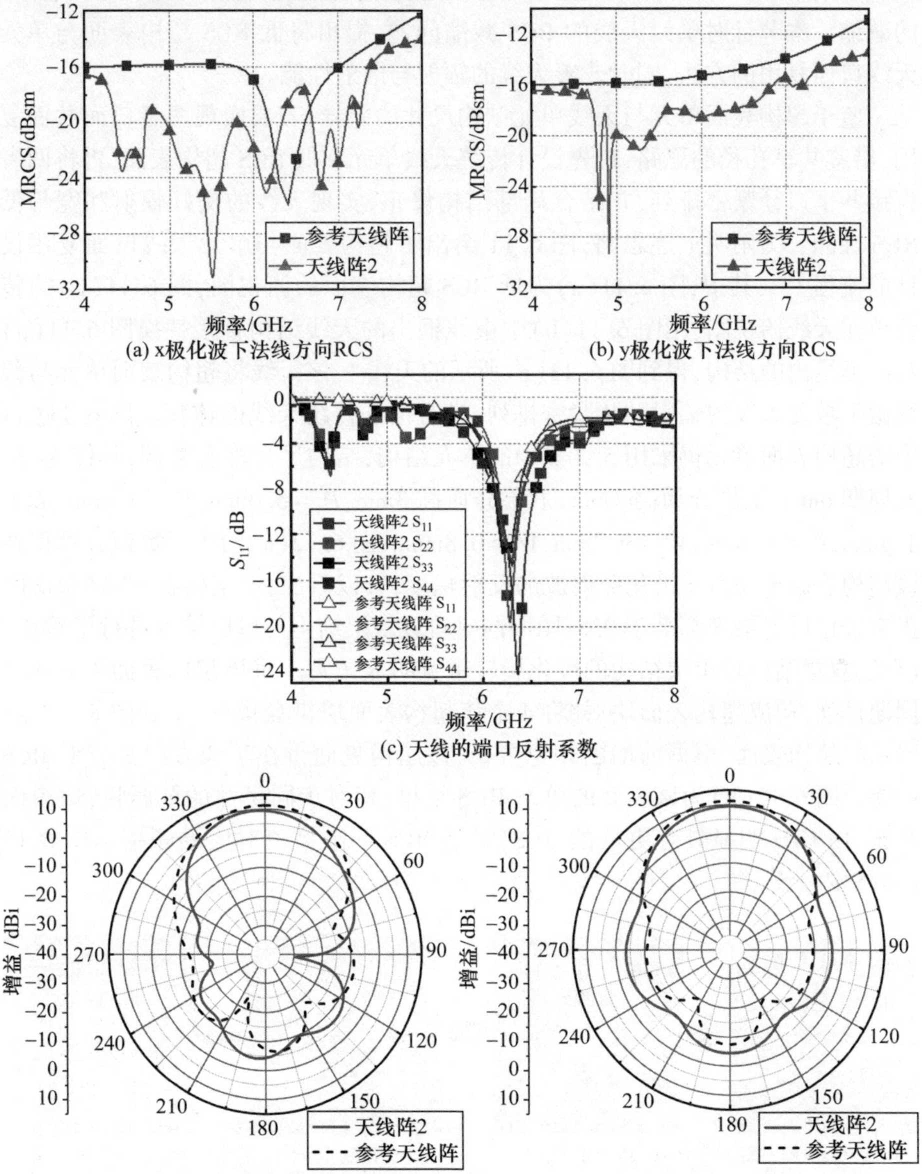

(a) x极化波下法线方向RCS　(b) y极化波下法线方向RCS

(c) 天线的端口反射系数

(d) 6.3GHz天线阵列E面方向图　(e) 6.3GHz天线阵列H面方向图

图 6.10　天线阵 2 与参考天线的性能对比

6.3 低 RCS 超构表面与单元天线口面复用

值得注意的是,6.2 节和 6.3 节中提出的口面共面复用的方法均针对阵列天线实现了 RCS 减缩,且都是在不影响天线辐射性能的情况下得到了天线 RCS 的减缩。本节针对单元天线的 RCS 减缩问题,提出将低 RCS 超构表面与单元天线口面复用的方法,同时改善天线的辐射与散射性能。

鉴于超构表面单元与天线单元结构尺寸的差异,若要实现两者口面共面复用,借鉴共享孔径的思路,首先设计传统天线单元和低 RCS 超构表面,再将两者直接共享口径紧密排列,并结合局部结构修正,实现天线的良好辐射和宽带低 RCS 性能。为阐明上述思路,图 6.11 给出了超构表面与单元天线口面复用设计的流程[119],其中,图 6.11(a)为低 RCS 超构表面的俯视图,图 6.11(b)为传统单元天线俯视图,用图 6.11(b)中虚线框出的天线结构直接替换图 6.11(a)对应虚线内的结构,得到图 6.11(c)所示的天线 1,该天线将超构表面单元与传统微带单元天线的辐射贴片紧密排列,没有增加传统天线的体积。图 6.11(a)中的超构表面单元仍采用 5.3 节中的单元结构,结构尺寸略有微调,具体为:单元周期 6mm,上层介质高 1mm,下层介质高 3mm,$P_1=5.6$mm,$P_2=4.0$mm,$L_1=4.5$mm,$L_2=3.0$mm,$W_1=0.7$mm,$W_2=0.8$mm。图 6.12(a)给出了数值计算得到该超构表面单元对 x 极化照射波的反射幅度,可以看出,该结构在 5~16GHz 的正交极化反射幅度都高于 0.8;图中同时将该双层结构与单层结构进行了对比,可见,双层结构较单层结构的极化旋转带宽明显拓宽。将该超构表面单元 4×4 周期排列,构成超构表面块,并将 4 个该超构表面块棋盘排列,得到图 6.11(a)所示的超构表面,根据前面的理论分析,该超构表面将在法线方向具有低 RCS 性能。图 6.12(b)为该表面的单站 RCS 结果,相对于同尺寸的金属板,该表面在 5~16 GHz 明显具有更低的 RCS,且低 RCS 凹陷极值对应的频率与图 6.12(a)基本一致。

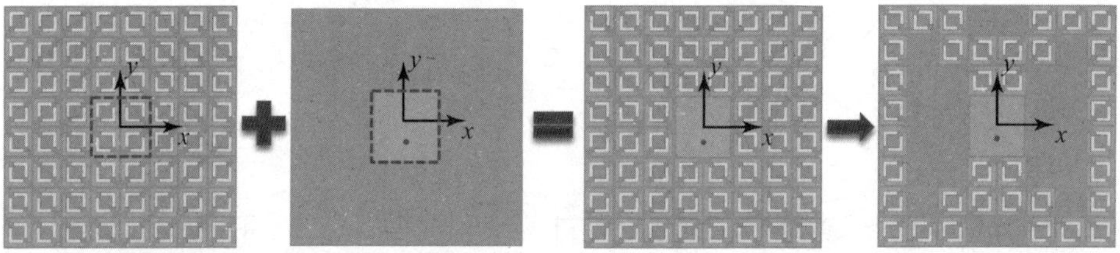

(a) 低RCS超构表面　(b) 传统单元天线　(c) 口面复用天线1　(d) 口面复用天线2

图 6.11　超构表面与单元天线口面复用设计流程

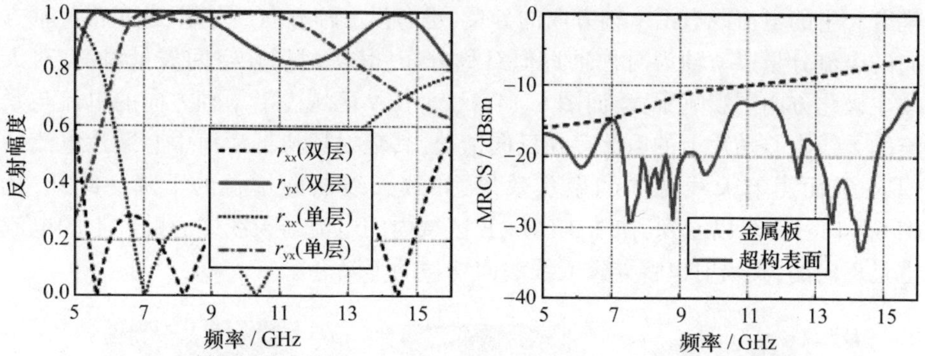

(a) 单元反射幅度　　(b) 表面单站RCS

图 6.12　极化旋转表面性能

值得注意的是,图 6.11(c)所示的超构表面与单元天线结构上的紧致排列,易于导致因相互耦合而产生天线辐射性能的变化。为此,仿真对比了传统天线与天线 1 的辐射性能,从图 6.13(a)可以看出,采用口面复用设计后,天线的工作带宽($|S_{11}|<-10$ dB)有所减小,谐振特性总体变化不大;图 6.13(b)表明,在天线工作频带内,口面复用天线 1 的增益总体呈快速下降趋势,且明显低于传统天线,这说明这种直接口面复用的方式导致了天线辐射方向图的恶化。

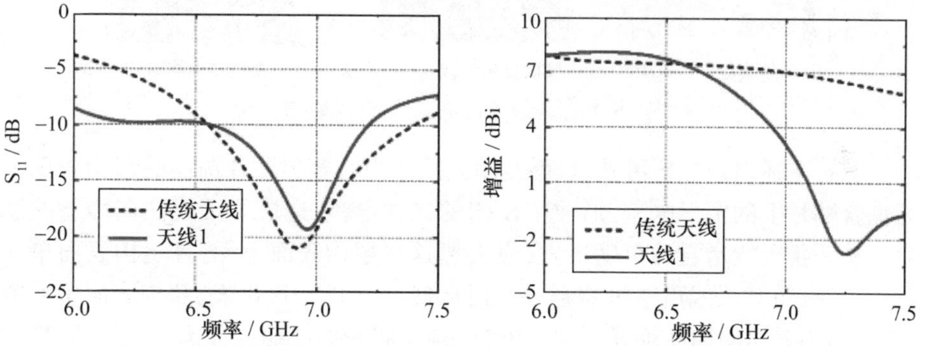

(a) 反射系数　　(b) 增益

图 6.13　传统天线与口面复用天线 1 的辐射性能对比

根据经典电磁理论可知,天线的辐射场是由电流源产生的。因此,从电流源的角度对天线进行分析,以解决上述增益下降问题。图 6.14 给出了天线在工作频带内任取两频点 7.0 GHz、7.3 GHz 的电流分布。从图 6.14(a,d)可以看出,传统微带单元天线在中心贴片上的辐射电流沿 y 轴规律分布,同向电流使得其辐射场空间叠加,在天线法向形成聚焦波束。相比之下,口面复用天线 1 的口面辐射电流分布则变得更加复杂。如图 6.14(b,e)所示,天线中心辐射贴片在强制馈电激励下的电流仍然沿 y 轴同向规律分布,其周围超构表面单元上耦合产生的电流既有沿 y 轴方向的分量,也有沿 x 轴方向的分量,这里沿 x 轴方向的电流分量以 y 轴为对称轴近似对称分布,其辐射场在空间矢量对消,对天线主极化方向图影响不大,而图 6.14(b,e)中 A 区域内沿 y 轴方向的电流与紧连的天线中心贴片上的电流存在反向情况,其辐射场将抵消掉中心贴片电流的辐射,从而影响天线法向的聚焦效果,导致天线法向增益的下降。此外,从图 6.14(e)中可以看到,在 7.3 GHz,B 区域内的电流与天线中心贴片上的电流也是反向的,其辐射也将导致天线法向增益的下降。

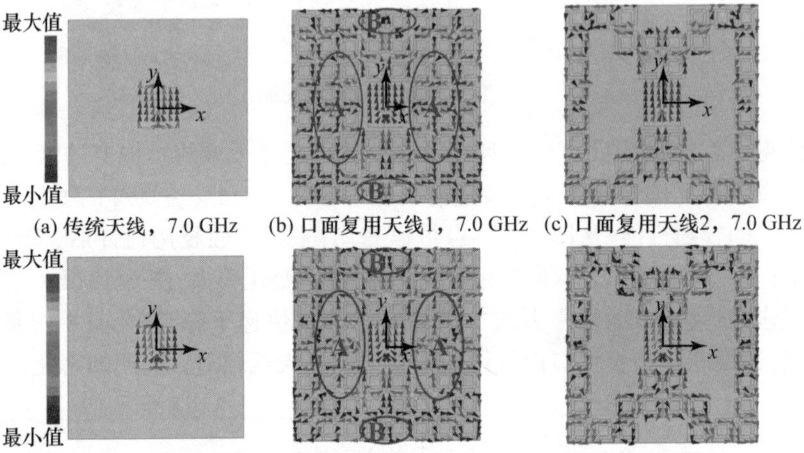

(a) 传统天线，7.0 GHz (b) 口面复用天线1，7.0 GHz (c) 口面复用天线2，7.0 GHz

(d) 传统天线，7.3 GHz (e) 口面复用天线1，7.3 GHz (f) 口面复用天线2，7.3 GHz

图 6.14 天线表面电流分析(见彩图)

综合上述电流分析可知,口面复用天线 1 中心辐射贴片周围的超构表面单元耦合贴片上的辐射电流,形成了反向的二次电流,造成了天线法向增益的恶化。从改善天线增益的角度出发,应去掉这些超构表面单元,且超构表面单元数越少,有望对天线增益影响越小。而从低 RCS 的角度出发,超构表面单元数越多,超构表面周期性越好,其低 RCS 性能也将越好。综合考虑,采用有限剔除策略对口面复用天线 1 的结构进行修正,即去掉图 6.14(b,e)中 A、B 区域内与天线中心辐射贴片距离较近、耦合较强且与贴片电流反向的部分超构表面单元,得到图 6.11(d)所示的口面复用天线 2。该天线对应的表面电流分布如图 6.14(c,f)所示,从图中看到,尽管靠近天线左右两边的超构表面单元上感应电流与中心贴片上电流反向,但其幅度较弱;而沿 y 轴方向与中心贴片靠近的超构表面单元上感应电流相对较强,且其方向与贴片一致。因此,口面复用天线 2 的增益较口面复用天线 1 将得到改善。

采用有限元法对口面复用天线 2 的辐射、散射性能进行计算。为了比较,同时计算了图 6.11(b)所示的传统天线(参考天线)。图 6.15 对比了天线的辐

射性能。从图6.15(a)可以看到,参考天线的工作频段($|S_{11}|<-10dB$)为6.55~7.45 GHz,口面复用天线2的工作频段为6.3~7.48 GHz,口面复用天线2与参考天线的工作频段几乎一致,还略有展宽。图6.15(b)对比了两副天线的增益,可以看出,在工作频带内,口面复用天线2较参考天线增益略有提升,最大提升幅度约1dB,结合图6.14(c,f)可知,这一提升主要是由沿y轴方向与中心贴片靠近的超构表面单元上感应电流的二次辐射贡献的。图6.15(c)~(f)对比了天线在不同频点的三维方向图,可以看到,口面复用天线2与参考天线的最大辐射方向都沿天线口径上方,说明天线的辐射电流在口径上方形成了同向叠加的空间场;图6.15(g)和(h)对比了天线主极化、交叉极化方向的二维方向图,可以看出,引入超构表面单元后,天线主极化方向的增益得到提升,同时天线E面交叉极化总体有所抬升,结合图6.14(c),(f),这主要是由超构表面上感应的x方向电流引起的,进一步印证了前面理论分析的正确性。总结上述天线辐射性能结果可以得出,采用提出的共享孔径结合电流分析的设计方法得到的口面复用天线2,不仅没有恶化传统天线的辐射性能,还获得了比传统天线更宽的工作频段和更高的增益,但总体上,两者辐射性能相比变化不大。

为了验证设计天线的低RCS性能,采用雷达波沿-z方向分别照射口面复用天线2、口面复用天线1、参考天线,得到的单站RCS结果如图6.16所示。可见,无论对x极化或y极化波,口面复用天线2在6~16 GHz较参考天线都表现出RCS减缩效果,最大减缩幅度超过20dB;与口面复用天线1相比,口面复用天线2的RCS在减缩幅度上有所变化,但RCS减缩频段和总体趋势基本一致;此外,口面复用天线1与图6.12(b)中的RCS减缩曲线一致性更好,这一结果说明所采用的有限剔除超构表面单元策略虽然可能影响RCS数值,但仍保证了RCS减缩趋势和效果,且RCS减缩频段包括了天线的辐射频段,即同时实现了天线工作频带内和频带外的RCS减缩。图6.17对比了天线工作频带内(7.3 GHz)和频带外(13.6 GHz)的散射方向图。图6.17(a)~(d)表明传统天线的强散射峰值与其辐射峰值方向相同,天线口面法线方向的散射最强。相比之下,图6.17(e)~(h)表明,口面复用天线2的结构将照射雷达波的能量散射至法线方向之外,使得天线的散射能量在空间不再聚焦,不仅显著降低了天线法向的RCS,也使天线在整个空间的散射峰值有明显的减小,这里的散射方向图再次证明了前述低RCS超构表面设计的有效性。图6.18进一步给出了天线在斜入射、不同极化波照射下沿镜像方向的RCS结果,从图6.18(a)~(c)可以看出,当入射角增大到30°时,无论对TE还是TM极化,口面复用天线2在6~16 GHz较参考天线仍有明显RCS减缩;从图6.18(d)~(f)可以看出,当入射角增

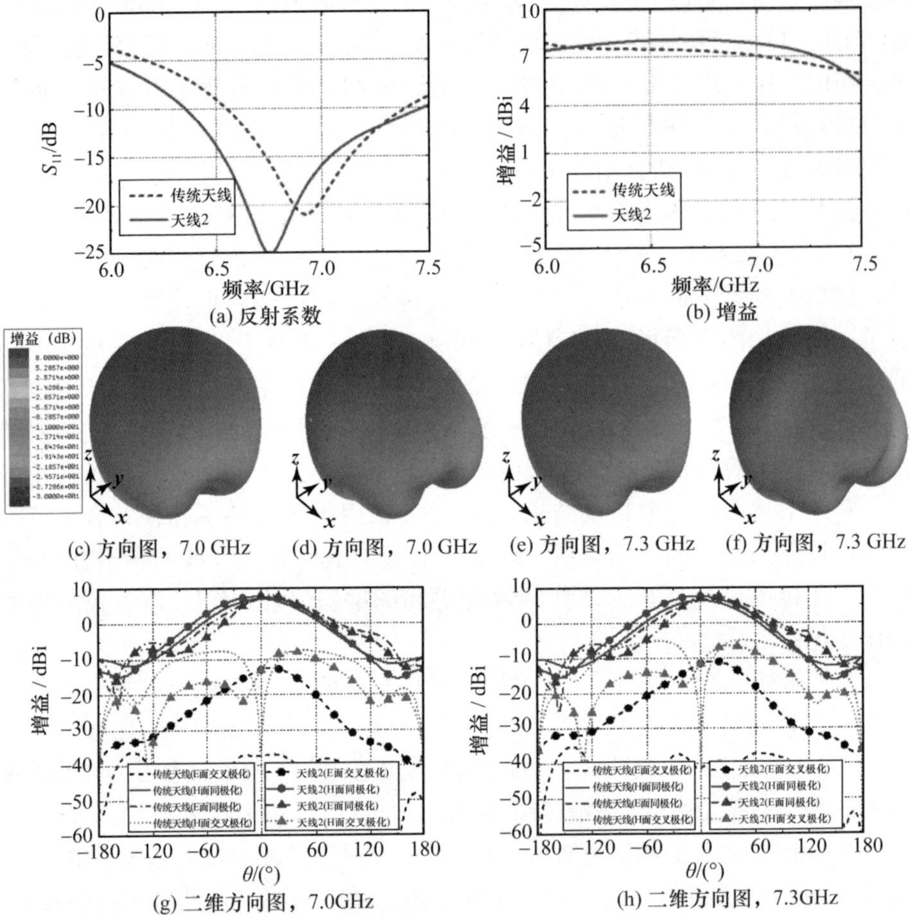

(a) 反射系数 (b) 增益

(c) 方向图，7.0 GHz (d) 方向图，7.0 GHz (e) 方向图，7.3 GHz (f) 方向图，7.3 GHz

(g) 二维方向图，7.0GHz (h) 二维方向图，7.3GHz

图 6.15　天线辐射性能对比

大到 60°时，尽管 RCS 减缩幅度有所减小，但宽频带的 RCS 减缩总体趋势保持较好，这表明设计天线的 RCS 减缩效果具有较好的角度、极化稳定性。

综上所述，采用共享孔径结合电流分析设计的口面复用天线 2，在没有恶化天线主极化辐射性能的同时，实现了包括天线辐射频带在内的超宽带 RCS 有效减缩。数值分析结果完全验证了理论分析的正确性，也证实了提出设计方法的可行性。值得一提的是，提出的“辐射、低 RCS 独立设计+共享孔径结构+辐射电流分析+有限剔除超构表面”方法将散射的优化问题转化为辐射的优化问题，不仅实现了超构表面与天线的结构一体化设计，还显著降低了低 RCS 天线优化设计的难度，节省了散射优化所需的大量时间，加速了天线优化进程。

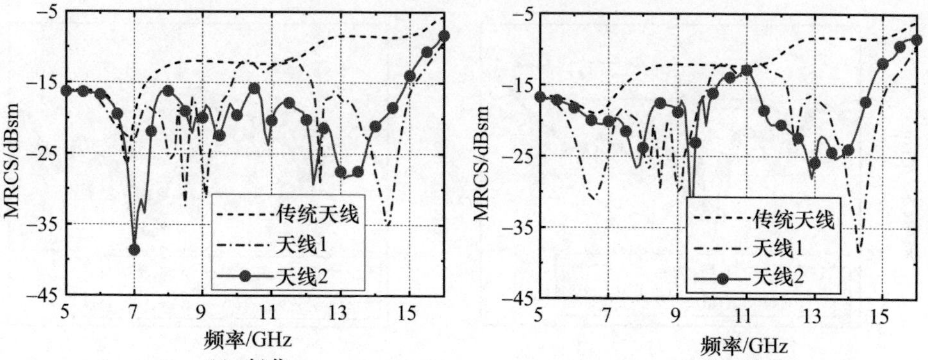

(a) x极化　(b) y极化

图 6.16　天线 RCS 对比

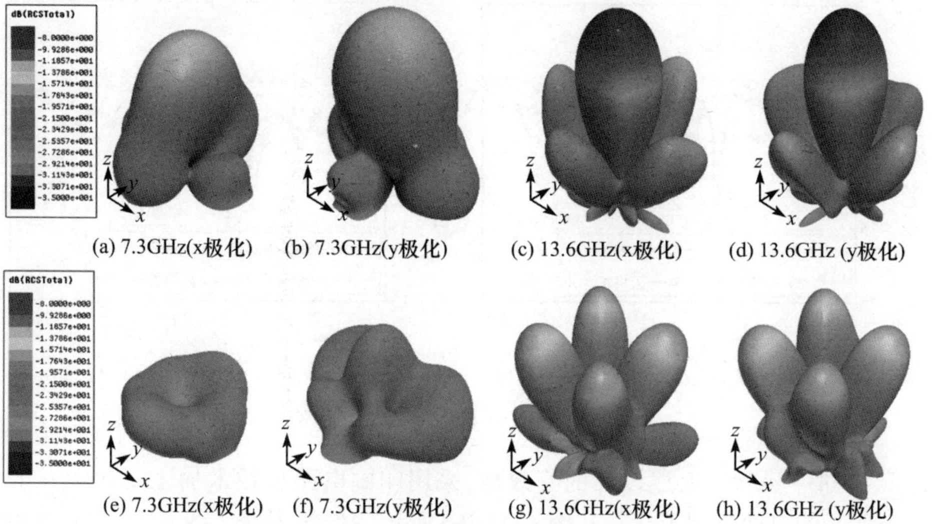

(a) 7.3GHz(x极化)　(b) 7.3GHz(y极化)　(c) 13.6GHz(x极化)　(d) 13.6GHz (y极化)

(e) 7.3GHz(x极化)　(f) 7.3GHz(y极化)　(g) 13.6GHz(x极化)　(h) 13.6GHz (y极化)

图 6.17　天线散射方向图对比

(a)~(d) 传统天线;(e)~(h) 口面复用天线 2。

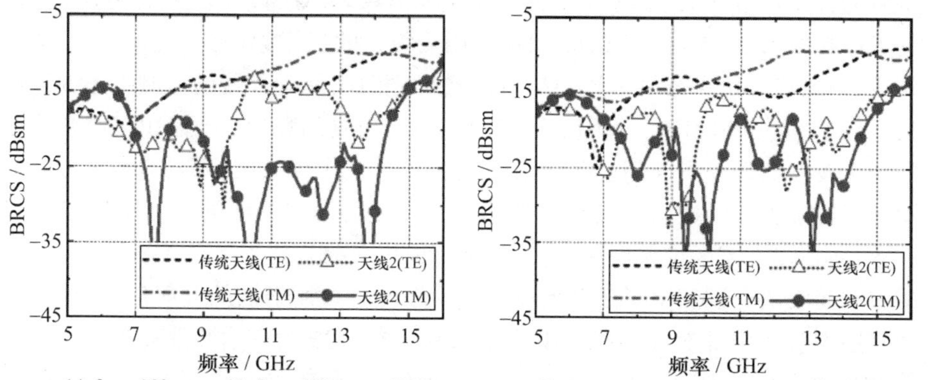

(a) $\theta_{inc} = 30°, \varphi_{inc} = 0°, \theta_{sca} = 30°, \varphi_{sca} = 180°$　(b) $\theta_{inc} = 30°, \varphi_{inc} = 90°, \theta_{sca} = 30°, \varphi_{sca} = 270°$

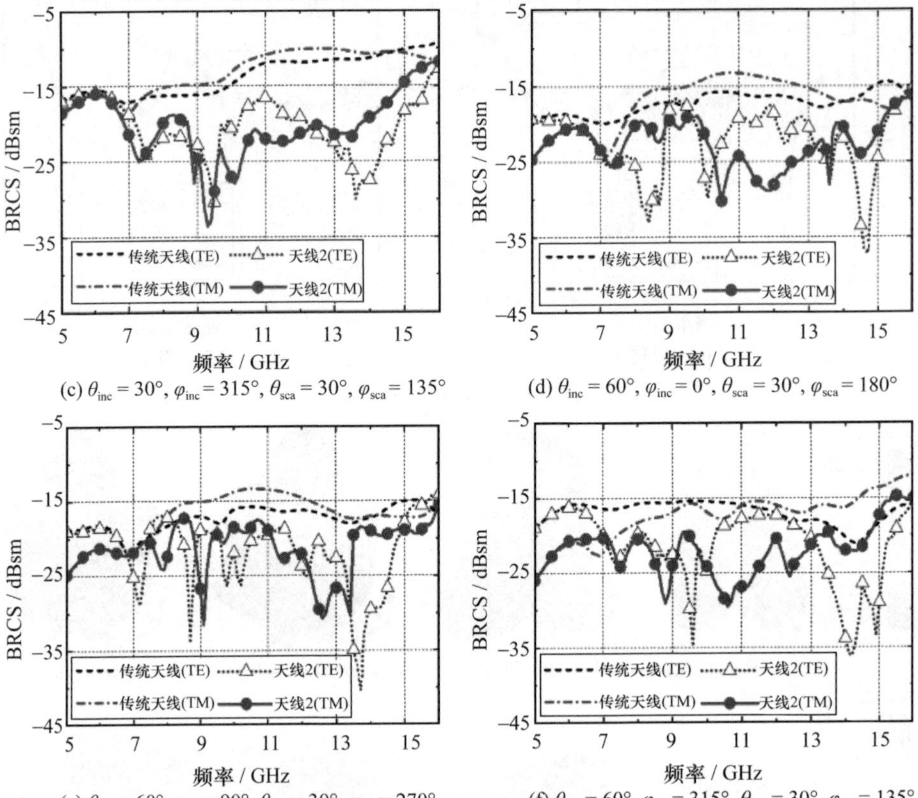

(c) $\theta_{inc}=30°, \varphi_{inc}=315°, \theta_{sca}=30°, \varphi_{sca}=135°$　(d) $\theta_{inc}=60°, \varphi_{inc}=0°, \theta_{sca}=30°, \varphi_{sca}=180°$

(e) $\theta_{inc}=60°, \varphi_{inc}=90°, \theta_{sca}=30°, \varphi_{sca}=270°$　(f) $\theta_{inc}=60°, \varphi_{inc}=315°, \theta_{sca}=30°, \varphi_{sca}=135°$

图 6.18　斜入射下天线双站 RCS 对比

为进一步验证上述设计的有效性,采用印刷电路板技术加工了如图 6.11(d)所示的口面复用天线 2 和图 6.11(b)所示的传统天线。图 6.19 为制作的天线样件。在微波暗室中分别测试了两副天线的辐射和散射性能。图 6.20 为实测的天线$|S_{11}|$曲线,参考天线的工作频段为 6.51~7.06 GHz,口面复用天线 2 的工作频段为 6.25~6.97 GHz,口面复用天线 2 的工作频段几乎包含了参考天线,这一趋势与仿真结果一致。与图 6.15(a)相比,两副天线的实测工作频段都向低频偏移约 180 MHz,分析认为,这里实测与仿真的频偏主要是由多层介质板的加工及参数误差引起的。在两副天线的共同工作频段内,随机选取 6.7 GHz 测试对比了天线的增益方向图。如图 6.21 所示,两副天线的方向图形状基本一致,尤其在主瓣区域差别很小,口面复用天线 2 的增益较参考天线高 0.6 dB。采用空间波法分别测试了两副天线对 x 极化、y 极化照射波的反射信号,得到口面复用天线 2 相对参考天线的 RCS 减缩值。图 6.22 为雷达波垂直照射天线时的 RCS 减缩曲线,可以看到,无论对 x 极化还是 y 极化照射波,实测 RCS 减缩曲

线都较仿真向低频偏移约 200 MHz,且实测曲线总体上与仿真吻合较好,这一趋势与实测的 $|S_{11}|$ 曲线相一致。综上所述,实验结果验证了口面复用天线 2 的良好辐射性能与宽带 RCS 减缩性能,也证实了提出的低 RCS 超构表面与单元天线口面复用设计方法的有效性。

(a) 传统天线　　(b) 口面复用天线2

图 6.19　天线样件实物

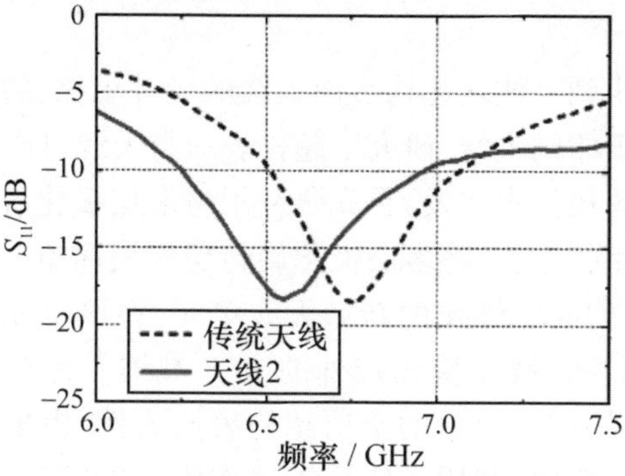

图 6.20　实测天线的 $|S_{11}|$ 曲线

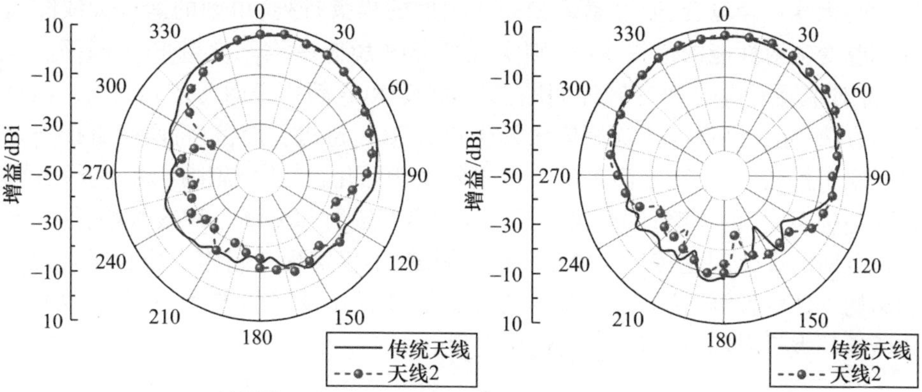

(a) E面　　(b) H面

图 6.21　6.7 GHz 实测天线方向图

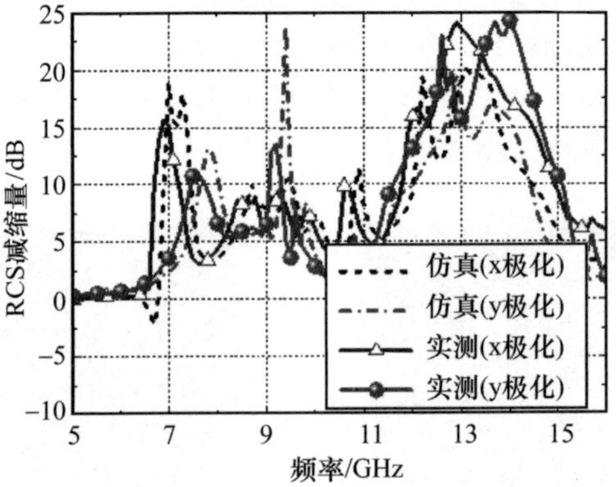

图 6.22　口面复用天线 2 单站 RCS 减缩曲线

6.4 小　结

本章遵循从天线到一体化超构表面天线的设计思路,将超构表面通过口面复用的方式直接用于印刷天线,研究了超构表面与天线口面复用的低 RCS 天线设计方法。受共享孔径技术启发,首先研究了将多层极化旋转超构表面与天线结构共面集成一体化的方法,将多层极化旋转超构表面单元直接嵌套在天线单元辐射贴片的外围,构成一体化的新型天线单元,将该单元按照区域块的方式组成天线阵列,得到了天线工作频带外的 RCS 减缩。针对天线工作频带内的 RCS 减缩问题,以结构相对简单的单层超构表面为例,提出将单层紧凑型超构表面与天线结构共面复用,利用十字形天线作为基本辐射结构,分别将单元周期为天线单元周期 1/2 的紧凑型极化旋转超构表面、宽带紧凑型极化旋转超构表面与天线口径复合,通过紧凑型超构表面的棋盘排列,得到的两种天线阵列在不改变辐射性能的前提下,分别实现了带内 RCS 减缩和宽带 RCS 减缩。最后,针对单元天线的 RCS 减缩问题,提出将低 RCS 超构表面与单元天线口面复用的方法,先分别设计传统的单元天线和低 RCS 超构表面,再将两者直接共享口径紧密排列,对于随之而来的天线辐射性能恶化,采用"辐射电流分析+有限剔除超构表面"的策略,同时保证了天线的良好辐射和宽带低 RCS 性能,这种方法将散射的优化问题转化为辐射的优化问题,不仅实现了超构表面与单元天线的结构一体化设计,还显著降低了低 RCS 天线优化设计的难度,节省了散射优化所需的大量时间,加速了天线优化进程。

第7章　结构一体的低 RCS 超构表面天线设计

第6章提出采用超构表面与天线口面复用的方法缩减印刷天线的 RCS,这种方法本质上属于第2章提出的从天线到一体化超构表面天线的设计思路,它在不改变天线原始辐射结构的情况下,保证天线正常辐射和 RCS 减缩,其优点在于直接、有效,但也存在一些限制。比如:超构表面与天线口面复用后,相互的耦合易导致两者各自性能变化。针对该问题,本章基于第2章提出的另一设计思路——从超构表面到一体化超构表面天线,研究超构表面与印刷天线结构一体的低 RCS 超构表面天线设计方法,这一方法设想超构表面与天线的结构是共用的,因此有望从源头上解决超构表面与天线共口面耦合导致的性能恶化问题,且得到的天线结构将更加紧凑,一体化、集成化程度更高,应用前景非常广阔。按照这一思路,本章将结合几款具体的低 RCS 超构表面天线设计,详细阐述超构表面与天线结构一体化的机理及设计步骤。

7.1　超构表面作为天线寄生辐射结构的一体化天线单元

在第6章研究的基础上,本节首先探索了超构表面作为天线寄生辐射结构的一体化天线单元设计方法。为了详细阐述该方法,结合圆柱形载体平台的应用需求,提出了如图 7.1 所示的圆形超构表面天线[120],其中图 7.1(a)~(c)给出了其设计流程。图 7.1(a)为在传统圆形辐射贴片印刷天线的基础上,将扇形超构表面直接共形环绕在辐射贴片的周围得到的天线,将其记为环形超表面天线(Concentric Metasurface Antenna, CMSA);在此基础上,在紧邻圆形辐射贴片的超构表面单元中心加载金属通孔,得到了图 7.1(b)所示的改进天线 1,记为 CMSA-V1;更进一步,在外围的超构表面单元中心继续加载金属通孔得到了图 7.1(c)所示的改进天线 2,记为 CMSA-V2,此天线即为最终设计的超构表面天线。若将图 7.1(a)所示的天线结构去掉环绕的扇形超构表面单元,即为传统的印刷天线,接下来以其作为参考天线(Reference Antenna, RA),对比说明设计天线的性能。

从电磁辐射与散射性能的角度看,将提出天线结构的设计思路与流程总结为以下步骤:

第一步:受相位对消减缩 RCS 原理启发,将扇形超构表面单元围绕排布在圆形辐射贴片周围,构成环形超表面天线(CMSA),如图 7.1(a)所示。该 CMSA 能实现带外 RCS 减缩,但是增益较参考天线有所下降,此外,该 CMSA 的阻抗带宽也较窄。

第二步:为了提高 CMSA 的辐射性能,分析了其工作模式,并在内环超构表面单元的中心位置加载了一组金属通孔,形成 CMSA-V1 结构,如图 7.1(b)所示。加载金属通孔后,CMSA-V1 的辐射性能有所改善,但低频处的 RCS 有所恶化。

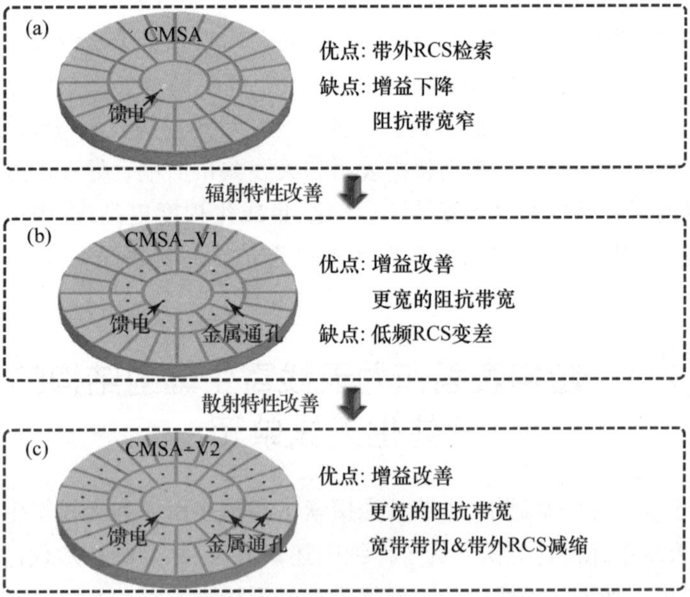

(a)~(c) 设计思路与流程图

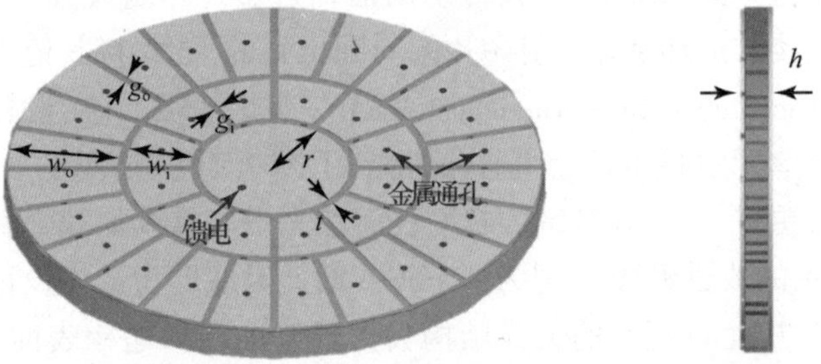

(d) 三维视图　　(e) 侧视图

图 7.1　低 RCS 超构表面天线设计流程及结构

第三步：为了进一步改善 RCS 减缩效果，分析了 CMSA-V1 的表面电流分布，并在外环超构表面单元的中心位置加载了另一组金属通孔，至此形成了最终的 CMSA-V2 结构，如图 7.1(c)所示，该结构可以同时提高天线的辐射与散射性能。

显而易见，若上述第一步为减缩天线 RCS 相对常规的步骤，则从 CMSA 到 CMSA-V2 结构的关键设计步骤是金属通孔的加载。为了阐述这里金属通孔的工作机理及加载方法，结合数值仿真，研究了天线的工作模式和表面电流分布。图 7.1(d)和(e)给出了所设计 CMSA-V2 的结构参数，对应的具体参数值如表 7.1 所示。

表 7.1　CMSA-V2 尺寸　（单位：mm）

w_o	w_i	g_o	g_i	r	t
15.2	9.0	1.0	1.0	9.5	1.85

图 7.2 给出了 CMSA 和 RA 的辐射与散射性能对比。从图 7.2(a)可以看出，两种天线的阻抗带宽几乎完全相同。在谐振频率 5.25GHz 处，图 7.2(b)对比了两种天线的辐射方向图，可以看出两天线都表现出良好的聚焦辐射，但 CMSA 的增益明显低于 RA。此外，从图 7.2(c)可以看出，在整个工作频带内，CMSA 较 RA 都有明显的增益下降。从图 7.2(d)的 RCS 结果可以看出，CMSA 较 RA 在 5.3~7.8GHz 频段内有超过 3dB 的 RCS 减缩，峰值减缩量超过 21dB。

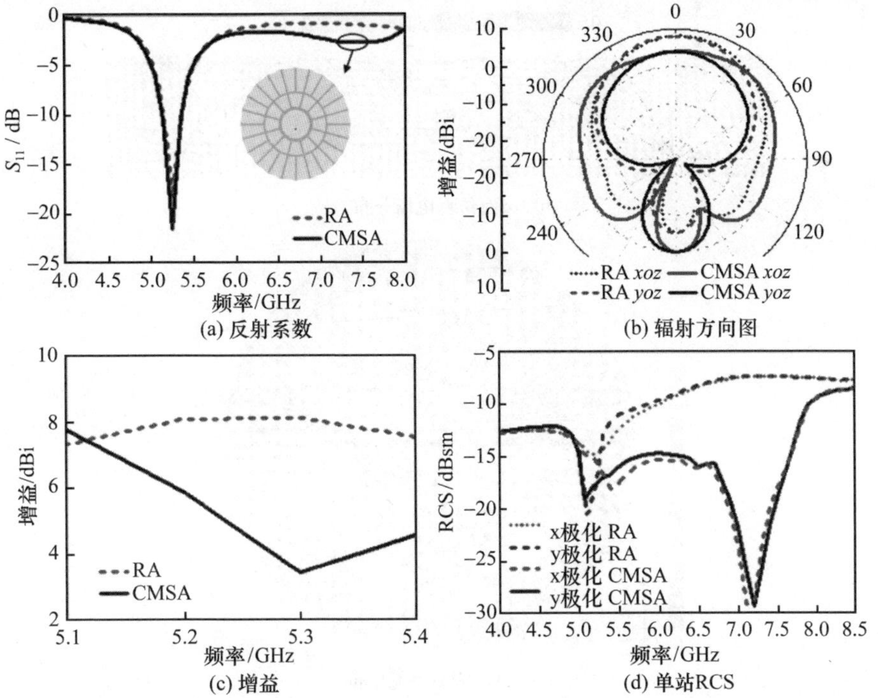

图 7.2　CMSA 与 RA 的辐射与散射性能对比图

为了找出 CMSA 增益下降的原因，通过分析其工作模式研究了辐射机理。众所周知，传统的印刷天线在谐振频率处的辐射工作模式为 TM_{10} 模，因此天线表面激励电场沿主极化方向分布，且会在辐射贴片上变化半个周期。对于所设计的 CMSA，外环超构表面单元的长度 w_o 近似等于 5.25GHz 对应的半波长，这意味着在外环超构表面贴片上电场会变化半个周期；而内环超构表面单元的长度 w_i 较小，在 5.25GHz 处无法有效谐振，所以电场在内环超构表面上不会明显变化。因此，理论上预测的矢量电场分布如图 7.3(a) 所示。很明显，CMSA 工作在准 TM_{30} 模式，根据经典电磁理论可知，这种工作模式将在天线口面上产生反相电流分布，这将引起辐射场的空间抵消、增益下降。为了证实这一理论分析，利用有限元法数值仿真了 5.25GHz 处的电场和表面电流分布，如图 7.3(b) 所示，可以看

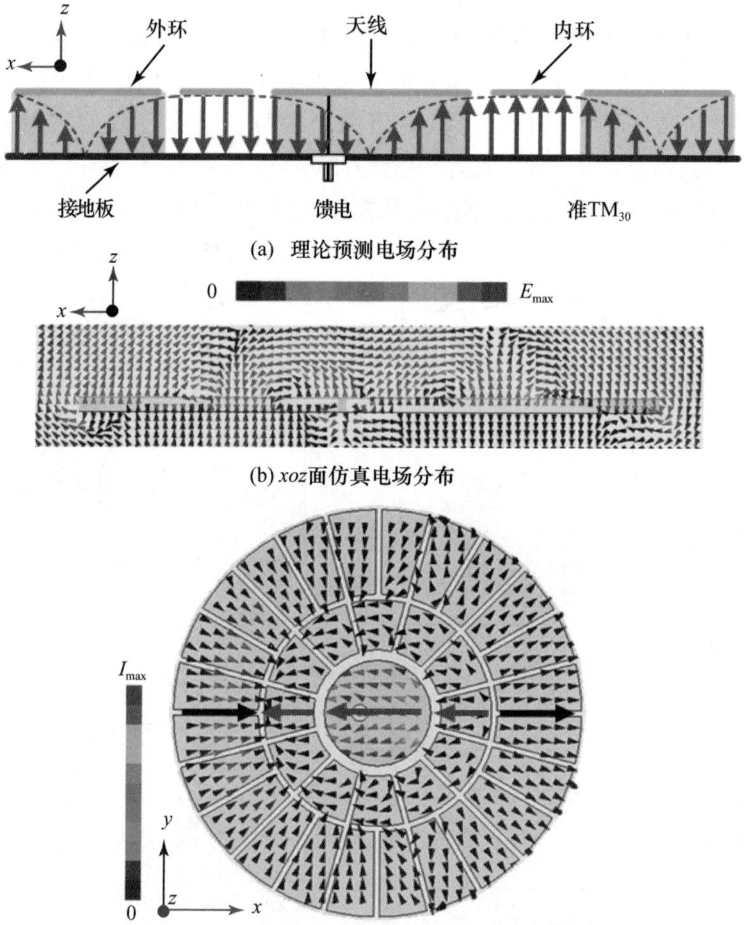

(a) 理论预测电场分布

(b) *xoz*面仿真电场分布

(c) 表面电流分布

图 7.3　CMSA 在 5.25GHz 处的电场与表面电流分布(见彩图)

出,在整个结构中有三个明显的电场零点,与图 7.3(a)中的理论分析一致,证实了该天线确实工作在准 TM_{30} 模式。图 7.3(c)进一步说明内环超构表面单元上的电流分布和中心贴片保持一致,而与外环超构表面单元的电流分布方向相反。这些现象都与前面的理论分析完全吻合,也解释了 CMSA 增益下降的原因。

以上分析表明,改变天线的工作模式可以改善其增益。CMSA 中存在的准 TM_{30} 模是辐射贴片与周围超构表面相互耦合的结果,因此,如何改变这一模式、有效控制耦合是提高增益的关键。由电磁理论可知,在低剖面介质板中使用基片集成波导技术可以构造出等效电壁,受这一技术启发,在内环超构表面单元中加载一组金属通孔,形成了改进型天线 CMSA-V1,如图 7.1(b)所示,如此一来,外环超构表面单元和中心贴片将被隔离开,原始的准 TM_{30} 模式就可以变成三个级联的 TM_{10} 模式,如图 7.4 所示,此时则从理论上解决了天线增益下降的问题。图 7.5 给出的数值仿真结果验证了上述分析。从图 7.5(b)给出的 CMSA-V1 与 RA 的增益对比图可以看出,在整个工作频段内,CMSA-V1 的增益较 RA 提高量都超过了 3dB。

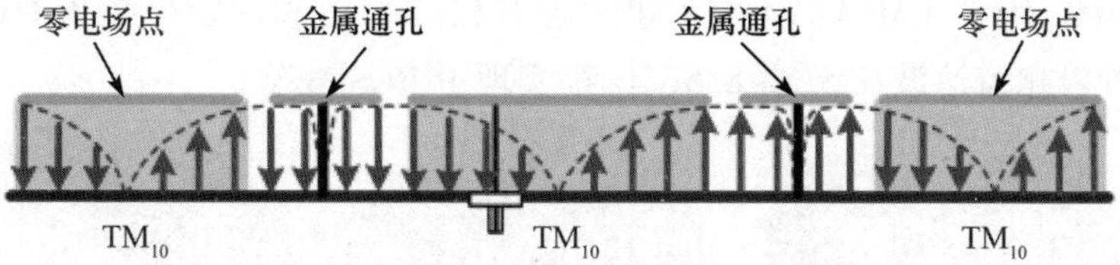

图 7.4　CMSA-V1 的理论预测电场分布

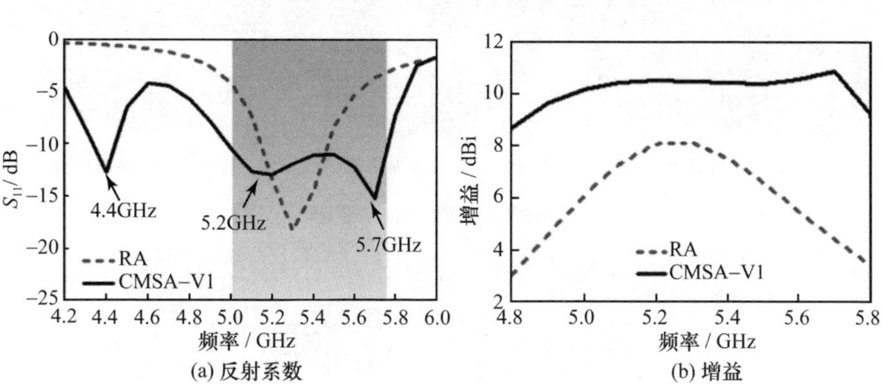

(a) 反射系数　(b) 增益

图 7.5　CMSA-V1 与 RA 的辐射性能对比图

对于所设计的 CMSA,除上述增益下降问题外,该天线的带宽较窄也将使其应用受限。图 7.5(a)对比了 CMSA-V1 与 RA 的天线端口反射系数,可以看出,RA 在观察频段内只出现了一个谐振频点,而 CMSA-V1 形成了 3 个谐振点,分别为 4.4GHz、5.2GHz 和 5.7GHz。对应的电流和电场分布分别如图 7.6 所示。从图 7.6(a)和(b)可以看出,外环超构表面单元的电流方向与中心贴片相同,可以明显观察到 3 个级联的 TM_{10} 模式,这些同相电流将会形成高增益。图 7.6(d)和(e)揭示出中心贴片在 5.2GHz 处谐振更强,而外环超构表面单元在 5.7GHz 处谐振更强。从图 7.6(c)可以看出,所引入的金属通孔在 4.4GHz 处类似于一个虚拟馈点。内外超构表面单元合在一起构成了寄生辐射结构(图 7.6(c)中实线围住的结构),该寄生辐射结构的电流与中心贴片方向相反,因此 4.4GHz 处的辐射方向图将会产生畸变。图 7.7 和图 7.5(b)中的仿真结果验证了上述分析的正确性。如图 7.7 所示,CMSA-V1 仅在 5.2GHz 和 5.7GHz 处产生了法向聚焦波束,而在最低的谐振频点 4.4GHz 处辐射波束出现裂瓣。综合上述结果可知,CMSA-V1 的有效阻抗带宽为 4.98~5.76GHz,相对带宽为 14.5%。结合增益改善和带宽拓展,提出的 CMSA-V1 改善了 CMSA 结构存在的两个缺陷。在此基础上,进一步分析天线的 RCS 性能。数值计算得到 CMSA-V1 的单站 RCS 如图 7.10 所示,比较图 7.10(a)与图 7.2(d)可知,CMSA-V1 较 CMSA 在 x 极化波入射下实现了更宽的 RCS 减缩带宽,而对于 y 极化入射波,如图 7.10(b)与图 7.2(d)所示,CMSA-V1 与 CMSA 拥有相似的 RCS 结果。总之,CMSA-V1 对于两种极化雷达波在 5.3~8.5GHz 都实现了 RCS 减缩。

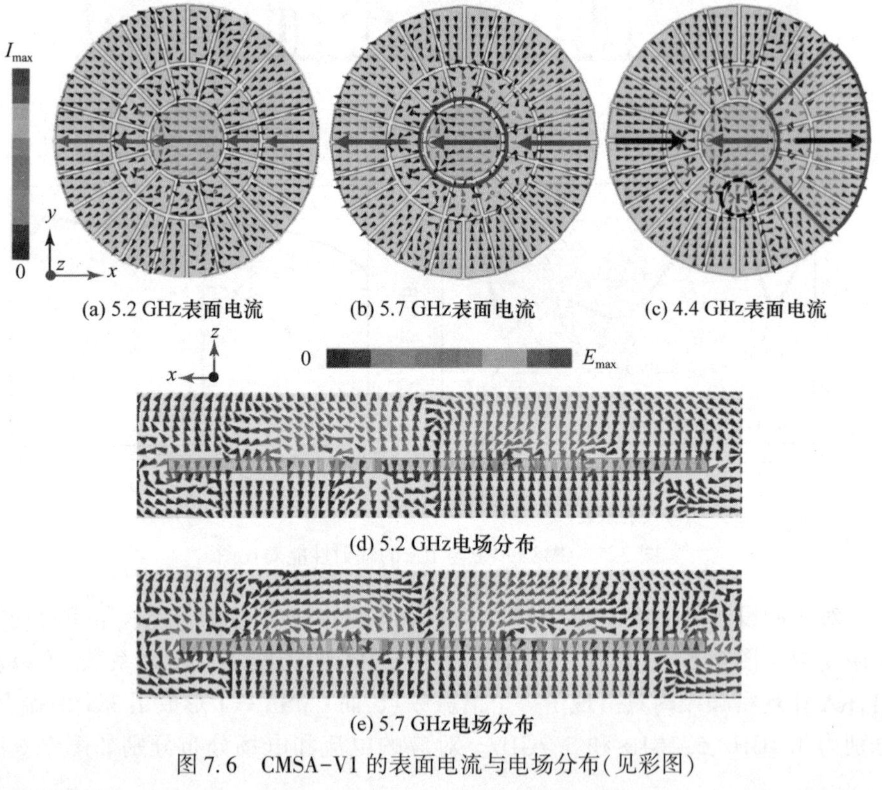

图 7.6　CMSA-V1 的表面电流与电场分布(见彩图)

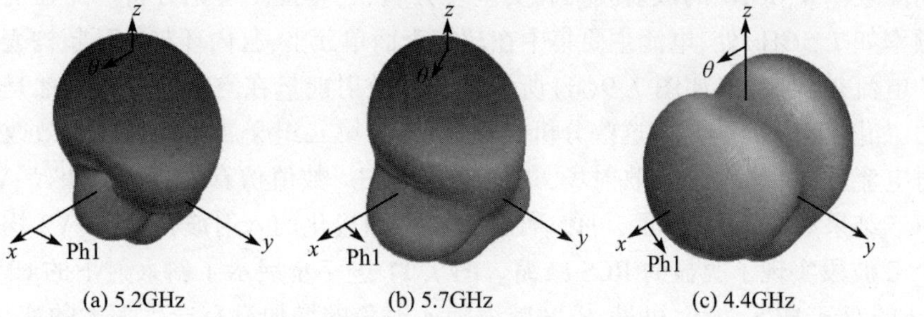

图 7.7　CMSA-V1 的仿真辐射方向图

值得注意的是,尽管设计的 CMSA-V1 同时改善了天线的增益与阻抗带宽,且在宽频带内获得了 RCS 减缩,但其在低频部分的 RCS 仍相对较高,特别是在 4.5~4.9GHz 频段内,其 RCS 甚至高于 RA。针对该问题,图 7.8 给出了 CMSA-V1 在 4.6GHz 处的三维散射波束和表面电流分布,从图 7.8(a)可以看出,该频点处,CMSA-V1 在其法线方向形成了一个聚焦的散射波束。从源头上看,散射波束是由结构表面的感应电流形成的,如图 7.8(b)所示,整个结构口径面上的感应电流是同相的,因此散射场同相叠加,在法向形成高 RCS。由此可见,如何改变散射电流分布成为改善低频 RCS 性能的关键。如果进一步观察图 7.8(b),可以看出,散射电流在金属通孔周围分布较强,而外超构表面单元上的电流分布相对较弱。这表明金属通孔在入射波照射下可以看成短路柱,其引导电流改变了原来结构的电流分布。受此启发,在外超构表面单元的中心引入另一组金属通孔,期望以此改变电流,得到如图 7.1(c)所示的结构,该天线即为 CMSA-V2。

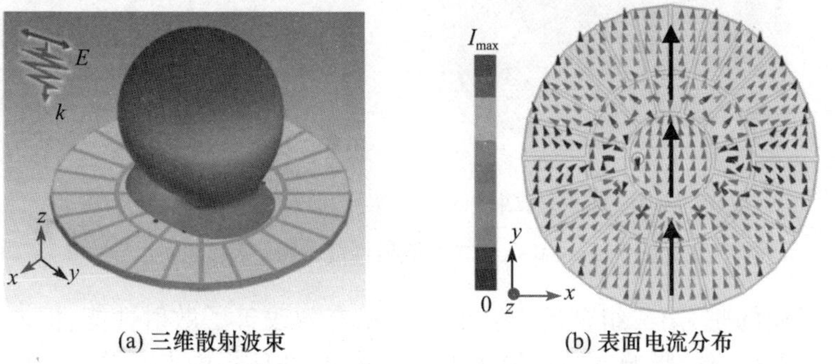

图 7.8　CMSA-V1 在 4.6GHz 处的散射性能分析

采用雷达波垂直照射 CMSA-V2,数值仿真了天线的散射性能,结果如图 7.9 所示,从图 7.9(b)可以看出,由于外金属通孔间距更近,其对电流的引导作用较强,因此其周围分布有更强的电流,且这些电流在外超构表面的上下半环部分流向相反,这将使得散射场在法线方向相互抵消,图 7.9(a)所示的散射方向图表明 4.6GHz 的散射波束确实呈现分裂状,印证了理论分析。而在更高的频率如 7.5GHz 处,电流主要集中在超构表面单元上,且内环与外环超构表面上的电流是反向的,如图 7.9(d)所示,此时,散射能量在空间的分布仍然是分散的,如图 7.9(c)所示。这些分析说明,引入的第二组金属通孔可以有效改变散射电流分布,从而影响散射场,进而缩减 RCS。数值仿真得到的 CMSA-V2 的 RCS 结果如图 7.10 所示,可以看出,对于不同极化的入射波,CMSA-V2 均在整个 C 波段实现了明显的 RCS 减缩。图 7.11 进一步展示了斜入射下的 CMSA-V2 的双站 RCS 曲线,可见,RCS 减缩随入射角的增加没有产生太大的变化,曲线的变化趋势与垂直入射下相似。

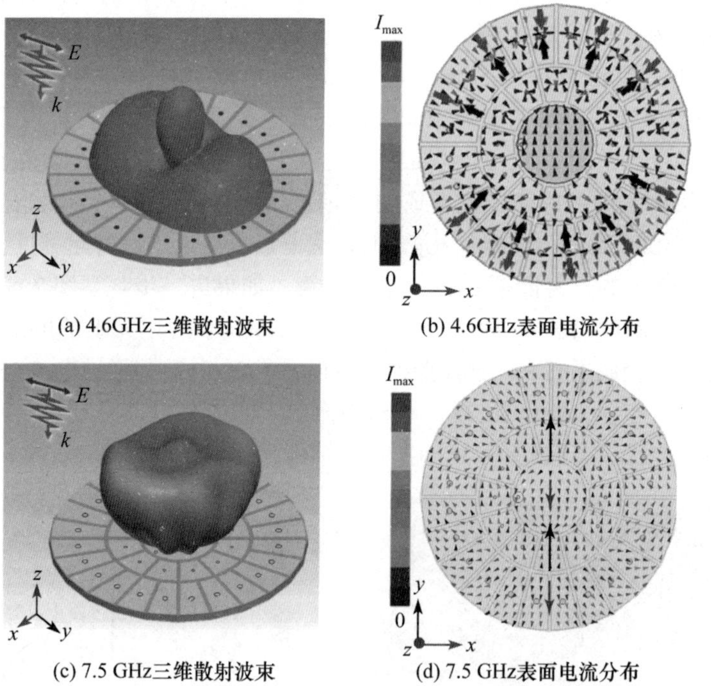

(a) 4.6GHz三维散射波束　(b) 4.6GHz表面电流分布

(c) 7.5 GHz三维散射波束　(d) 7.5 GHz表面电流分布

图 7.9　CMSA-V2 的散射性能分析(见彩图)

需强调的是,第二组金属通孔的引入虽有效改善了散射性能,但同时需关注其对辐射性能的影响。结合图 7.4 可以看出,外环超构表面单元的中间位置是等效电场零点,因此,在该位置处引入金属通孔并不会影响到天线的辐射模式,也不会对增益产生影响,但由于金属通孔的电感效应,天线的工作频段会稍向高频移动,这在图 7.12 中得到了证实。综上所述,表 7.2 总结了所设计三款天线的性能,与 RA 相比,CMSA 实现了宽带带外 RCS 减缩,但增益有所恶化,为了展宽工作带宽、提高增益,在电流分布和模式分析的辅助下,设计出 CMSA-V1 和 CMSA-V2。通过金属通孔的加载引入了额外的谐振频率,将阻抗带宽拓展到 14.9%,同时谐振频点处的增益提高了 5.6dB,且对于不同极化的入射波均实现了带内和带外 RCS 减缩。总之,提出的 CMSA-V2 同时具有高增益、宽频带和宽带低 RCS 特性。更为重要的是,这种理论分析与数值仿真相结合的设计方法,以及采用的基片集成波导技术,也可以推广应用于其他天线设计。

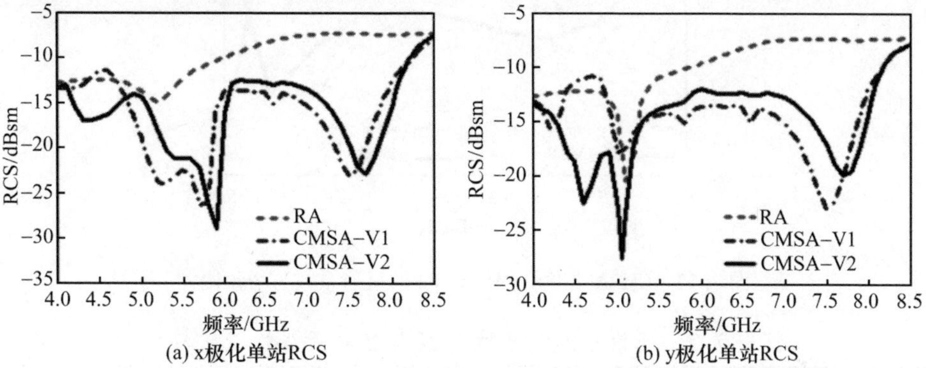

图 7.10　CMSA-V1、CMSA-V2 和 RA 在垂直极化入射波下的单站 RCS 对比

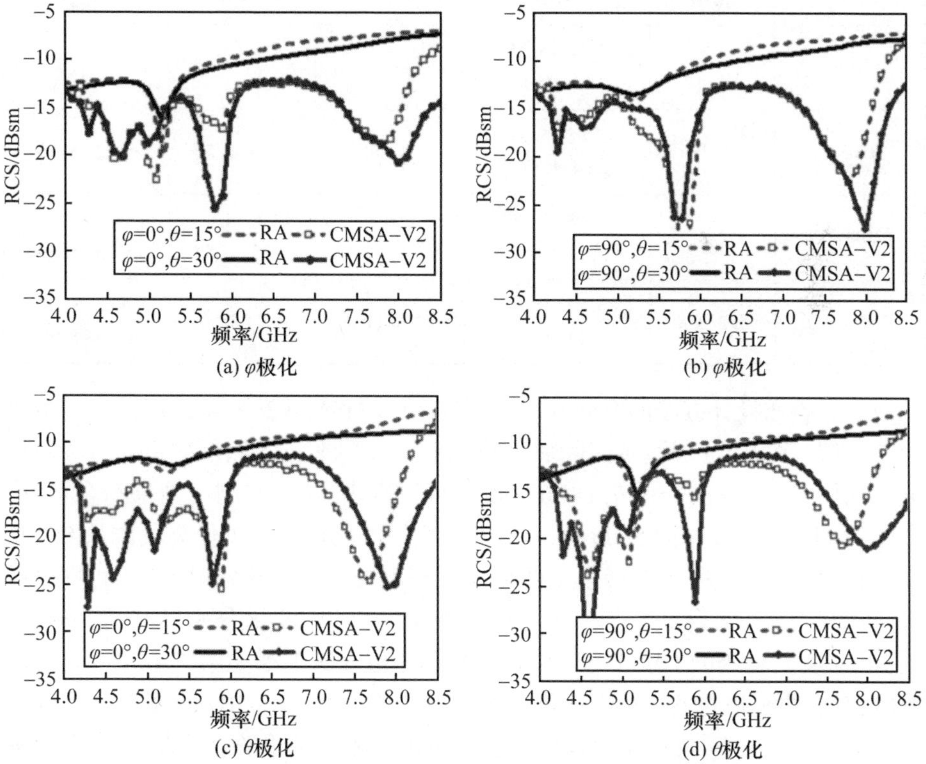

图 7.11　CMSA-V2 和 RA 在斜入射情况下的双站 RCS 对比

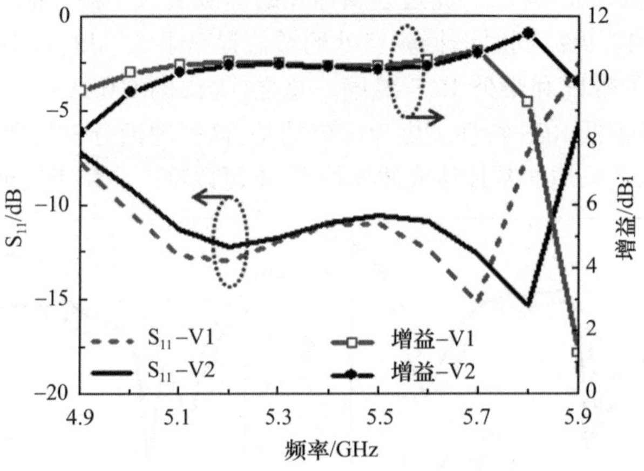

图 7.12 CMSA-V1 和 CMSA-V2 的反射系数与增益比较

表 7.2 所设计超构表面天线与参考天线性能比较

天线	工作频率 /GHz	阻抗带宽 /GHz	峰值增益 /dBi	RCS 减缩带宽 / GHz	
				x 极化	y 极化
RA	5.25	5.08~5.31 (4.4%)	8.07	—	—
CMSA	5.25	5.08~5.31 (4.4%)	4.80	5.20~8.50	5.22~8.50
CMSA-V1	5.2/5.7	4.98~5.76 (14.5%)	10.5/10.9	4.0~4.4 4.75~8.50	4.0~4.4 5.23~8.50
CMSA-V2	5.2/5.8	5.04~5.85 (14.9%)	10.4/11.4	4.0~8.50	4.0~5.18 5.23~8.50

为了验证设计方法的有效性，分别加工了 CMSA-V2 和 RA，并在暗室中进行了测试。图 7.13 展示了实际加工的 CMSA-V2 照片，实测反射系数与法向增益分别如图 7.14(a)与图 7.14(b)所示，可以看出，仿真与测试结果吻合良好。实测-10dB 阻抗带宽为 5.06~5.98GHz。实测法向增益在工作频段内从 8.9dB 变化到 10.5dB。图 7.15 展示了两个谐振频点处的归一化辐射方向图，可以看出，实测与仿真吻合较好，*xoz* 面与 *yoz* 面内的交叉极化分别低于-26dB 和-19dB。实测得到的 CMSA-V2 与 RA 相比的 RCS 减缩量如图 7.16 所示，可以看出，对于两种极化的入射电磁波，CMSA-V2 在 4.0~8.5GHz 的宽带范围内均实现了明显的 RCS 减缩，减缩峰值超过 10dB。测试结果验证了数值计算的正确性，也表明所提出的设计方法是有效的。

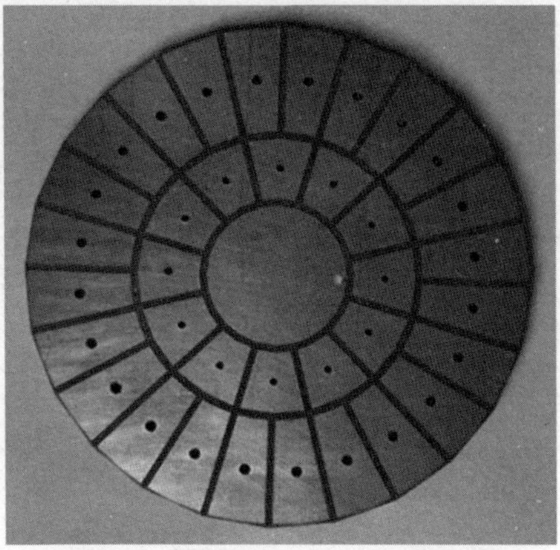

图 7.13　实际加工的 CMSA-V2 照片

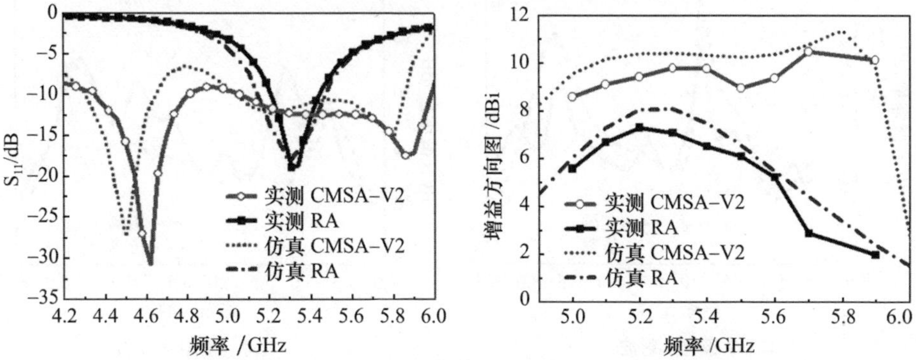

(a) 反射系数　　(b) 增益

图 7.14　CMSA-V2 与 RA 的反射系数与增益对比

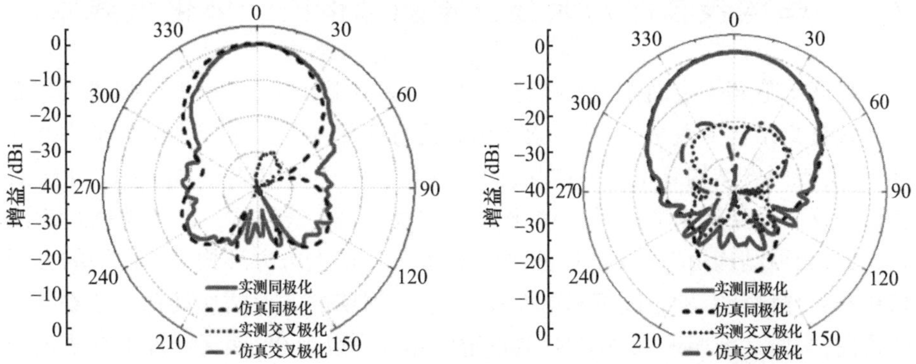

(a) 5.35GHz，E 面　　(b) 5.35GHz，H 面

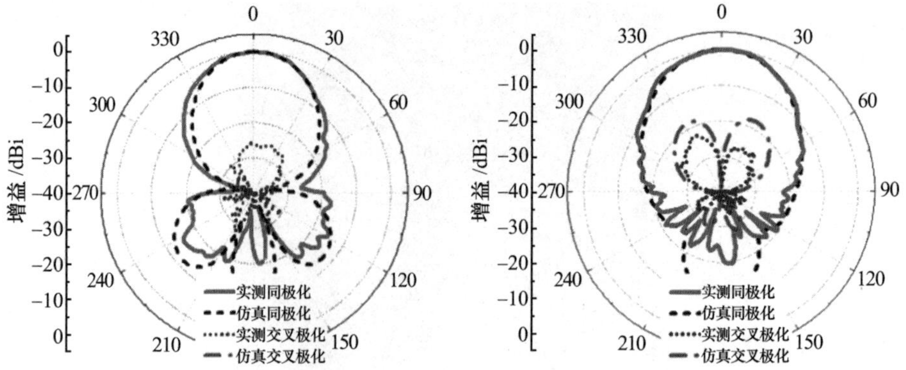

(c) 5.86GHz，E 面　　(d) 5.86GHz，H 面

图 7.15　CMSA-V2 的辐射方向图

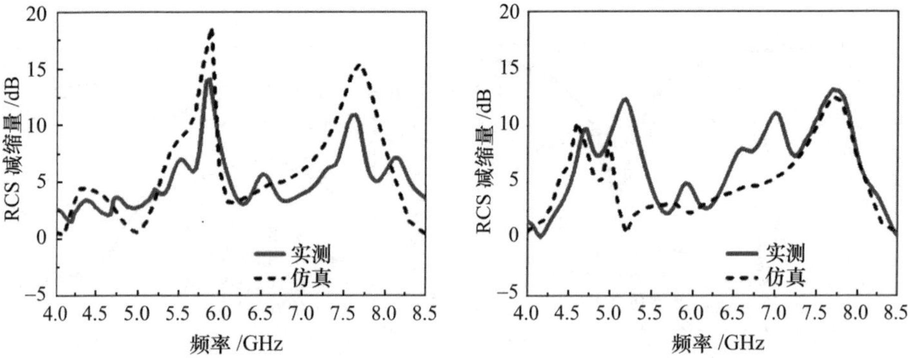

(a) x 极化入射波　　(b) y 极化入射波

图 7.16　CMSA-V2 与 RA 相比的 RCS 减缩量

7.2　超构表面作为天线主辐射结构的一体化天线单元

在 7.1 节超构表面作为天线寄生辐射研究的基础上，进一步打破超构表面与天线分离结构的壁垒，本节探索超构表面直接作为天线单元主辐射结构的一部分，实现两者结构真正的一体化，同时获得天线的低 RCS 性能。图 7.17(a)为根据这一思路提出的一种一体化超构表面单元天线结构。和传统微带天线相比，其辐射结构由 3×3 的均匀超构表面和外围的馈电方环构成。中间的方形贴片和方环耦合有助于改善辐射性能。此外，周期的方形贴片具有人工磁导体的特性，当雷达波照射该结构时，其反射波相位可以为 0°，而天线外围介质地板的反射波相位近似为 180°，因此二者的反射波将在空间叠加相消，从而减小传

统天线在法向的高 RCS。

采用 HFSS 软件对提出的天线进行了仿真。使用的介质板相对介电常数为 2.2,厚度为 2mm。整个天线的尺寸为 52 mm×52 mm。图 7.17(b)~(d)给出了该天线的辐射性能。从图 7.17(b)可以看出,与传统微带天线不同,该天线具有两个谐振点,反射系数小于-10dB 的带宽为 5.35~6.45GHz。在整个工作频带内任意选取两个频点,观察其 E 面和 H 面方向图,结果如图 7.17(c)~(d),可以看出,两个频点处天线的辐射性能基本一致,最大辐射方向都在天线法向附近,且天线的增益都大于 8.5dB。这些结果表明,该天线具有工作带宽宽、方向图稳定等特性。从图 7.17(b)还可以看出,该天线在 5.6GHz 和 6.1GHz 有两个谐振频点,仿真得到这两个频点下的电流分布如图 7.17(e)~(f),可以看出,在辐射状态下,馈电端的能量直接流向方形金属环,形成了较强的环电流,内部的超构表面耦合环上的能量,在超构表面上形成了相对弱些的均匀电流,这些电流源将会激起同相的空间场,和金属环一起参与辐射,从而得到较好的法向波束。

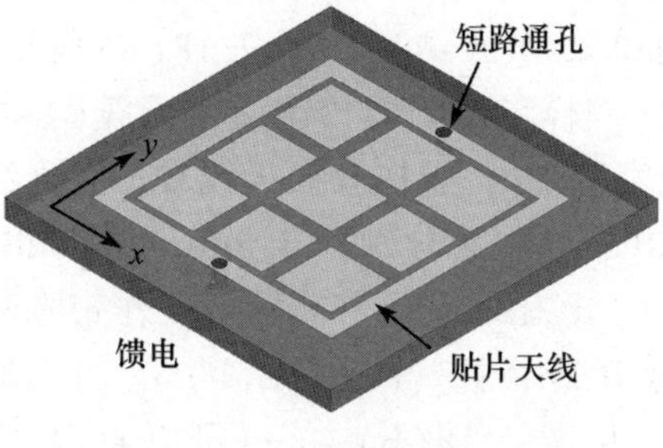

(a) 天线结构

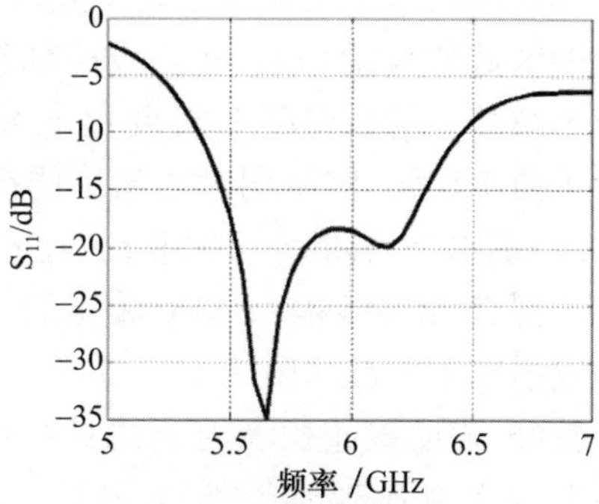

(b) 反射系数

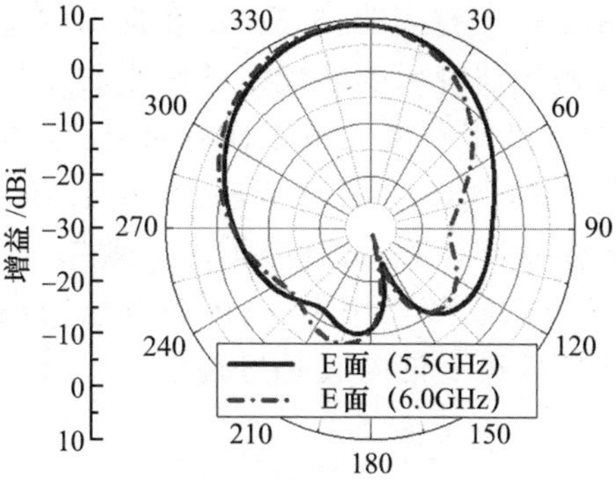

(c) E 面方向图

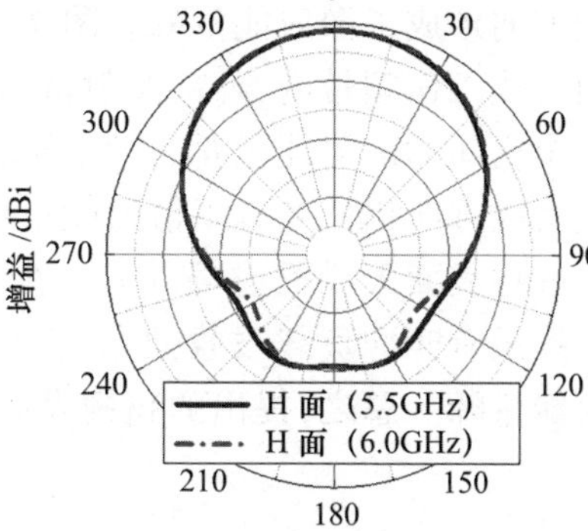

(d) H 面方向图

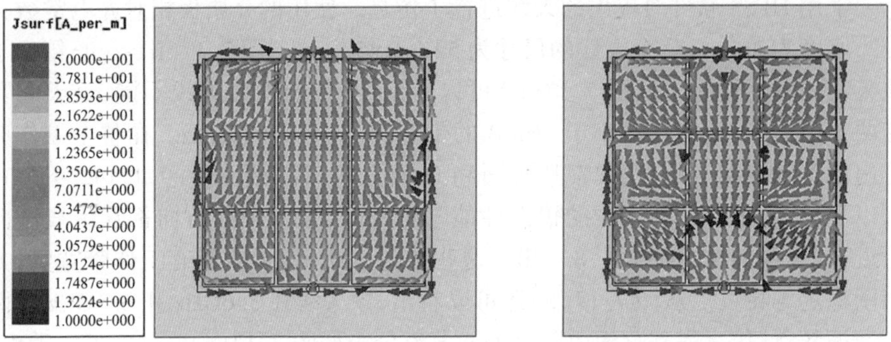

(e) 5.6GHz 辐射电流　　　　(f) 6.1GHz 辐射电流

图 7.17　超构表面天线单元结构及辐射性能

当雷达波从+z 方向照射天线时，超构表面和金属环同时感应远处来的雷达波能量，在每个超构表面单元上都激励起强烈的本征准(1,0)模式电流，这使得超构表面产生类似于人工磁导体的准同相反射效应，与天线在超构表面以外区域的反射波空间干涉叠加后，可以形成矢量对消的效果，有望实现 RCS 减缩。仿真得到不同极化下天线的单站 RCS 结果如图 7.18(a)所示。为了便于比较，图中同时给出了同样尺寸、同样工作频段传统微带天线(参考天线)的 RCS 结果。可以看出，在整个观察频带内，超构表面天线较传统天线几乎都有 RCS 减缩，x 和 y 极化的平均 RCS 减缩量分别为 5.8dB 和 3.0dB，比较图 7.18(a)和图 7.17(b)可知，天线的 RCS 减缩频带和辐射工作带宽吻合较好，表明该超构表面天线具有带内低 RCS 特性。图 7.18(b)~(g)选取几个频点对比观察天线的散射方向图。从图 7.18(b)~(c)可以看出，在 6.1GHz 频点处，提出的超构表面天线形成了明显的散射场对消效果，在天线法线方向出现了散射零陷，散射能量被分散至多个方向，而参考天线在天线法线方向形成了散射能量峰。图 7.18(d)~(e)表明，5.5GHz 在提出的超构表面天线工作频带内，外部照射雷达波被天线背后的匹配负载所吸收，因此，其整个空间的散射能量都很小，而该频点处于参考天线工作频带外，参考天线在法线方向仍然形成了散射能量峰。图 7.18(f)~(g)表明，在 6.4GHz，提出的超构表面天线散射场既有匹配负载吸收效果，又有能量对消效果，而参考天线虽有匹配负载吸收效果，但该频点的吸收作用不大，因此其法向还有散射能量峰。总之，提出的超构表面天线获得了带内低 RCS 性能。

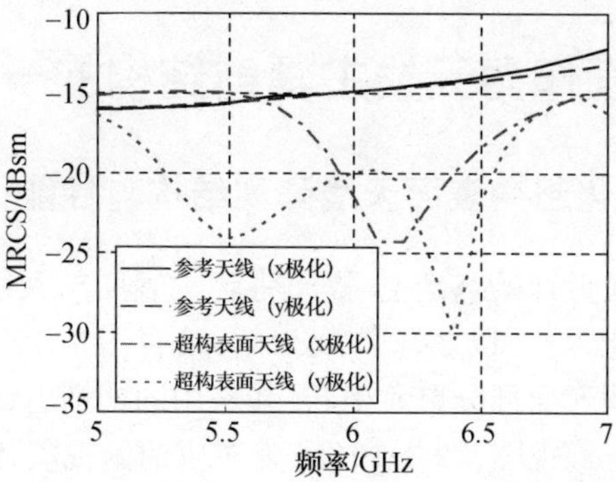

(a) RCS对比

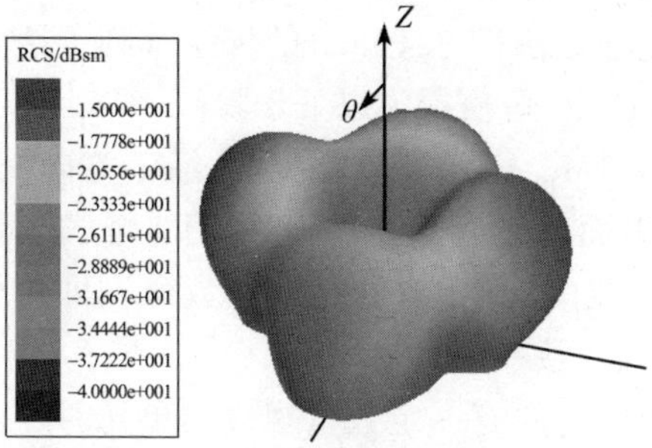

(b) 超构表面天线散射方向图（6.1GHz，x 极化）

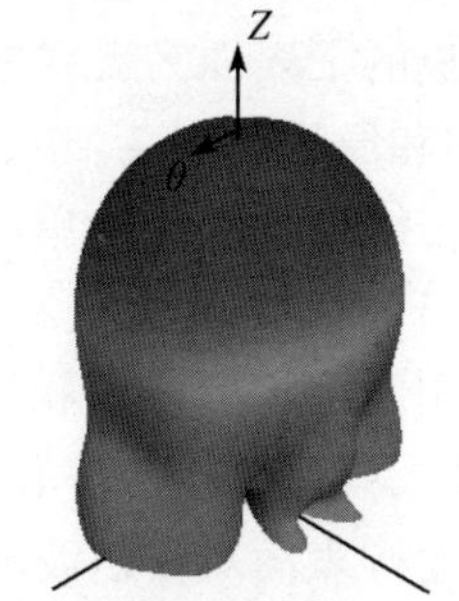

(c) 参考天线散射方向图（6.1GHz，x 极化）

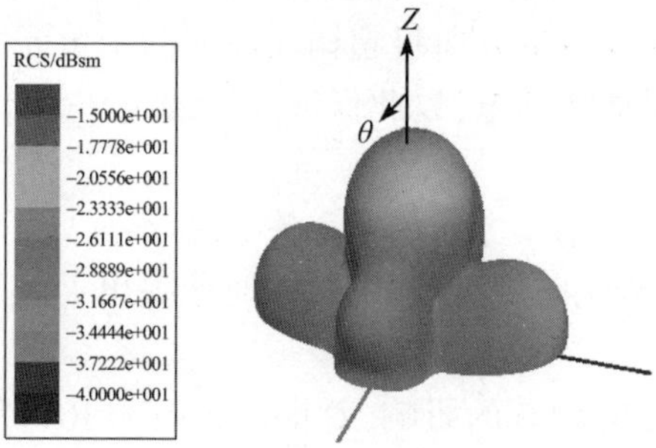

(d) 超构表面天线散射方向图（5.5GHz，y 极化）

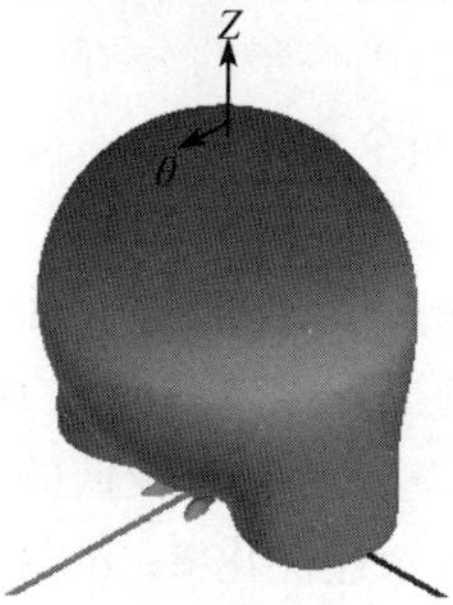

(e) 参考天线散射方向图（5.5GHz，y 极化）

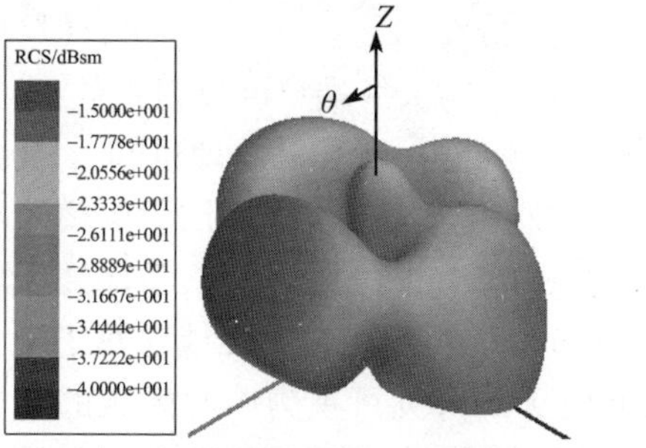

(f) 超构表面天线散射方向图（6.4GHz，y 极化）

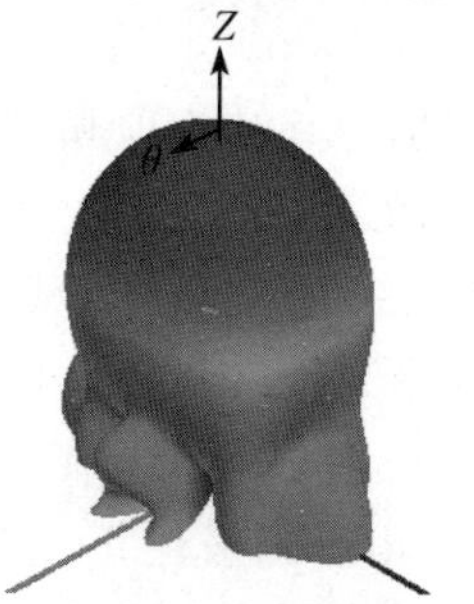

(g) 参考天线散射方向图（6.4GHz，y 极化）

图 7. 18　超构表面天线单元与参考天线散射性能对比

7.3 超构表面作为天线主辐射结构的一体化天线阵列

7.3.1 一体化超构表面天线阵列结构与性能

在上述天线单元设计的基础上,提出将超构表面与天线阵列结构一体化设计以实现低散射性能[121]。以 2×1 阵列为例,结合图 7.19(a)~(b),提出的阵列利用传输线将超构表面部分单元串联,并采用同轴馈电激励,其中图 7.19(a)为提出天线的结构三维视图,图 7.19(b)为对应的俯视图,图 7.19(c)为传统微带天线阵列的俯视图,矩形金属辐射贴片印刷在介质板的上表面,并采用同轴线馈电,介质板的下表面为天线的金属地板。由图 7.19(c)的传统阵列天线提出天线的过程和原理如图 7.19(a)~(b)所示,可概括为以下步骤:

第一步:传统阵列天线的单元工作在 TM_{10} 模式,其辐射贴片沿 y 方向(天线主极化方向)的长度接近 $\lambda/2$,而超构表面单元为亚波长,若采用 $\lambda/4$ 波长设计,则可以利用两个超构表面相连构成天线的辐射结构,结合参数微调即可保证提出一体化天线的工作频率和传统天线一致。

第二步:超构表面对雷达波的反射特性需要有一定数量规模的单元时才能较好体现,因此图 7.19(a)和(b)的设计中利用 4×4 超构表面代替传统阵列的辐射贴片;根据第一步的分析,采用传输线沿 y 方向将超构表面的两个单元相连,并将相邻两个相连单元连接,通过同轴线馈电,以此保证天线的工作频率、带宽和传统天线一致。

第三步:分别优化超构表面单元沿 x 和沿 y 方向的两个关键尺寸 dx、dy,保证提出天线的工作频率和图 7.19(c)的传统阵列天线一致,同时使提出天线对 x 和 y 极化雷达波都具有较低的 RCS。

为进一步阐述优化 dx、dy 对阵列天线 RCS 的影响,对提出天线的 RCS 计算如下:

$$\sigma = \left| \sqrt{\sigma_s} - (1 - \Gamma_a)\sqrt{\sigma_a}\,e^{j\phi} \right|^2 \tag{7.1}$$

式中:σ_s 和 σ_a 分别为其结构项和模式项 RCS;Γ_a 为天线端口的反射系数;ϕ 为结构项和模式项 RCS 的相位差。在天线工作频带内,由互易原理可知,y 极化照射雷达波将被天线端接匹配负载所吸收,此时由天线二次辐射产生的模式项 RCS 近似为 0,且当天线口径较小时,其结构项 RCS 也很小。因此,在保证天线良好匹配的前提下,提出的天线在 y 极化方向天然具有低 RCS 性能。对于 x 极化雷达波,模式项 RCS 因极化正交为 0,此时天线阵列可视为中心区域的超构表面(图 7.19(b)中虚线包围部分 A1)和周围介质地(区域 A2)两个部分构成的普通散射体;由于天线所用介质板为低损耗材料,因此两部分对照射雷达波的反射幅度都接近为 1,在垂直雷达波照射下,若 A1 和 A2 的面积及反射相位差合适,两部分的散射场在空间将产生矢量对消的效果,从而实现 RCS 减缩。

为了验证上述设计方法的有效性,采用基于有限元的数值方法,分别对图 7.19 中的传统天线阵列和提出超构表面天线阵列进行仿真分析。提出天线的中心区域由 4×4 的超构表面构成,每个超构表面单元为矩形金属贴片结构,贴片的尺寸为 $dx \times dy$,周期为 $px \times py$。以 F4B 玻璃布板作为整个天线的介质板,其相对介电常数为 2.65,损耗角正切为 0.002。优化后,dx 取 11.0mm,dy 取 4.5mm,px 取 12.0mm,py 取 5.0mm,w_1 取 4.0mm,w_2 取 1.2mm。传统天线阵列和提出天线阵列采用电参数和物理尺寸完全相同的介质板,两个阵列的外形尺寸都为 60mm×40mm×2mm。传统天线阵列的单元贴片尺寸 lx 取 16.0mm,ly 取 13.0mm,单元馈电点距离中心点 2.5mm,两个单元的间距为 24mm(近似为 6.3GHz 对应波长的 1/2)。

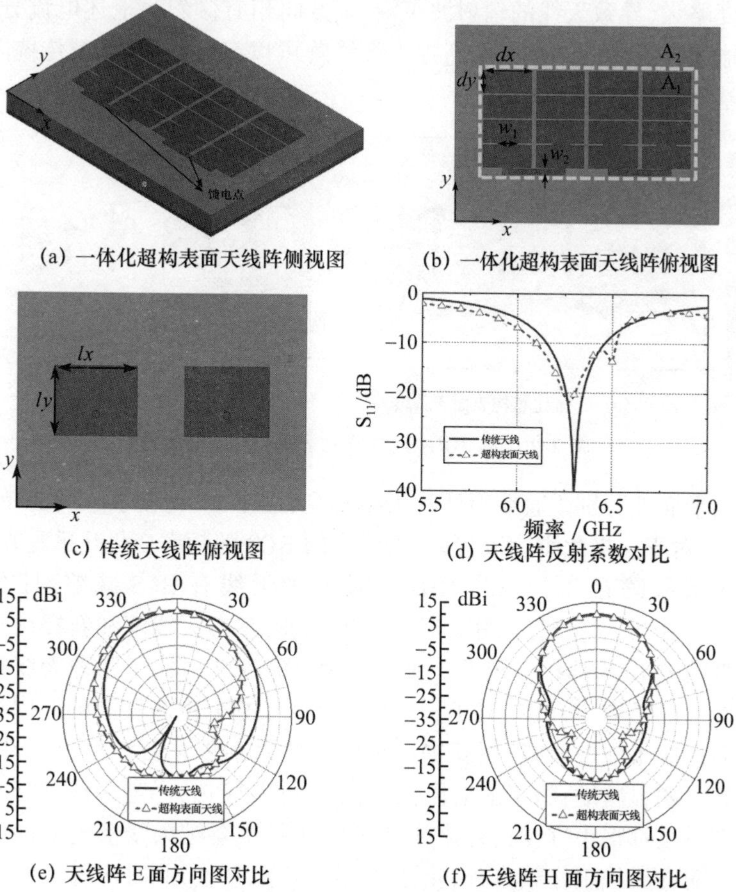

(a) 一体化超构表面天线阵侧视图　(b) 一体化超构表面天线阵俯视图

(c) 传统天线阵俯视图　(d) 天线阵反射系数对比

(e) 天线阵 E 面方向图对比　(f) 天线阵 H 面方向图对比

图 7.19　超构表面天线阵与传统天线阵的结构及辐射性能

作为对比,以传统的 2×1 矩形贴片微带阵列天线为参考天线阵,图 7.19(a)所示的一体化超构表面阵列天线为新提出天线阵。图 7.19(d)~(f)给出了两种天线的辐射性能数值分析结果。从图 7.19(d)可以看出,新提出天线阵的阻抗带宽为 6.09~6.52GHz,略宽于参考天线阵;图 7.19(e)~(f)为天线阵列在 6.3GHz 的辐射方向图,参考天线阵和新提出天线阵的主辐射空域和增益几乎一致。为了理解天线的辐射机理,图 7.20(a)和(b)对比给出了两种天线的表面电流分布。图 7.20(b)表明参考天线阵的单元工作于 TM_{10} 模式,两个单元的辐射电流同相,辐射场在空间同方向叠加,形成聚焦波束;从图 7.20(a)可以看出,同轴馈电的电流经传输线,在与传输线相连的超构表面单元上流动,而未与传输线相连的超构表面单元在耦合作用下也感应有幅度略小的电流,所有超构表面单元上的电流都主要沿 y 方向流动,且相位同向,它们的辐射场同样在空间同相叠加,形成汇聚波束,由于新提出天线阵的表面电流在超构表面的下半部分强度略大,导致天线的辐射波束沿 $-y$ 方向稍有倾斜。上述电流分析说明,采用传输线连接和同轴馈电的新提出天线阵可以有效辐射,且与传统阵列的辐射性能基本相同。

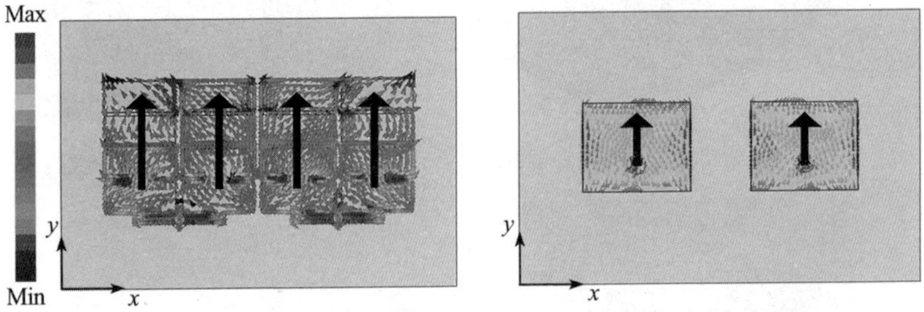

(a) 一体化超构表面天线阵　(b) 参考天线阵

图 7.20　6.3GHz 天线阵列表面电流(见彩图)

采用平面波分别垂直照射两种天线阵列,图 7.21 比较了阵列的单站 RCS,可以看到,对于 x 极化雷达波,参考天线阵的 RCS 随频率变化几乎是直线上升,而新提出天线阵在 5.7~8.0 GHz 内较参考天线有 RCS 减缩,且在 6.05~7.15GHz 内 RCS 减缩超过 5dB;对于 y 极化波,参考天线阵和新提出天线阵在辐射频带内的 RCS 都相对较低。进一步地,图 7.22 对比了两种天线在辐射工作频带内外的散射方向图,对于 x 极化,参考天线阵 RCS 较高的原因在于天线法线方向形成了强散射峰,而新提出天线阵将散射能量打散至整个空间,因此 RCS 得到了明显减缩;对于 y 极化,在天线工作频带内,参考天线阵和新提出天线阵的散射场都很小,此时,外来雷达波的能量主要被天线馈电端的匹配负载所吸收。而在天线工作频带外,由于不存在匹配吸收,此时两种天线的散射场都较高,如图 7.22(d)和(h)。

为更深入理解天线的散射机理，图 7.23 对比了不同极化波照射下天线阵列的表面感应电流。从图 7.23(a)和(b)可以看出，在 x 极化雷达波照射下，参考天线阵在 A1 和 A2 区域内激励起同相电流，这导致其法向散射场较大，而新提出天线阵在 A1 和 A2 区域内激励的电流方向相反，其散射场在空间可以有效对消；图 7.23(c)和(d)表明，在 y 极化雷达波照射下，两种天线的表面散射电流和图 7.20(a)和(b)的辐射电流非常相似，这印证了天线的互易性。此外，A1 区域的电流幅度明显强于 A2 区域，此时天线的结构项散射也很小，因此，两种天线对 y 极化波都具有带内低散射特点。总之，上述结果说明，一体化设计的天线阵列在辐射工作频带内对不同极化都具有低 RCS 性能，且当外来雷达波和天线辐射极化正交时，还具有宽带低 RCS 特点。

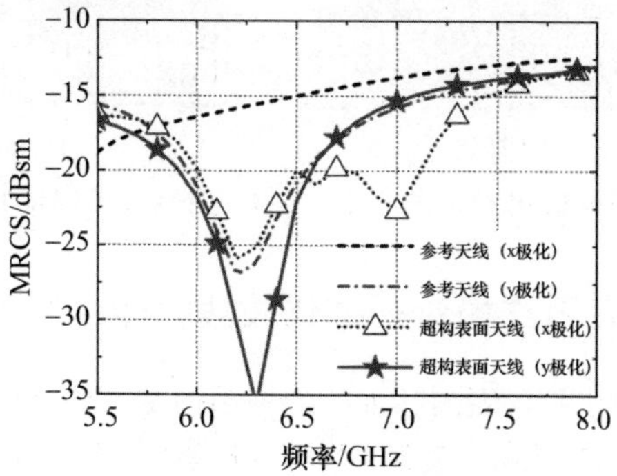

图 7.21　天线阵列的 RCS 对比

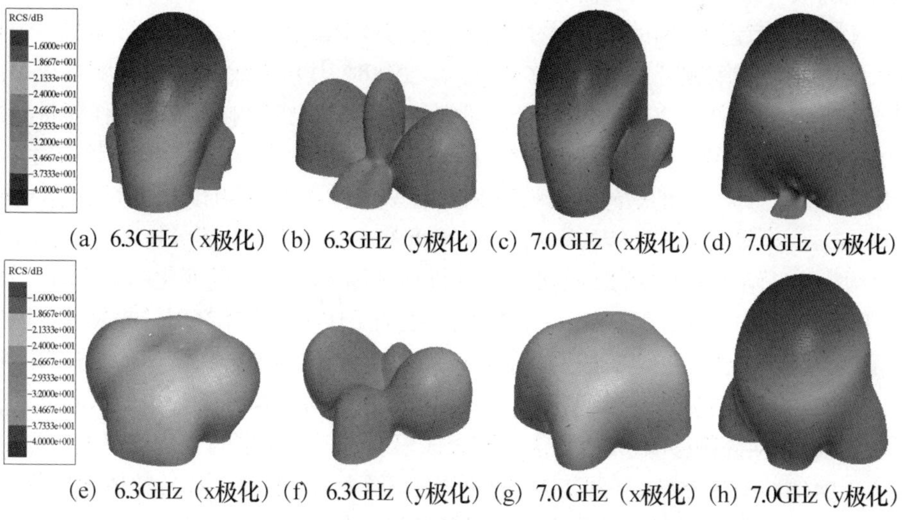

图 7.22　天线阵列散射方向图对比

(a)~(d) 参考天线阵；(e)~(h) 一体化超构表面天线阵

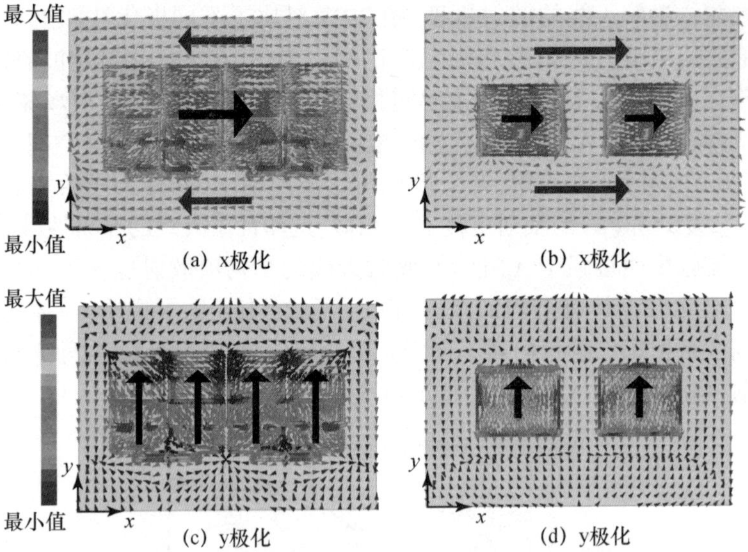

图 7.23　不同极化平面波照射下天线阵列在 6.3 GHz 的表面电流

7.3.2　超构表面结构对一体化天线性能的影响

值得关注的是,由于超构表面和天线阵列结构是一体化的,所以超构表面的尺寸和天线阵列的性能息息相关。7.3.1 节的分析表明,天线阵列在 x 极化雷达波照射下的低 RCS 主要得益于超构表面和四周金属地的散射场对消,而在 y 极化雷达波照射下的低 RCS 主要是天线辐射工作频带内的匹配吸收所致。基于此,可以预测,对于 x 极化,当超构表面的贴片尺寸 dx 增大时,其同相反射频带将向低频偏移,从而使天线的 RCS 减缩频带也向低频移动,而 dy 变化时,其对天线 RCS 的影响将很小;对于 y 极化,结合图 7.20 中的电流分布可知,dx 和 dy 都将影响天线的工作频带,且 dy 的变化直接改变辐射时的电流路径,因此其影响要大于 dx,故低 RCS 频带对 dy 的敏感性要大于对 dx 的敏感性。按照相同的思路和方法,也可以分析其他结构参数如 px、py、w_1 等对天线性能的影响,这里不再赘述。为证实上述分析的有效性,图 7.24~图 7.26 给出了天线的阻抗带宽和单站 RCS 随 dx、dy、w_1 的变化结果。图 7.24(a)和图 7.25(a)表明,随着 dx、dy 的增大,天线的工作频带整体都向低频移动,且对 dy 的变化更敏感,图 7.26(a)表明,随着 w_1 的增大,工作频带向高频移动;与之相对应,图 7.24(c)和图 7.25(c)说明 y 极化雷达波照射下的低 RCS 频带也向低频移动,图 7.26(c)则向高频移动,其变化规律和天线辐射时工作频带的变化规律相同。比较图 7.24(b)、图 7.25(b)和图 7.26(b)可知,dx 增大时,低 RCS 频带整体向低频移动,而 dy 和 w_1 的变化对低 RCS 频带几乎无影响。综上所述,数值分析结果完全验证了理论分析的正确性。根据这些规律,可以通过超构表面单元参数的选择,设计在所需频率具有低 RCS 性能的天线阵列。

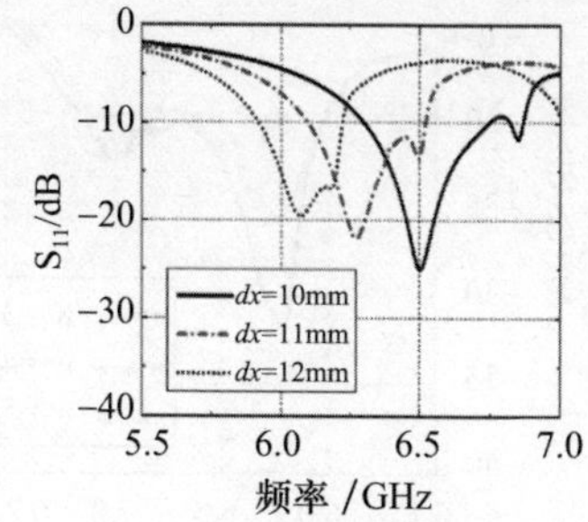

(a) 反射系数

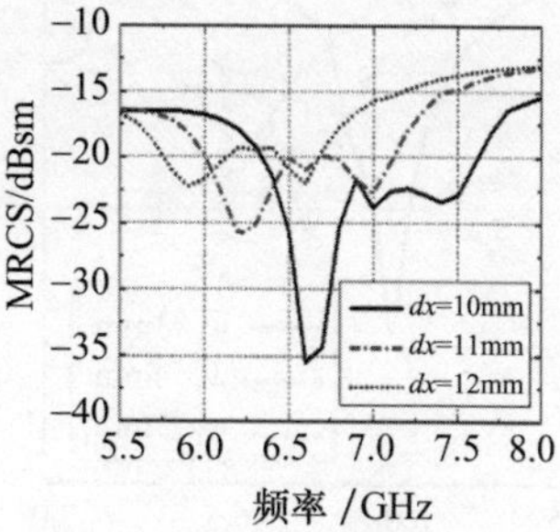

(b) x 极化 RCS

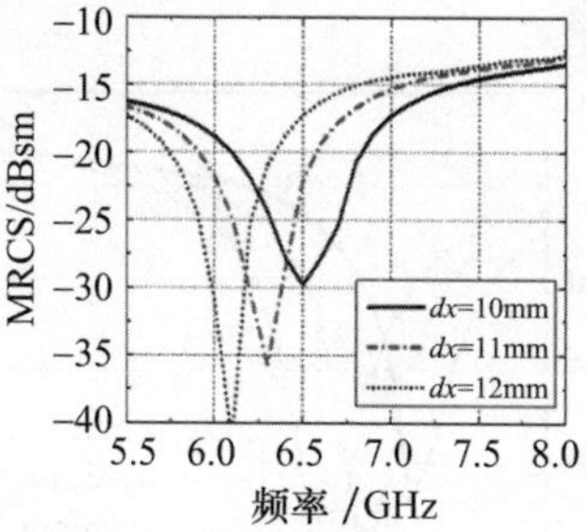

(c) y 极化 RCS

图 7.24　*dx* 对天线性能的影响

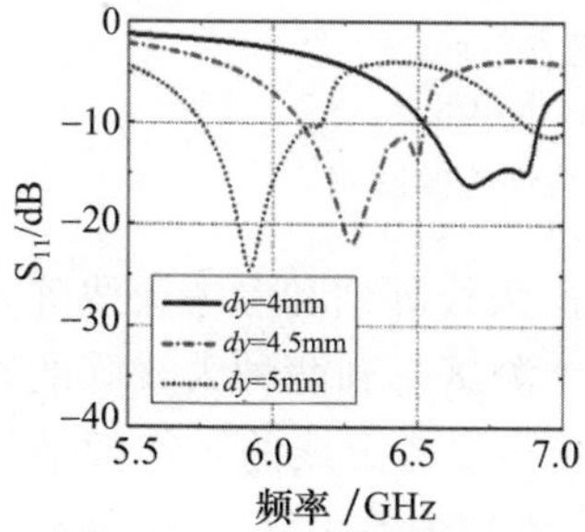

(a) 反射系数

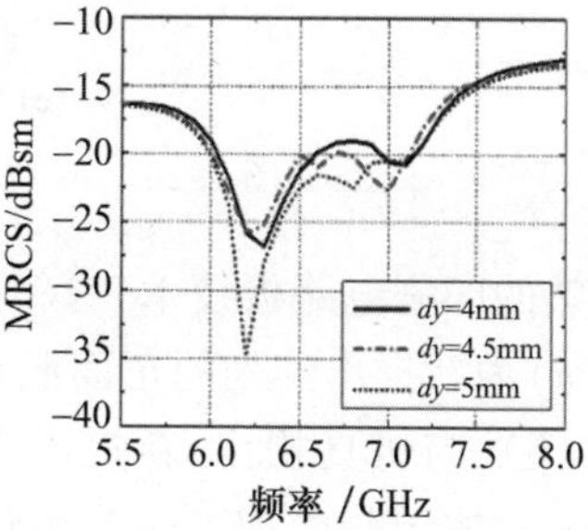

(b) x 极化 RCS

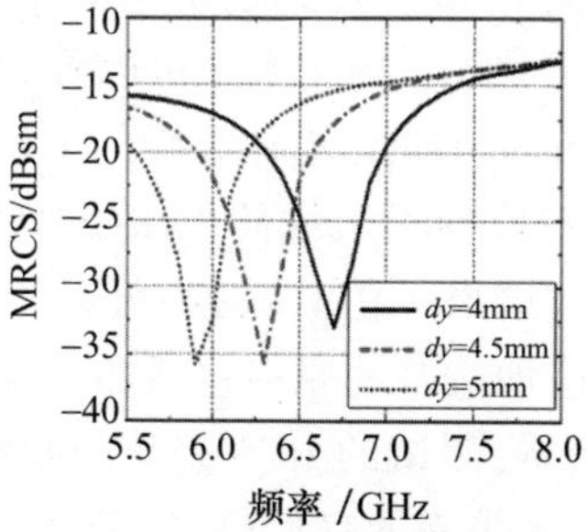

(c) y 极化 RCS

图 7.25　*dy* 对天线性能的影响

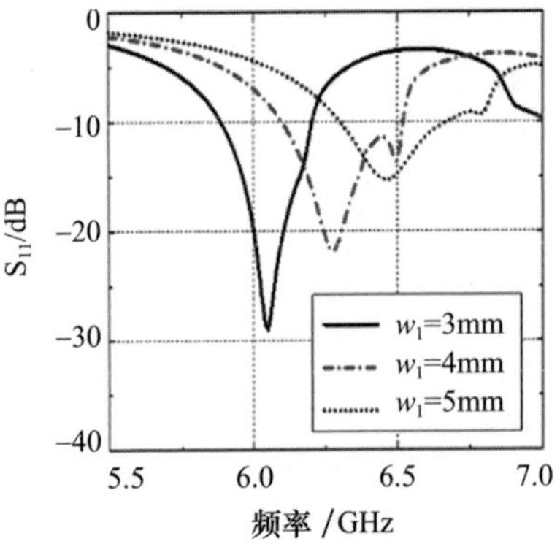

(a) 反射系数

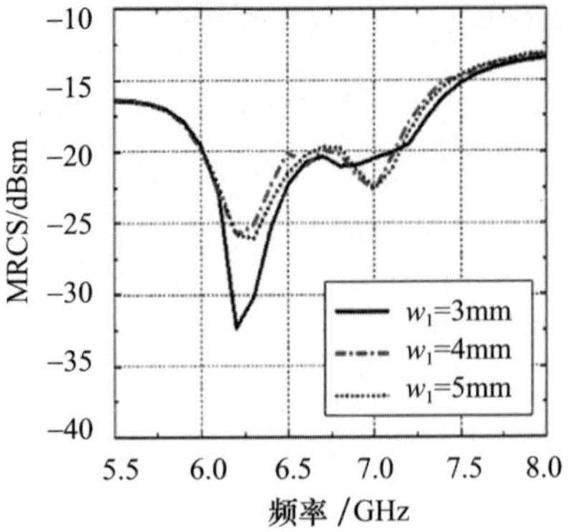

(b) x 极化 RCS

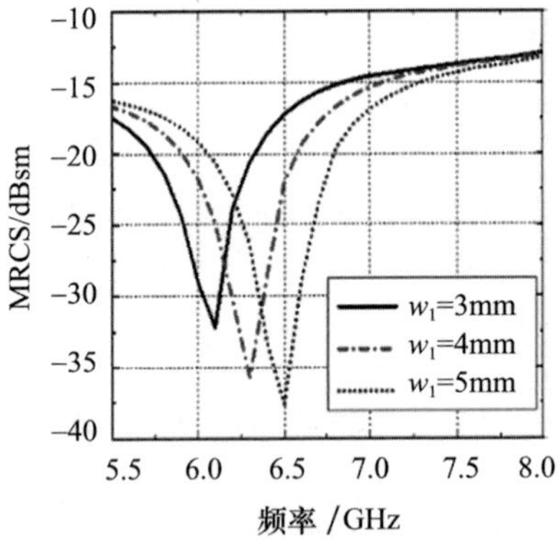

(c) y 极化 RCS

图 7.26 w_1 对天线性能的影响

采用成熟的印刷电路板技术,对新提出天线阵列和参考天线阵列进行了加工,图 7.27(a)为新提出阵列的正面照片。测试得到两种天线阵的端口反射系数如图 7.27(b),与仿真相比,新提出天线和参考天线的工作频带都向高频偏移约 200MHz,这主要是由加工误差和介质参数偏差引起的,但两种天线的谐振频率基本重合,工作频带基本一致。在远场暗室中,测试了两种天线在 6.5GHz 的增益方向图,从图 7.27(c)和(d)的结果中可以看到,参考天线阵和新提出天线阵的增益分别为 9.5dB 和 9.47dB,两种天线的 E 面和 H 面方向图都较为吻合。测试得出新提出天线阵较参考天线阵的 RCS 减缩结果,如图 7.27(e)所示,为了便于分析,图中同时给出了仿真数据,可以看出,测试结果整体较仿真向高频偏移 160MHz,导致这种偏差的原因包括加工误差、介质误差及仿真与实验方法的偏差等,但总体上看,测试的 RCS 趋势与减缩量和仿真吻合较好。因此,实测结果证实了新提出天线阵的良好性能,也进一步证实了提出方法的有效性。

(a) 天线阵列实物

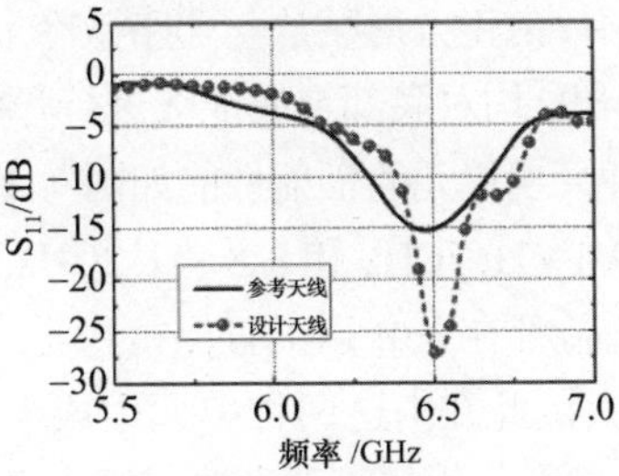

(b) 实测天线阵的 $|S_{11}|$ 曲线

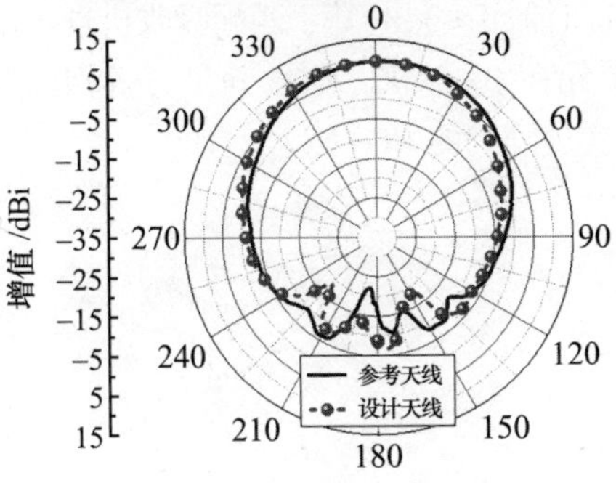

(c) E面实测方向图

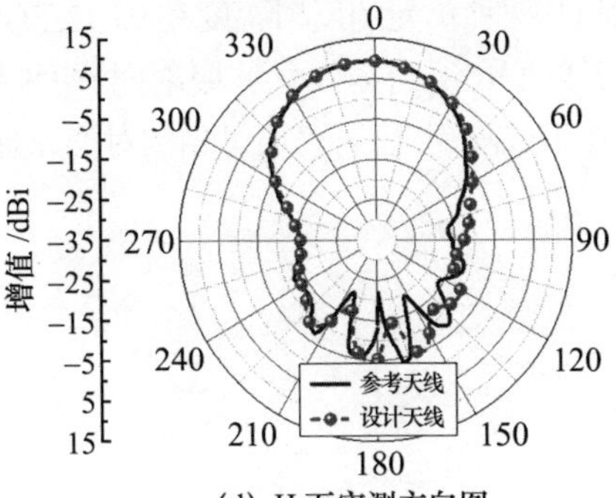

(d) H面实测方向图

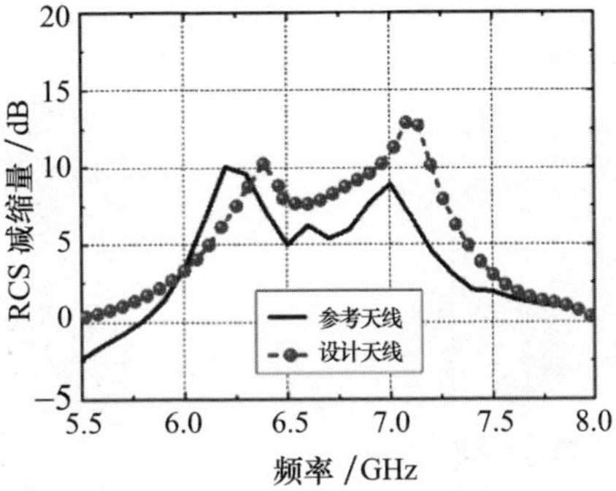

(e) 天线阵单站RCS减缩曲线

图7.27　一体化超构表面天线阵实物及测试照片

7.4　超构表面单元作为天线主辐射单元的一体化天线阵列

对于天线阵列,也可以从整个阵列的角度看,直接将天线单元和超构表面单元视为一体化结构。为了阐明该方法,设计了如图7.31(a)所示的4×4低RCS天线阵列[122],该阵列由两种辐射特性相似、对照射雷达波反射相位相差180°的天线单元组成。其中,如图7.28(a)~(d)所示,单元A上层金属贴片以正方形贴片为基础,沿 y 方向延伸出矩形金属臂,并在其沿 x 轴方向两侧对称加载矩形寄生贴片;单元B上层金属贴片由正方形贴片与耶路撒冷十字形贴片组合而成；两种单元均使用 L 形探针进行馈电，均对底部金属地板进行开槽，两种单元的结构参数如表 7.3 所示。仿真得到两种天线单元的辐射性能如图 7.29 所示。单元 A 与单元 B 的 -10dB 阻抗带宽分别为 9.1~11.7GHz 和 8.8~11.2GHz，频段交集为 9.1~11.2GHz，在交集频段内两种单元增益都在 6dB 以上且保持稳定，比较两种单元的辐射方向图可知，辐射性能非常相似，因此在由这两种单元组成天线阵时，单元 A 和单元 B 可视作相同阵元。如图 7.30 所示，直接将两种单元视为超构表面单元，在周期边界条件下，当 y 极化波照射时，两种单元的反射幅度在 9~12.5GHz 时低于 -3dB，基于匹配吸收机理可以降低天线的 RCS；当 x 极化波照射时，两种单元在 10.6~12.9GHz 满足有效相位差条件，在组成阵列之后，可通过相位对消原理实现阵列的 RCS 减缩。

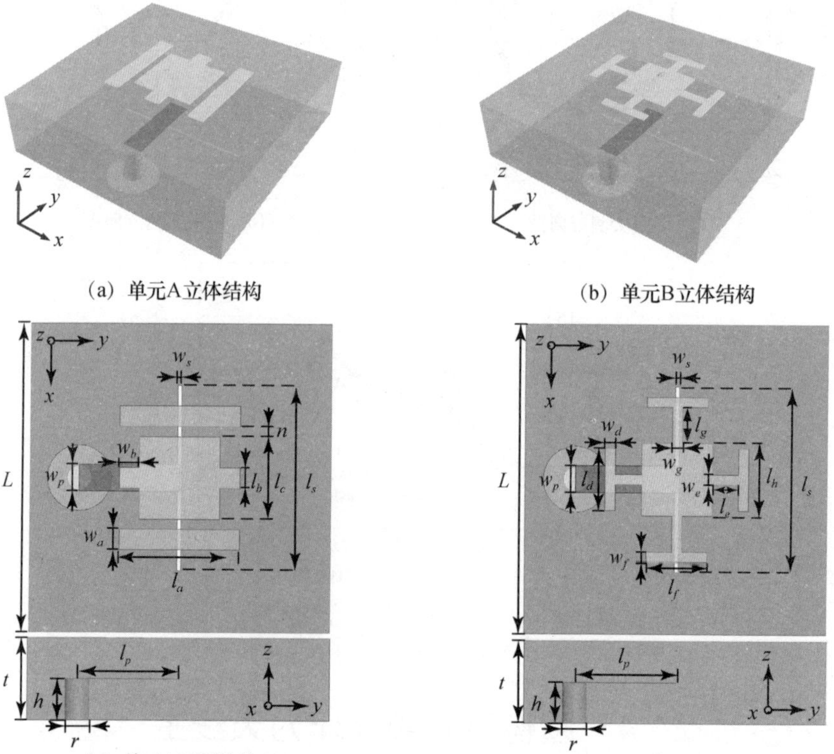

(a) 单元A立体结构　(b) 单元B立体结构

(c) 单元A平面结构　(d) 单元B平面结构

图 7.28　两种天线单元的结构

表 7.3　天线尺寸参数（单位：mm）

天线参数	L	t	h	r	w_s	l_s	w_p	l_p	w_a	l_a	w_b	l_b
参数值	15	4	2	0.6	0.2	9	1.3	5	1	6	1	1
天线参数	l_c	n	w_d	l_d	w_e	l_e	w_f	l_f	w_g	l_g	l_h	
参数值	4	0.5	0.5	3	0.5	1.3	0.5	3	0.5	1.75	3.5	

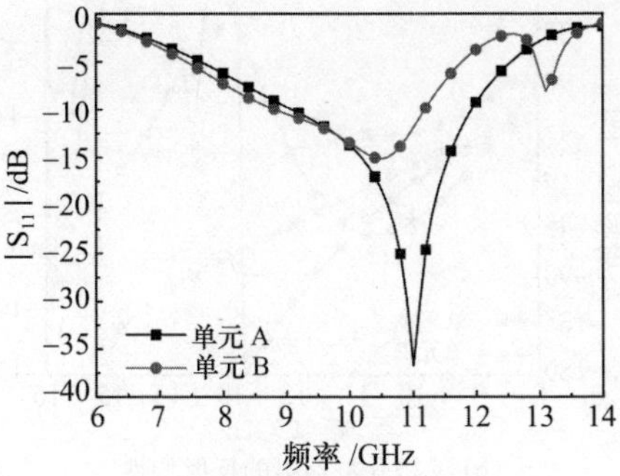

(a) 天线单元的 $|S_{11}|$

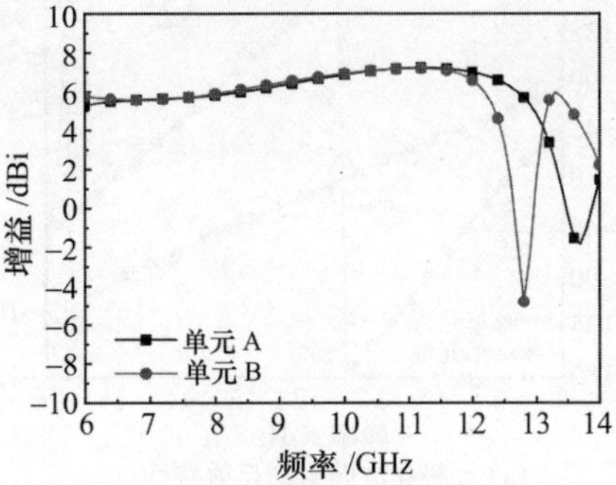

(b) 天线单元的增益曲线

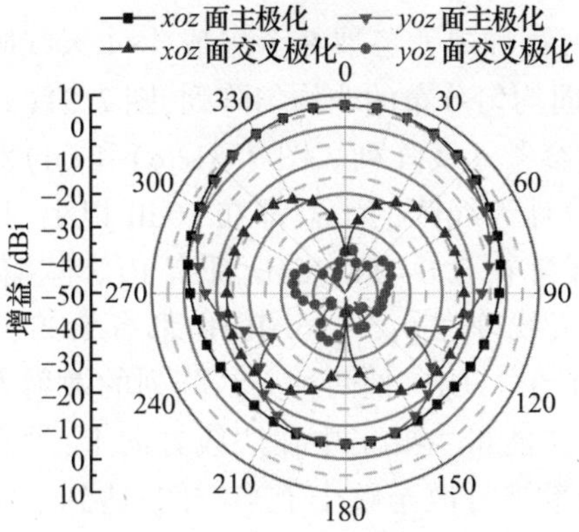

(c) 单元 A 在 10GHz 时的辐射方向图

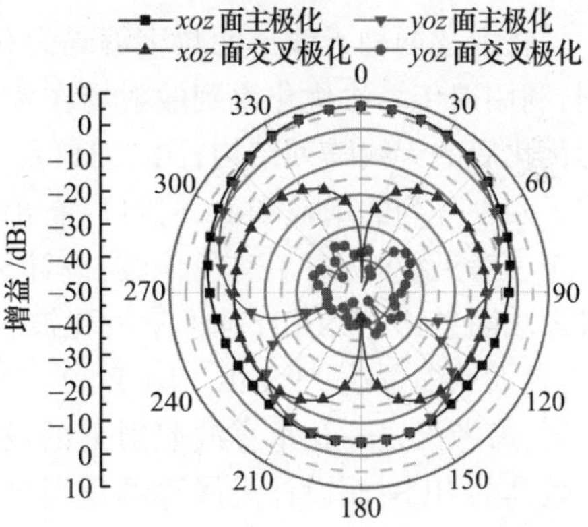

(d) 单元 A 在 11GHz 时的辐射方向图

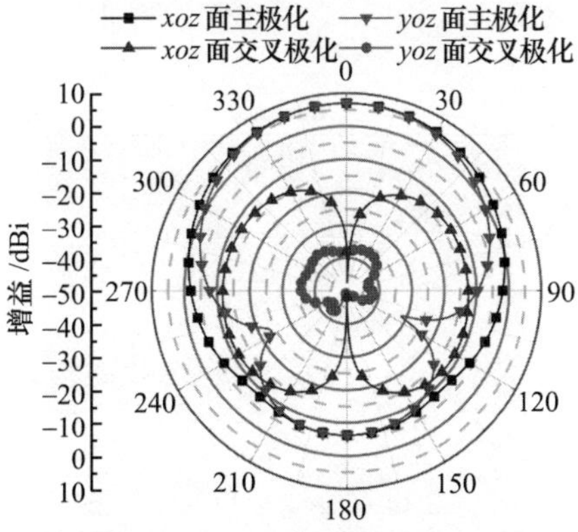

(e) 单元 B 在 10GHz 时的辐射方向图

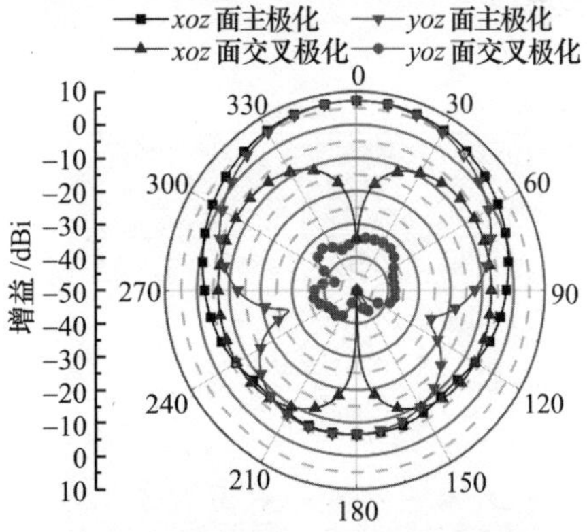

(f) 单元 B 在 11GHz 时的辐射方向图

图 7.29　两种天线单元的辐射性能

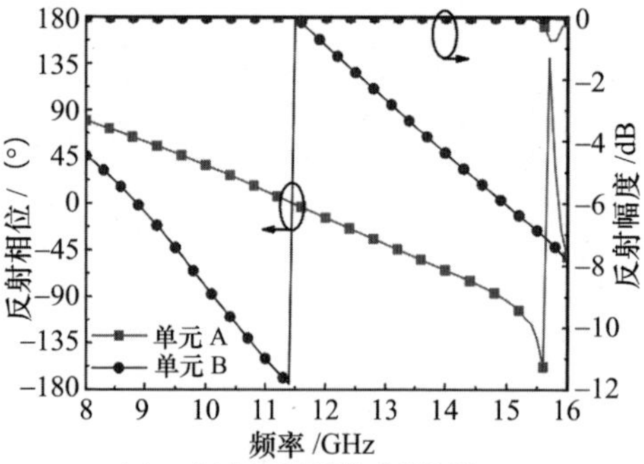

(a) x 极化波照射的反射特性

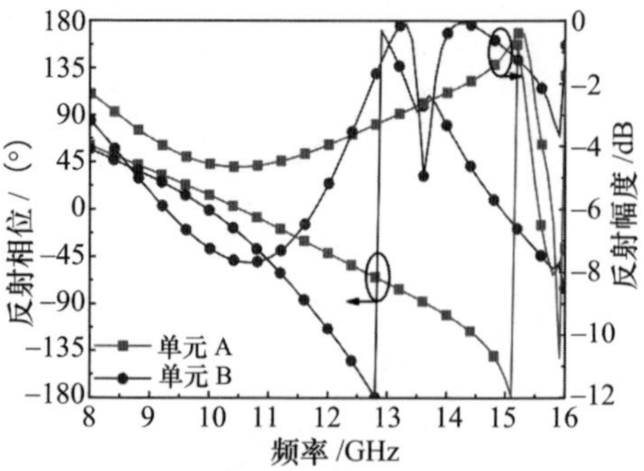

(b) y 极化波照射的反射特性

图 7.30　两种天线单元对平面波的反射性能

将上述两种天线单元数字编码为 0、1，每种单元各取 8 个组成 4×4 天线阵列，利用遗传算法优化得到散射场在各方向均匀分布的非均匀阵列，图 7.31(a) 为优化后的天线阵列结构，图 7.31(b) 为参考天线阵列。图 7.31(c) 和(d) 对比了两种阵列的增益和 RCS，可以看出，设计天线阵的增益都在 16dB 以上，且高于参考天线阵；对于 x 极化波，设计天线阵在 8.0～15.9GHz 都有 RCS 减缩，最大减缩量达 17.1dB，对于 y 极化波，计天线阵在 9.5～16.0GHz 都有 RCS 减缩，最大减缩量达 13.1dB。图 7.32 对比了在 11GHz 处两种天线阵列的散射方向图，参考天线阵在垂直波照射下的反射波能量主要集中在法线方向上，导致了较高的 RCS；而设计天线阵的反射波能量被打散至整个上半空间，达到了漫散射效果，天线法线方向的能量明显降低，因此，设计天线阵较参考天线阵获得了明显的单站 RCS 减缩。

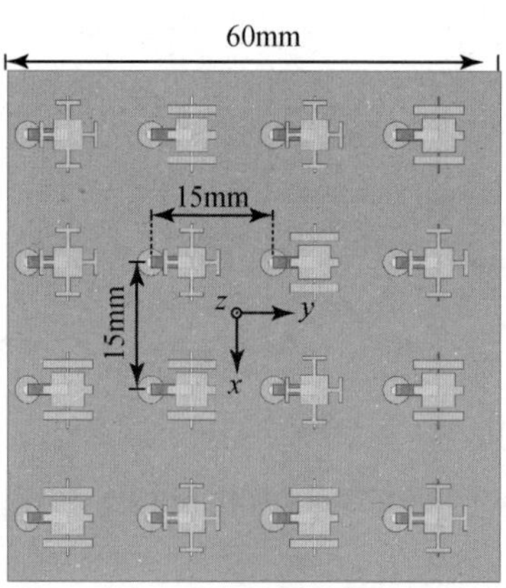

(a) 设计天线阵

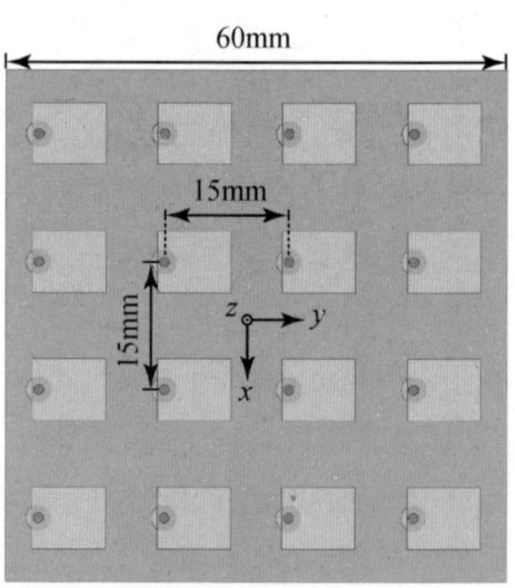

(b) 参考天线阵

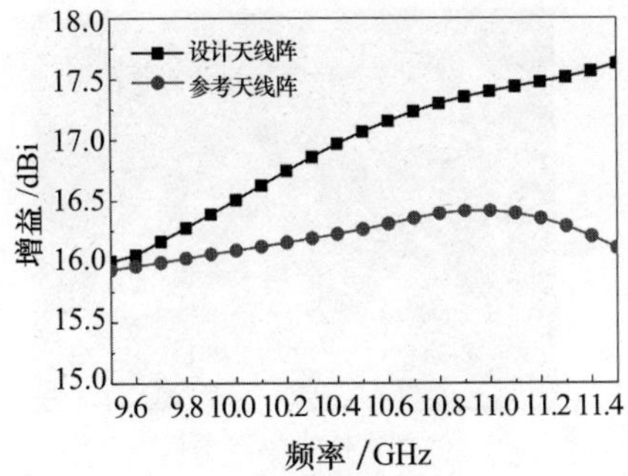

(c) 天线增益对比

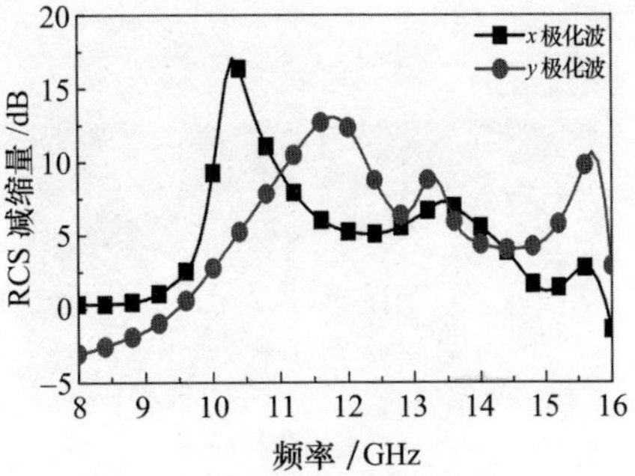

(d) RCS 减缩量

图 7.31　超构表面单元与天线单元一体化的低 RCS 阵列设计及仿真性能

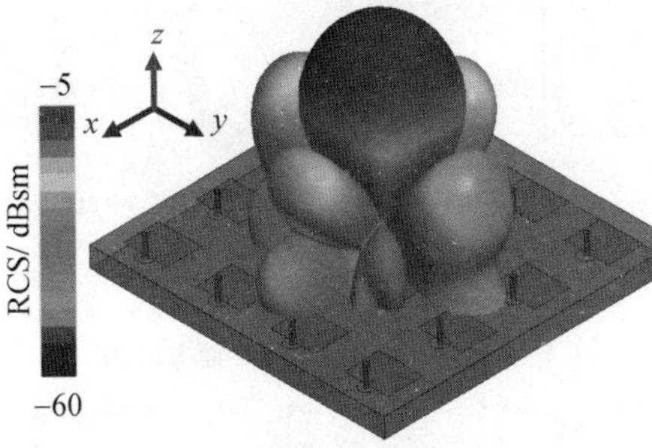

(a) x极化波照射参考天线阵

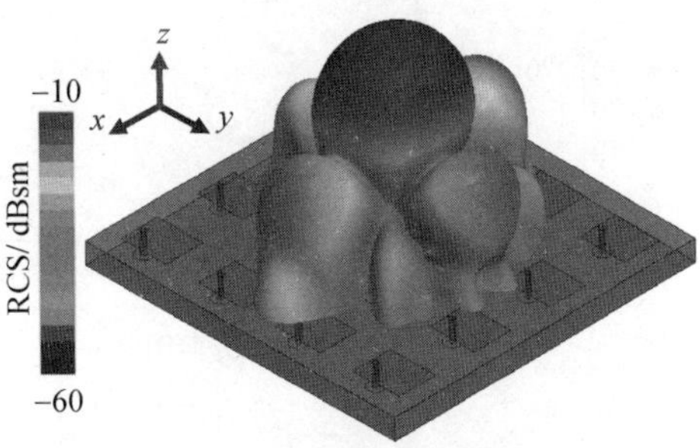

(b) y极化波照射参考天线阵

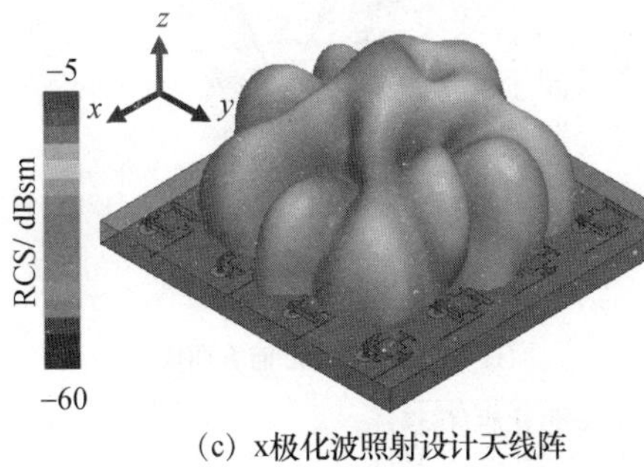

(c) x极化波照射设计天线阵

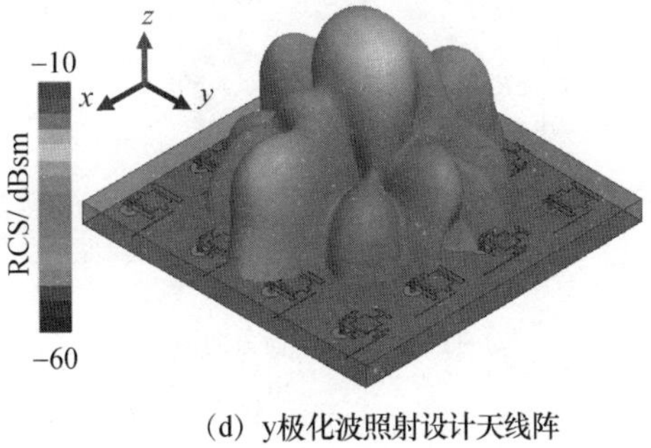

(d) y极化波照射设计天线阵

图 7.32　天线阵列在 11GHz 处的散射方向图对比

采用印刷电路板技术对所设计的天线阵进行了加工,天线阵的样件及单站 RCS 测试配置如图 7.33(a)和(b)所示。图 7.33(c)~(f)给出了设计天线阵在 10GHz 和 11GHz 处的二维辐射方向图,从图中可以看出,在 10GHz 处阵列增益实测值略低于仿真值,分析认为是馈电网络的损耗较大造成的,在 11GHz 处实测与仿真增益在最大辐射方向几乎相同;整体来看,实测与仿真较为吻合,验证了设计天线阵的辐射性能。实测设计天线阵法线方向上单站 RCS 减缩结果如图 7.33(g)所示,测试与仿真曲线形状总体相似,但由于天线阵口径偏小,测试

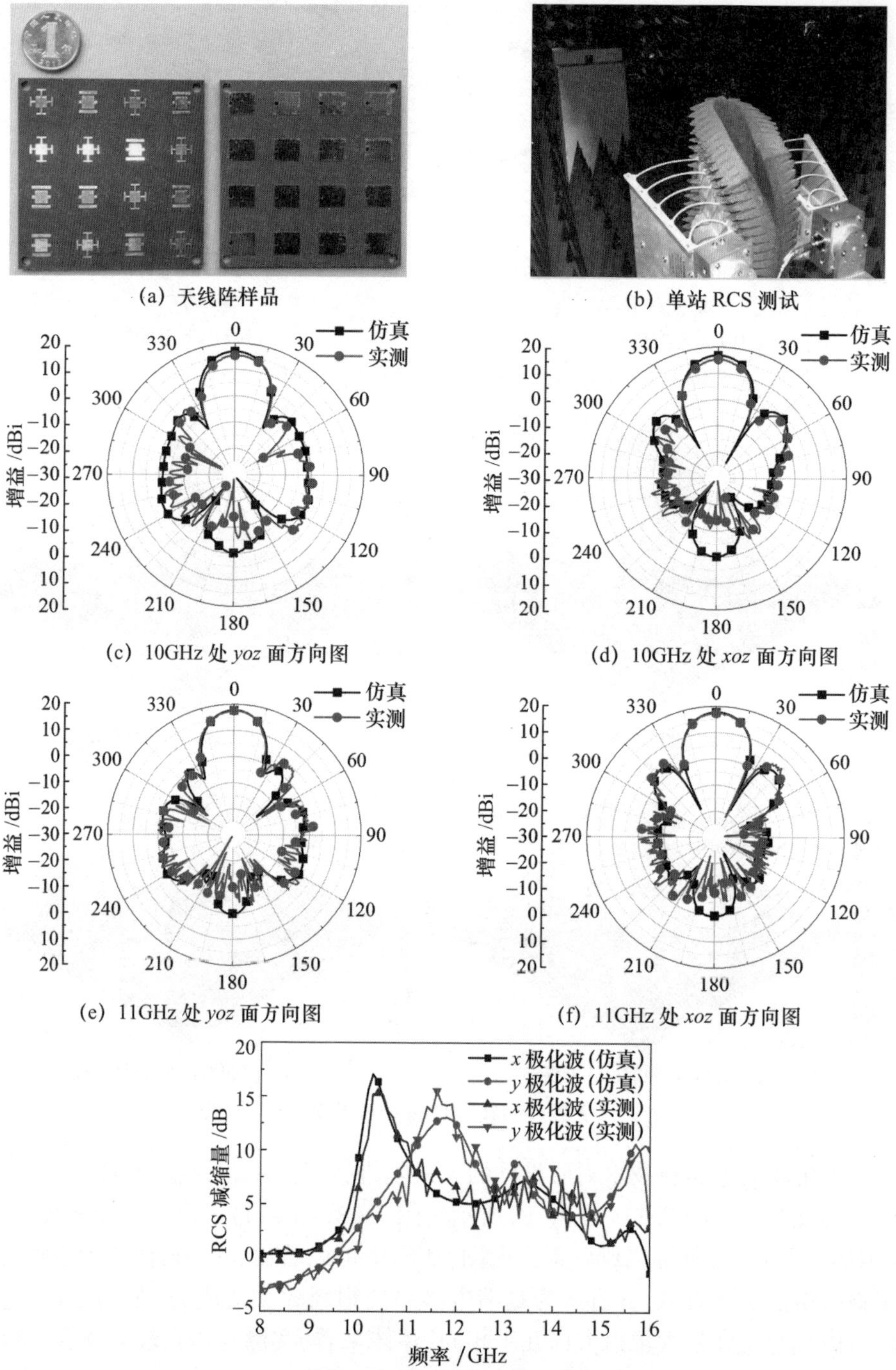

(a) 天线阵样品

(b) 单站 RCS 测试

(c) 10GHz 处 *yoz* 面方向图

(d) 10GHz 处 *xoz* 面方向图

(e) 11GHz 处 *yoz* 面方向图

(f) 11GHz 处 *xoz* 面方向图

(g) 实测设计天线阵法线方向上单站 RCS 特性

图 7.33 天线实测与仿真辐射及 RCS 性能对比

过程中接收到的反射信号强度偏弱，受环境影响较大，反射噪声仍造成了曲线的小幅抖动。总之，上述结果证实了将天线单元直接视为超构表面单元，通过设计两种相似单元，组阵后既可以实现良好辐射，也能获得宽带 RCS 减缩。

7.5　部分超构表面作为天线主辐射结构的一体化天线阵列

根据从超构表面到一体化超构表面天线的思路，除上述将超构表面作为天线的部分或全部辐射结构外，也可以反过来，将部分超构表面作为天线的主辐射结构，按照这一方法，本节将结合具体的一维、二维天线阵列示例，阐述该方法的实施过程及可行性[123]。与 7.4 节设计方法不同的是，本节提出的方法需要先设计低 RCS 超构表面，再通过结合适当的辐射激励方式，激励起部分超构表面产生辐射，从而得到具有低 RCS 性能的天线。

7.5.1　宽带低 RCS 超构表面设计

基于第 4 章的研究，可以利用超构表面的相位调控特性设计低 RCS 超构表面。图 7.34(a)给出了一种结构简单的宽带低 RCS 超构表面，其由两个超构表面块组成，每个超构表面块由 4×4 个单元构成，图 7.34(b)和(c)给出了两个超构表面块中的单元结构，单元 A 和单元 B 周期都为 6mm，且结构总体相似，都有完整的金属地板，两者的具体尺寸不同，结构可以看作相互旋转了 90°。设计时采用的介质板材为 F4B，相对介电常数为 2.65，损耗角正切为 0.002，采用的具体结构参数为：$dx1 = 5.0$ mm，$dy1 = 5.65$ mm，$s1 = 1.0$ mm，$dx2 = 5.9$ mm，$dy2 = 5.0$ mm，$s2 = 1.0$ mm。

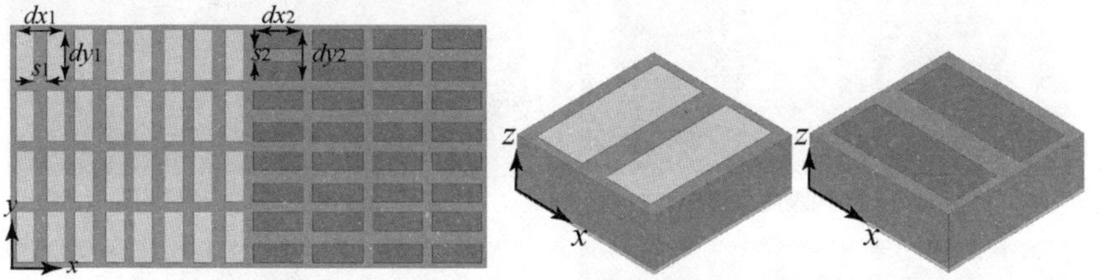

(a) 超构表面俯视图　(b) 单元A　(c) 单元B

图 7.34　宽带低 RCS 超构表面及单元结构

在商用 HFSS 软件中，采用常见的周期边界对图 7.34(b)和(c)所示的两种单元分别进行建模，仿真得到了其对垂直照射平面波的反射相位差，从图 7.35(a)中的结果可以看出，单元 A 和单元 B 在 8.0~13.5GHz 对 x 极化或 y 极化波都有 180°±30°的相位差。图 7.35(b)给出了平面波垂直照射下图 7.34(a)所示超构表面的单站 RCS,为了比较,图中同时给出了相同尺寸金属板的结果,可以看出,不同极化下超构表面都实现了宽带 RCS 减缩,在 8.0~13.5GHz 的 RCS 减缩幅度基本都在 10dB 以上,且图 7.35(b)中两种极化下的 RCS 减缩频段和图 7.35(a)中结果一致。

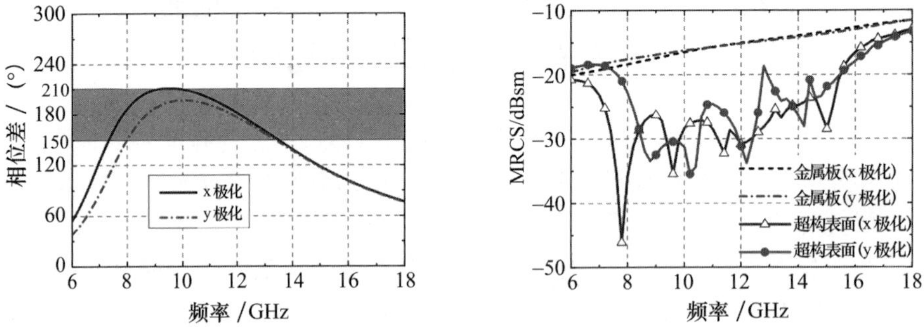

(a) 单元 A单元 B 的反射相位差　　(b) 单站 RCS

图 7.35　宽带低 RCS 超构表面的性能

7.5.2　一体化设计的一维超构表面天线阵列

为了利用图 7.34(a)所示的超构表面构建天线阵列,对级联排列的两个超构表面块进行结构重构,对单元 A 和单元 B 采用交指排列,得到图 7.36(a)和(b)所示的两种超构表面的新结构。通过在两个交指排列的超构表面中引入适当的馈电结构,得到图 7.36(c)和(d)所示的设计天线 1、设计天线 2,简化起见,后续图形中分别用 ant1、ant2 代替。图 7.36(c)中利用传输线将中心区域的

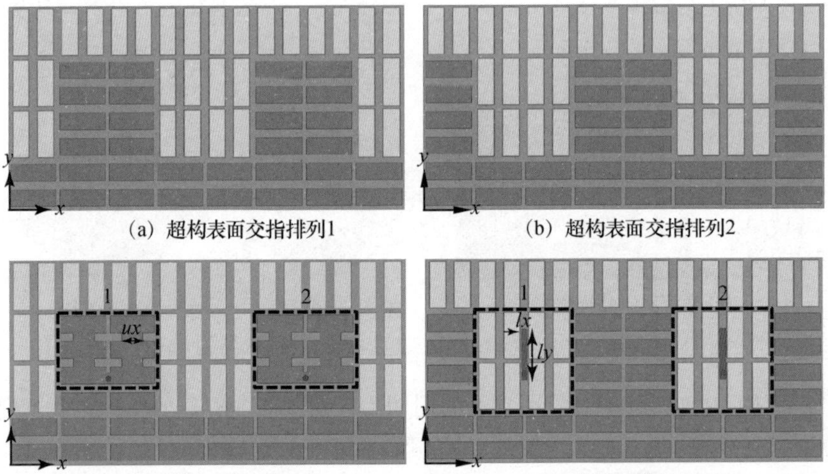

(a) 超构表面交指排列1　　(b) 超构表面交指排列2

(c) 设计天线1 (ant1)　　(d) 设计天线2 (ant2)

图 7.36　2×1 一体化天线阵结构

超构表面单元相连，并由相连的同轴探针给天线馈电；图 7.36(d) 中则在中心区域的超构表面单元中间引入了 L 形探针馈电，两个图中均用点划线标出了与馈电直接相连或紧密耦合的超构表面区域。实际上，只要满足能有效激励起辐射且对散射影响较小的其他馈电结构也可以在这里使用。

图 7.37 给出了设计天线 1、设计天线 2 的辐射及散射性能，同时，图中还以与设计天线具有相同尺寸、相同工作频段的传统 2×1 矩形贴片微带天线阵(简记为 ref.)作为参考天线。从图 7.37(a) 可以看出，尽管三副天线的谐振频率有所偏差，但其工作在相同的频段($|S_{11}|<-10$dB 对应的频段)；此外，设计天线 1、设计天线 2 较参考天线都有更宽的带宽。从图 7.37(b) 增益随频率变化的曲线可以看出，

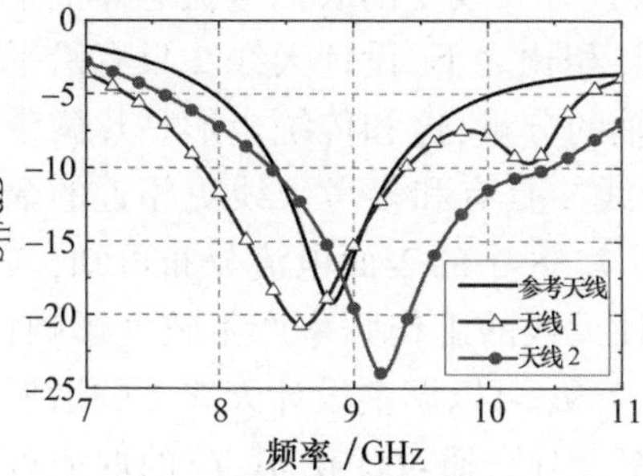

(a) 反射系数

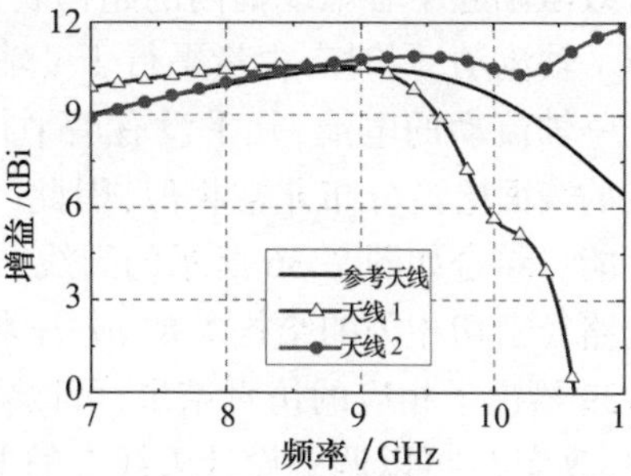

(b) 增益

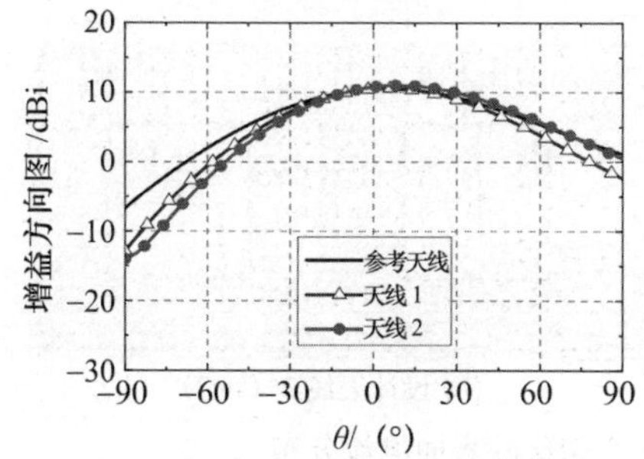

(c) 9.0GHz 处 E 面方向图

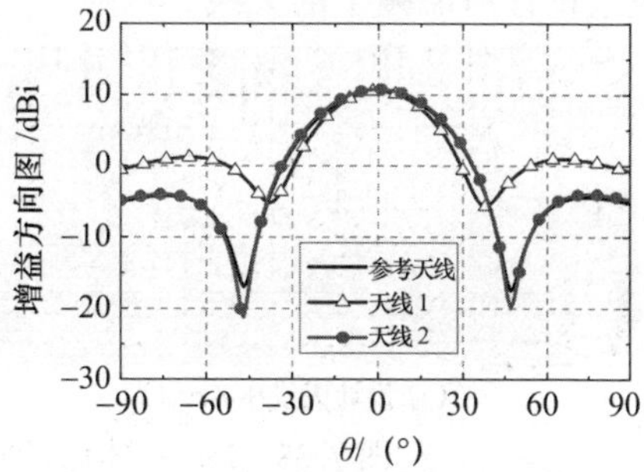

(d) 9.0GHz 处 H 面方向图

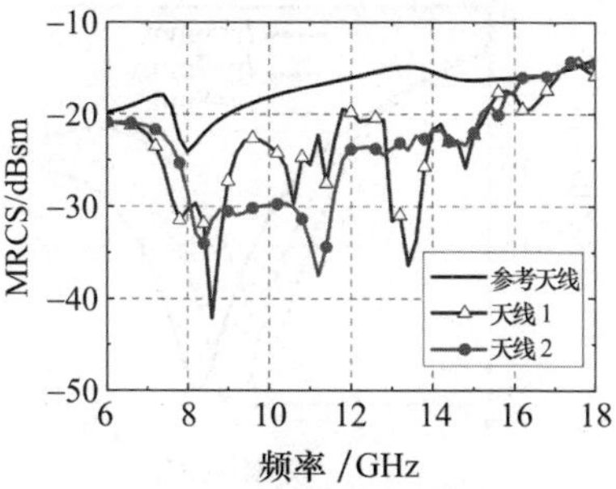

(e) x 极化单站 RCS

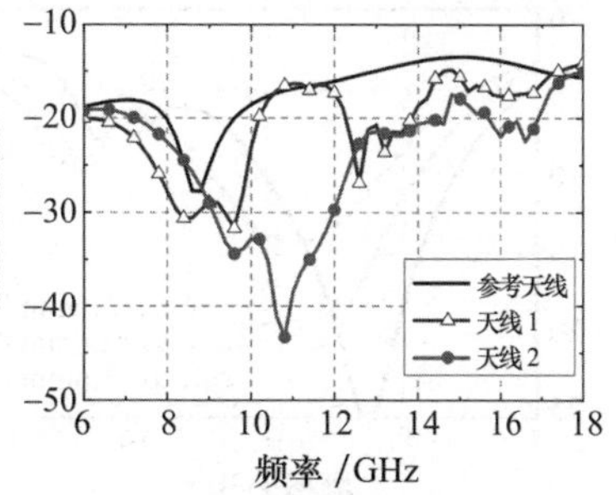

(f) y 极化单站 RCS

图 7.37　2×1 一体化天线阵的辐射及 RCS 结果

对于设计天线1,其增益在低于9.2GHz的有效工作频带内和参考天线差别较小,在高于9.2GHz的频带内快速下降;对于设计天线2,其增益在低于9.0GHz的频带内和参考天线几乎相同,在高于9.0GHz的频带内明显高于参考天线。结合图7.37(a)和图7.37(b)可知,三副天线都可以工作在9.0GHz,图7.37(c)和(d)对比了该频率下的增益方向图,可以看出,三副天线的方向图在主瓣区域几乎重合,设计天线2与参考天线阵在旁瓣区域的方向图也几乎重合。

上述结果表明,设计天线2的辐射性能总体好于设计天线1,甚至优于参考天线。为了揭示设计天线的辐射机理,图7.38给出了工作频段内9.0GHz处两幅天线的表面电流分布。从图7.38(a)和(b)可以看出,两种激励方式都可以有效激励起中心虚线框内的超构表面结构,设计天线1的表面电流总体上平行于y轴流动,同时有少量平行于x轴的分量;相比之下,设计天线2只有沿平行于y轴流动的电流,几乎没有沿平行于x轴的分量,这和传统矩形贴片微带天线的表面电流分布非常相似,因此,设计天线2具有和参考天线更相近的辐射性能。结合如图7.36所示的天线结构与图7.38中的表面电流分布可知,与电流路径密切相关的结构参数ux、ly将对设计天线的工作频率产生较大影响;图7.39给出了相应的仿真结果,可以看到,改变ux可以调整设计天线1的谐振频率,改变ly可以调整设计天线2的谐振频率,因此,通过优化ux、ly的取值可以灵活设计所需频率的天线。

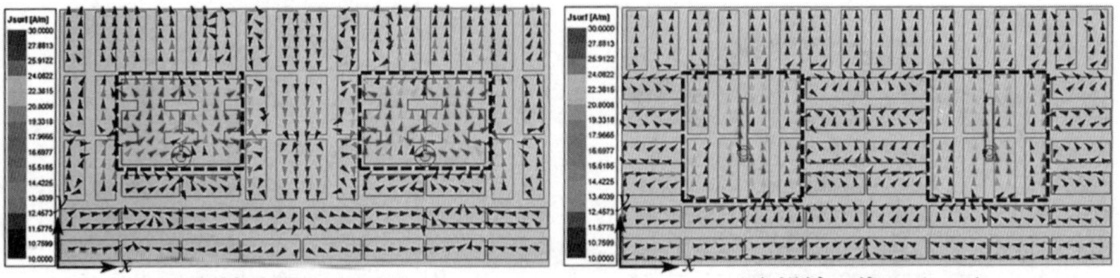

(a) 设计天线1 (ant1)　　(b) 设计天线2 (ant2)

图7.38　2×1一体化天线阵在9.0 GHz的表面电流分布

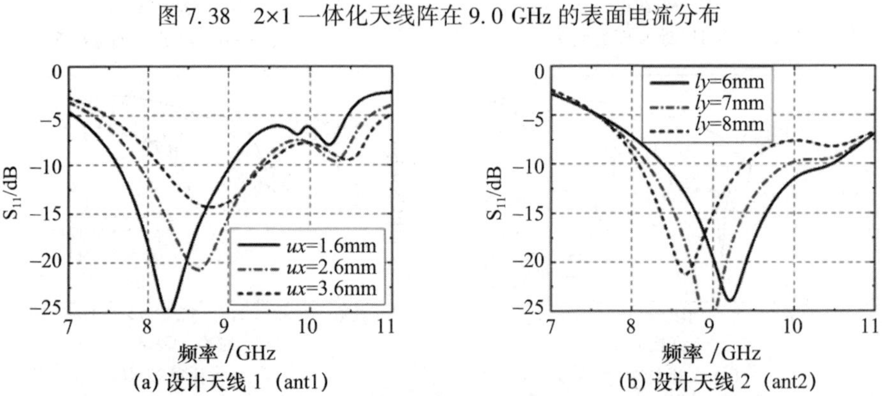

(a) 设计天线1 (ant1)　　(b) 设计天线2 (ant2)

图7.39　2×1一体化天线阵的反射系数随馈电结构尺寸变化

由7.5.1节的分析可知，设计的超构表面具有宽带低RCS性能，由此可以推断，基于该超构表面设计的天线1和天线2也应该具有低RCS性能。图7.37(e)~(f)将设计天线1、设计天线2在雷达波垂直照射下的RCS与参考天线进行了对比。从图中可知，无论对x还是y极化波，设计的两款天线在6~17GHz较参考天线都有明显RCS减缩，且设计天线2总体上的RCS减缩量更大。图7.40随机选取了天线工作频带内、外的散射方向图进行对比，结果表明，在天线工作频带内，根据互易原理，雷达波照射能量被天线的终端负载所吸收，因此，三种天线对与天线同极化方向的照射雷达波都具有低散射性能；而对于与天线辐射正交极化方向或在工作带外的来波，设计天线1和设计天线2可以将电磁能量打散至法线方向之外，因此较参考天线具有RCS减缩效果。这些分析揭示

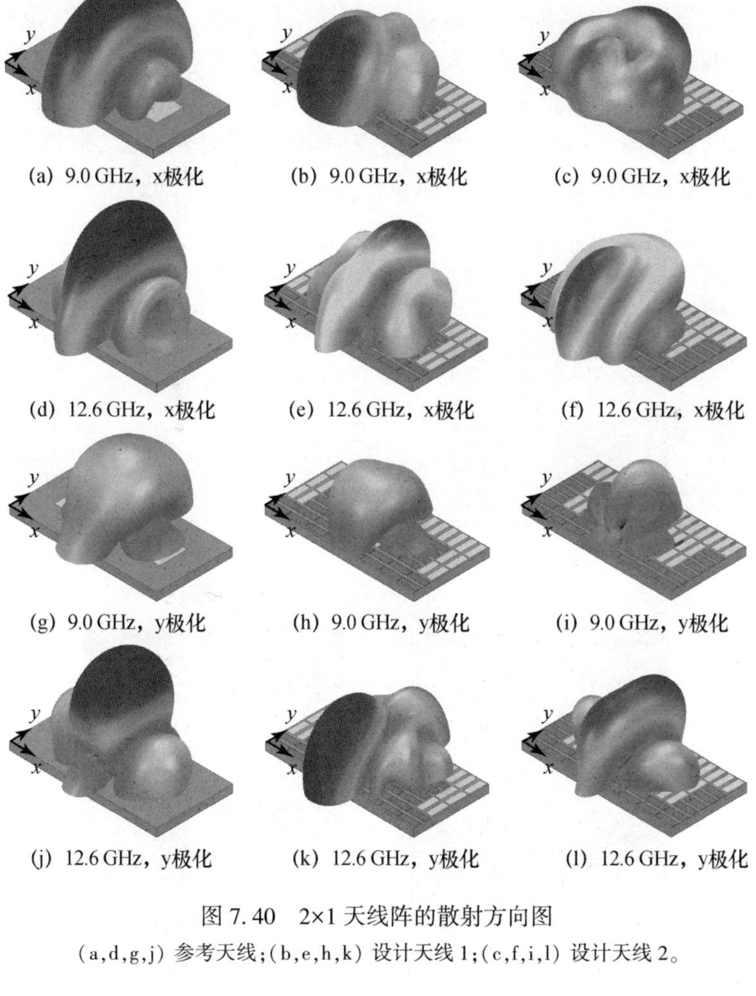

(a) 9.0 GHz，x极化　(b) 9.0 GHz，x极化　(c) 9.0 GHz，x极化

(d) 12.6 GHz，x极化　(e) 12.6 GHz，x极化　(f) 12.6 GHz，x极化

(g) 9.0 GHz，y极化　(h) 9.0 GHz，y极化　(i) 9.0 GHz，y极化

(j) 12.6 GHz，y极化　(k) 12.6 GHz，y极化　(l) 12.6 GHz，y极化

图7.40　2×1天线阵的散射方向图

(a,d,g,j) 参考天线；(b,e,h,k) 设计天线1；(c,f,i,l) 设计天线2。

了天线 RCS 减缩机理,也证实了设计的有效性。另外,比较两款天线的结构可知,设计天线 1 的馈电部分对超构表面单元周期性的破坏明显要大于设计天线 2,所以设计天线 2 具有更好的 RCS 减缩效果,综合考虑设计天线 2 同时拥有更好的辐射性能,后续将以该天线为基础开展二维阵列研究。

7.5.3 一体化设计的二维超构表面天线阵列

在上述一体化设计的一维超构表面天线的基础上,将设计天线 2 沿 y 方向组阵,得到图 7.41(a)所示的设计天线 3,简记为 ant3,该天线包含 2×2 个阵元。以与该天线具有相同尺寸、相同工作频段的传统 2×2 矩形贴片微带天线阵(简记为 ref. 1)作为参考天线。图 7.41(b)比较了两副天线的单站 RCS,对于设计天线 3,y 极化波照射下的 RCS 在 9.0~14.0GHz 较参考天线具有显著减缩;而 x 极化波照射下的 RCS 减缩效果则略差,尤其是和图 7.37(e)相比,设计天线 3 在 10.6GHz 附近的 RCS 明显较大。针对这一现象,图 7.41(c)给出了该频点处的散射表面电流,可见,整个天线口径上的强电流几乎同相分布,这直接导致了天线的法向强散射。因此,将一维超构表面周期排列构成的二维超构表面,因超构表面单元间的耦合作用,并不能直接得到较为理想的低 RCS 性能。

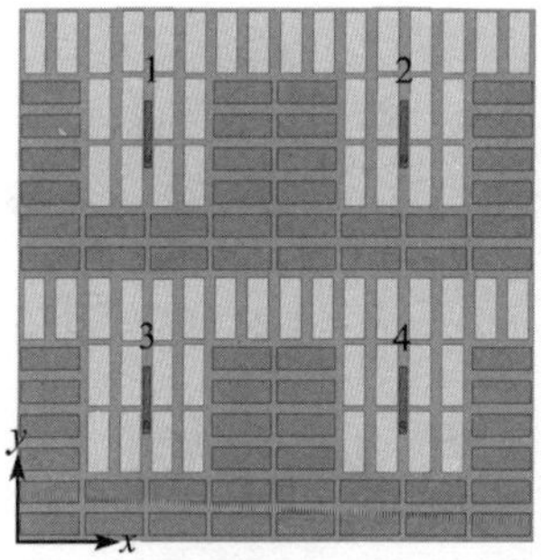

(a) 设计天线 3 (ant3)

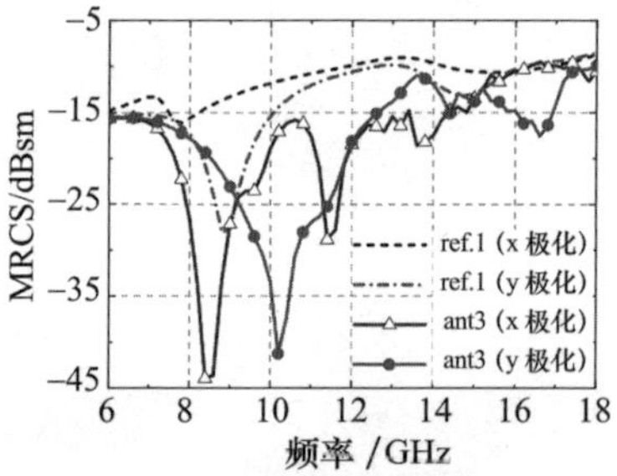

(b) 单站 RCS

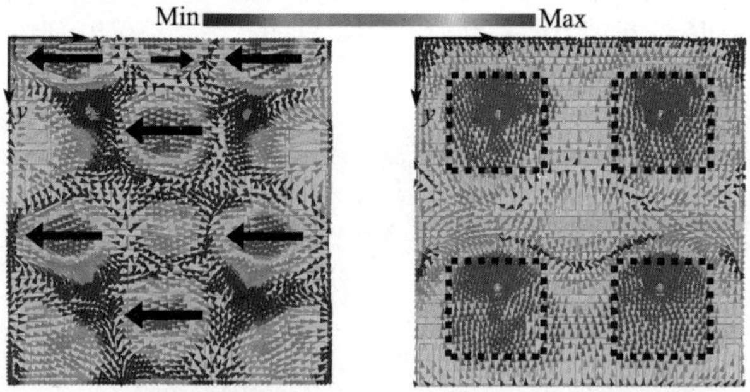

(c) 10.6GHz 散射电流

(d) 9.0GHz 辐射电流

图 7.41 2×2 一体化天线阵及性能(见彩图)

由上述分析可知,为了获得更大幅度的 RCS 减缩和更宽的 RCS 减缩频带,需要设法抑制或破坏图 7.41(c)中的电流分布,同时,要保证天线的良好辐射,还要保证图 7.41(d)所示的辐射模式下的电流分布尽量不受影响。为此,受 7.1 节基片集成波导技术启发,提出在设计天线 3 的基础上增加两组金属柱,得到改进后的 2×2 一体化天线阵,即设计天线 4(简记为 ant4),如图 7.42(a)所示,每组金属柱将横向排列的两个阵元隔开。这些金属柱将超构表面顶层的金属结构与底层的金属地相连,沿 y 方向周期排列后相当于人工构造了电壁,将

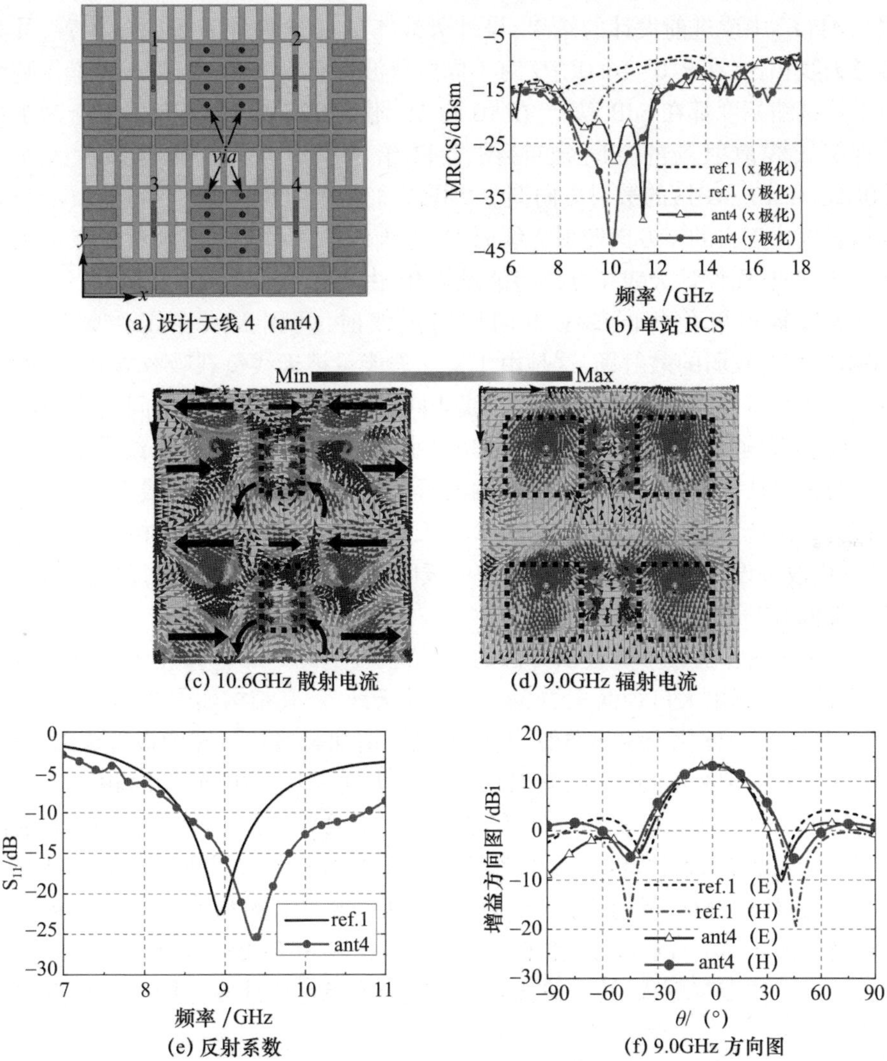

图 7.42　改进后 2×2 一体化天线阵及性能(见彩图)

起到一定的电磁隔离作用。为了验证这一设想,图 7.42(c)给出了设计天线 4 在 10.6GHz 的散射电流分布,可见,与图 7.41(c)相比,原来的部分强散射电流在引入金属柱后被明显抑制,同时,部分电流的方向也发生了反转,导致设计天线 4 在整个口径上形成了反向的电流分布,这将使天线 4 的散射场产生空间对消的效果。另一方面,比较图 7.42(d)和图 7.41(d)辐射模式下的电流分布可知,引入金属柱对天线的辐射电流影响很小,这意味着天线的辐射性能将几乎不变。

图 7.42(b)比较了设计天线 4 与参考天线的单站 RCS,可以看出,相比于图 7.41(b)中改进前设计的结果,设计天线 4 的 RCS 性能有了明显改善,其与参考天线相比,在 8.0~16.0GHz 对不同极化波都有 RCS 减缩,在天线工作频带内平均减缩幅度都在 6dB 以上,在 10.6GHz 附近 RCS 减缩 10dB 以上。为了更好理解天线散射场的空间分布,图 7.43 给出了设计天线 4 与参考天线在 9.0GHz 和 10.6GHz 的散射方向图。由图 7.43(a)~(d)可知,当雷达波沿与天线辐射极化正交的 x 方向照射天线时,参考天线的散射能量在观察频点都集中在法线方向,而设计天线 4 有效将能量散开;由图 7.43(e)~(h)可知,当雷达波沿与天线辐射极化相同的 y 方向照射天线时,两副天线在工作频带内的 9.0GHz 都有较弱的散射场,这是由于雷达波能量被天线负载吸收导致的,而在天线工作频带外的 10.6GHz,设计天线 4 同样实现了散射场在空间准均匀的分布,这些结果解释了图 7.42(b)中的 RCS 曲线。图 7.42(e)~(f)给出了设计天线 4 的辐射性能,可以看出,其工作频段不仅完全覆盖了参考天线且带宽更宽,在相同的工作频点,设计天线 4 和参考天线的增益方向图几乎相同。综上可知,采用改进设计得到的 2×2 一体化天线阵不仅辐射性能得到了改善,同时具有宽带低 RCS 性能。

为了进一步验证上述提出方法的有效性,在上述 2×2 一体化天线阵的基础上,设计了具有更大口径面积的 3×3 一体化天线阵,其结构如图 7.44(a)和(b)所示,和 2×2 一体化天线阵类似,设计天线 5 增加金属柱后即为设计天线 6,两个天线分别简记为 ant5、ant6,其对应的参考天线为具有相同尺寸、相同工作频段的传统 3×3 矩形贴片微带天线阵(简记为 ref. 2)。图 7.44(c)和(d)分别比较了设计天线 5、设计天线 6 与参考天线的单站 RCS,与设计天线 3、设计天线 4 类似,改进后的设计天线 6 明显具有比设计天线 5 更低的 RCS 和更宽的 RCS 减缩带宽。图 7.44(e)和(f)对比了设计天线 6 与参考天线的辐射性能,可见,设计天线 6 工作带宽更宽,其增益方向图主波束和参考天线在相同工作频点差别很小。

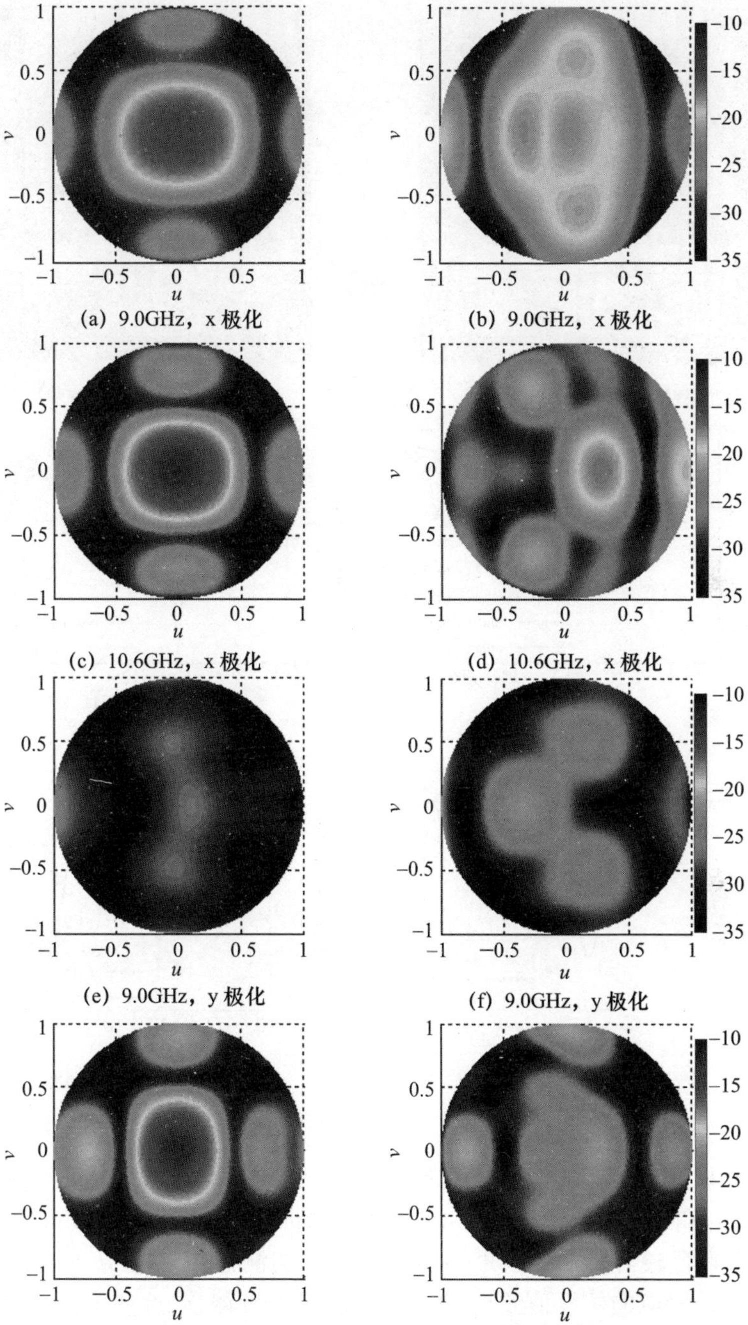

(a) 9.0GHz，x 极化　(b) 9.0GHz，x 极化

(c) 10.6GHz，x 极化　(d) 10.6GHz，x 极化

(e) 9.0GHz，y 极化　(f) 9.0GHz，y 极化

(g) 10.6GHz，y 极化　(h) 10.6GHz，y 极化

图 7.43　2×2 天线阵在 uv 面的散射方向图

(a,c,e,g) 参考天线 1(ref. 1);(b,d,f,h) 设计天线 4(ant4)。

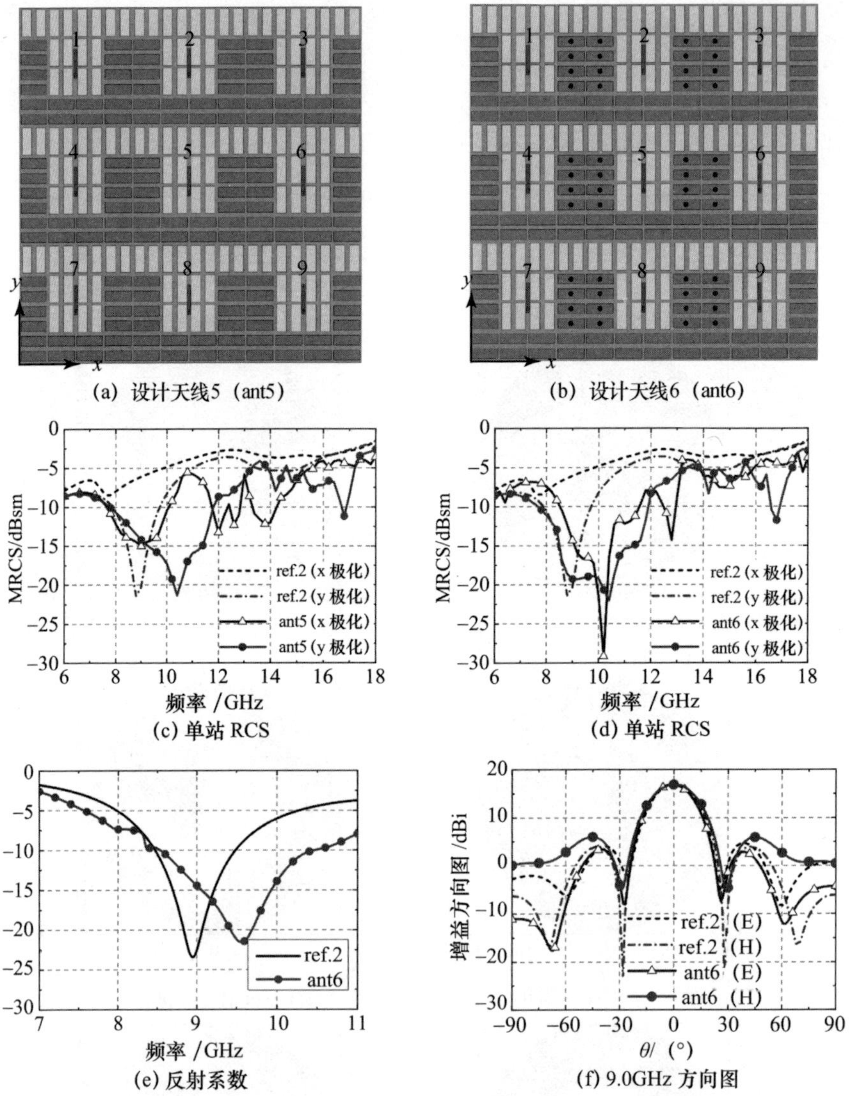

图 7.44　3×3 一体化天线阵及性能

采用 PCB 印刷工艺加工了设计天线 6 和参考天线,其实物正面照分别如图 7.45(a)和(b)所示。从图 7.46(a)所示的天线端口反射系数可知,实测带宽与仿真吻合较好,设计天线 6、参考天线的实测谐振频率分别为 8.88GHz、9.51GHz,较对应的仿真值 8.95GHz、9.59GHz 略有偏移,这些偏差主要是由实际介质参数和加工误差造成的。图 7.46(b)和(c)为天线在 9.0GHz 的增益方向图,可以看出,实测和仿真结果吻合很好,9.0GHz 处两副天线的增益都为 17.0dB。从这些实测的辐射性能结果可知,设计天线 6 拥有和参考天线几乎相同的增益和方向图,且其工作带宽更宽。图 7.46(d)给出了设计天线 6 较参考天线的单站 RCS 减缩,当 x 极化波照射时,实测天线 RCS 在 9.2~12.9GHz 减缩达 5dB 以上;当 y 极化波照射时,实测天线 RCS 在 9.6~12.5GHz 减缩达 5dB 以上;此外,实测结果和仿真结果总体上较为吻合。

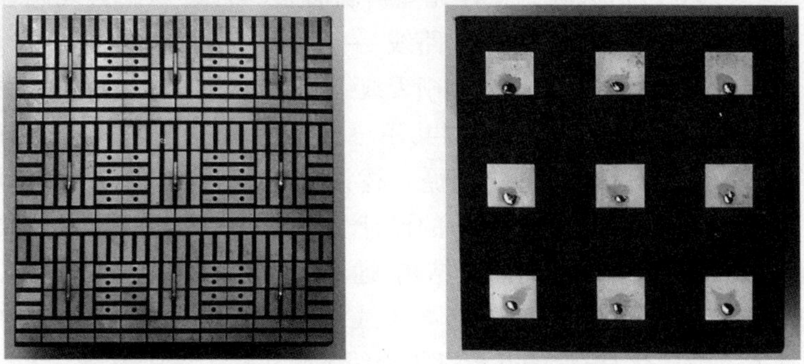

(a) 设计天线6 (ant6)　　(b) 参考天线 (ref.2)

图 7.45　3×3 天线阵实物照片

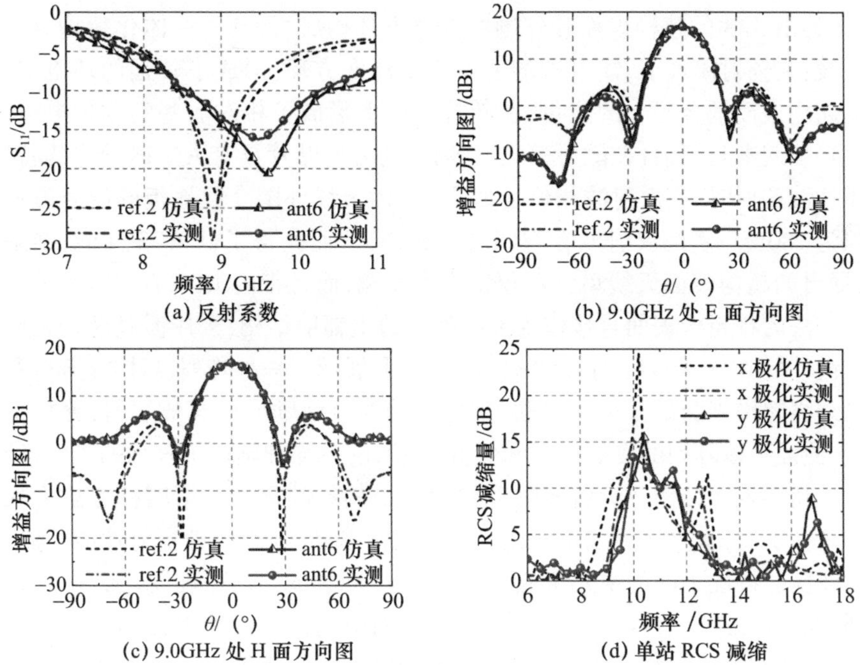

(a) 反射系数　　(b) 9.0GHz 处 E 面方向图

(c) 9.0GHz 处 H 面方向图　　(d) 单站 RCS 减缩

图 7.46　3×3 天线阵辐射、散射性能

总结上述 2×2 和 3×3 一体化天线阵的结果可知,采用提出的设计方法和改进思路得到的二维超构表面天线阵列可以改善传统天线的工作频带,且能实现

覆盖天线工作频带的任意极化宽带 RCS 减缩。

7.6 小　结

本章针对第 6 章从天线到一体化超构表面天线的低 RCS 天线设计思路的限制,按照第 2 章提出的另一种技术路线——从超构表面到一体化超构表面天线的设计思路,研究了超构表面与印刷天线结构一体的低 RCS 超构表面天线设计方法,通过超构表面与天线的结构共用,从源头上解决了超构表面与天线共口面耦合导致的性能恶化问题。遵循上述设计思想,具体提出了五种设计方法,针对每种设计方法都给出了对应的设计步骤和设计示例。第一种方法为将超构表面作为天线单元的寄生辐射结构,通过模式机理和电流分析,综合运用理论分析和全波数值仿真等手段,指导天线结构设计优化,迭代设计的天线辐射、散射性能不断优化,设计的共形微带天线不仅实现了宽带 RCS 减缩,还利用超构表面的耦合与寄生辐射改善了天线的匹配特性和增益。第二种方法为将超构表面作为天线单元的主辐射结构,提出把传统微带天线的辐射贴片离散化,改为由 3×3 的超构表面和外围的馈电方环构成,得到了一体化超构表面单元天线;在辐射模式下,馈电端的能量直接流向方环,形成了较强的环电流,内部的超构表面耦合环上的能量,在超构表面上形成了相对弱些的均匀电流,和金属环一起参与辐射;在散射模式下,周期的方形贴片具有人工磁导体的特性,当雷达波照射时,其反射波相位近似为 0°,而天线外围介质地板的反射波相位近似为 180°,二者的反射波在空间叠加相消,从而获得了低 RCS 性能,结果表明,提出的超构表面天线单元不仅工作带宽宽,而且带内 RCS 有明显减缩。第三种方法为将超构表面直接作为天线阵列的主辐射结构,采用激励超构表面的方式设计低 RCS 天线阵列;以 2×1 阵列为例,展示了一种阵列设计,该阵列利用传输线将超构表面部分单元串联,采用同轴馈电激励形成有效辐射,分析了其性能,验证了该阵列的良好辐射和低 RCS 特征,并详细阐述了阵列的工作机理,揭示了超构表面结构对天线辐射和散射性能的影响规律。第四种方法为从阵列的角度出发,直接将天线单元视为超构表面单元,利用两种辐射性能相似、对雷达波反射特性不同的单元组成阵列,基于空间场的叠加原理设计低 RCS 天线阵列,根据该方法设计了一种 4×4 阵列,阵列中包含的两种单元辐射性能几乎相同、对雷达波反射相位相差 180°,基于遗传算法优化得到了漫散射分布的阵列结构,从而获得了宽带低 RCS 性能,同时该阵列具有良好的辐射能力。第五种方法为将部分超构表面作为天线的主辐射结构,首先设计低 RCS 超构表面,再通过结合适当的辐射激励方式,在不影响总体散射结构的前提下,激励起部分超构表面产生辐射;采用该方法设计了一维、二维宽带低 RCS 天线阵列,详细分析了天线的辐射机理和 RCS 减缩机理,针对由一维阵列直接得到二维阵列的性能限制,给出了改进方案,最终得到的一体化阵列不仅工作带宽较传统天线更宽,其 RCS 减缩幅度和带宽都有明显改善。本章提出的五种方法为超构表面在隐身单元天线、阵列天线中的应用提供了有效方法与路径,基于这些方法设计的天线具有结构紧凑、集成度高、辐散射性能优的特点。

参考文献

[1] MUNK B A. Frequency selective surfaces[M]. New York: John Wiley & Sons. 2000.

[2] SIEVENPIPER D F. High-impedance electromagnetic surfaces[D]. Los Angeles: Univ. California,1999.

[3] YANG F,RAHMAT-SAMII Y. Electromagnetic band gap structures in antenna engineering[M]. Cambridge: Cambridge University Press. 2009.

[4] PAQUAY M,IRIARTE J C,EDERRA I,et al. Thin AMC structure for radar cross-section reduction[J]. IEEE Trans Antennas Propag,2007,55(12):3630-3638.

[5] LANDY N I,SAJUYIGBE S,MOCK J J,et al. Perfect metamaterial absorber[J]. Phys Rev Lett,2008,100(20):207402.

[6] SUN S,HE Q,XIAO S,et al. Gradient-index metasurfaces as a bridge linking propagating waves and surface waves[J]. Nature Materials,2012,11(5):426-431.

[7] MAKDISSY T,GILLARD R,FOURN E,et al. Phase-shifting cell loaded with variable capacitances for dual linearly polarised reflectarrays[J]. Electron Lett,2012,48(21):1319-1320.

[8] GAO X,HAN X,CAO W,et al. Ultrawideband and high-efficiency linear polarization converter based on double V-shaped metasurface[J]. IEEE Trans Antennas Propag,2015,63(8):3522-3530.

[9] GRADY N K,HEYES J E,CHOWDHURY D R,et al. Terahertz metamaterials for linear polarization conversion and anomalous refraction[J]. Science,2013,340(6138):1304-1307.

[10] LIANG L,QI M,YANG J,et al. Anomalous terahertz reflection and scattering by flexible and conformal coding metamaterials[J]. Adv Opt Mater,2015,3(10):1374-1380.

[11] YU N,GENEVET P,AIETA F,et al. Flat optics:controlling wavefronts with optical antenna metasurfaces[J]. IEEE J Sel Topics Quantum Electron,2013,19(3):470-423.

[12] YU N,CAPASSO F. Flat optics with designer metasurfaces[J]. Nature Materials,2014,13(2):139-150.

[13] PENDRY J B. Negative refraction makes a perfect lens[J]. Phys Rev Lett,2000,85:3966-3969.

[14] NI X,WONG Z,MREJEN M,et al. An ultrathin invisibility skin cloak for visible light[J]. Science,2015,349(6254):1310-1314.

[15] HOLLOWAY C L,KUESTER E F,GORDON J A,et al. An overview of the theory and applications of metasurfaces:the two-dimensional equivalents of metamaterials[J]. IEEE Antennas Propag Mag,2012,54(2):10-35.

[16] 龚书喜,刘英,姜文．天线雷达截面预估与减缩[M].西安:西安电子科技大学出版社,2010.

[17] VESELAGO V G. The electrodynamics of substances with simultaneously negative values of ε and μ[J]. Soviet Phys Uspekhi,1968,10:509-514.

[18] PENDRY J B,HOLDEN A J,STEWART W J. Extremely low frequency plasmons in metallic mesostructures[J]. Phys Rev Lett,1996,76(25):4773-4776.

[19] PENDRY J B,HOLDEN A J,ROBBINS D J. Magnetism from conductors and enhanced nonlinear phenomena[J]. IEEE Trans Microw Theory Techn,1999,47(11):2075-2084.

[20] SHELBY R A,SMITH D R,SCHULTZ S. Experimental verification of a negative index of refraction[J]. Science,2001,292(5514):77-79.

[21] PARAZZOLI C G,GREEGOR R B,K. L. Experimental verification and simulation of negative index of refraction using Snell's law[J]. Phys Rev Lett,2003,90(10):107401.

[22] LEE S H,PARK C M,SEO Y M. Reversed doppler effect in double negative metamaterials[J]. Phys Rev B,2010,81(24):241102.

[23] ZHANG Z,FU C. Transmission enhancement by using a negative-refractive-index layer[J]. Microscale Thermophys Eng,2003:

[24] SMITH D R,VIER D C,KOSCHNY T,et al. Electromagnetic parameter retrieval from inhomogeneous metamaterials[J]. Phys Rev E,2005,71:036617.

[25] LEONHARDT U. Optical conformal mapping[J]. Science,2006,312(5781):1777-1780.

[26] PENDRY J B,SCHURIG D,SMITH D R. Controlling electromagnetic fields[J]. Science, 2006,312(5781):1780-1782.

[27] SCHURIG D,MOCK J J,JUSTICE B J,et al. Metamaterial electromagnetic cloak at microwave frequencies[J]. Science,2006,314(5801):977-980.

[28] LIU R,JI C,MOCK J J,et al. Broadband ground-plane cloak[J]. Science,2009,323(5912):366-369.

[29] CHENG Q,CUI T J,JIANG W X. An omnidirectional electromagnetic absorber made of metamaterials[J]. New Journal of Phys,2010,12(6):063006.

[30] MA H F,CUI T J. Three-dimensional broadband ground-plane cloak made of metamaterials[J]. Nature Communications,2010,1:21.

[31] GURU B S,HIZIROGLU H R. Electromagnetic field theory fundamentals[M]. Cambridge: Cambridge University Press. 2004.

[32] MA H,SHEN X,CHENG Q,et al. Broadband and high efficiency conversion from guided waves to spoof surface plasmon polaritons[J]. Laser and Photonics Review,2014,8(1):146-151.

[33] YU N,GENEVET P,KATS M A,et al. Light propagation with phase discontinuities:generalized laws of reflection and refraction[J]. Science,2011,334(6054):333-337.

[34] CUI T,QI M,WAN X,et al. Coding metamaterials,digital metamaterials and programmable metamaterials[J]. Light:Sci Appl,2014,3:e218.

[35] MA Q,BAI G,JING H,et al. Smart metasurface with self-adaptively reprogrammable functions[J]. Light:Sci Appl,2019,8:98.

[36] LI L,SHUANG Y,MA Q,et al. Intelligent metasurface imager and recognizer[J]. Light:Sci Appl,2019,8:97.

[37] HOLLOWAY C L, DIENSTFREY A, KUESTER E F, et al. A discussion on the interpretation and characterization of metafilms/metasurfaces: The two-dimensional equivalent of metamaterials[J]. Metamaterials, 2009, 3: 100-112.
[38] ZHOU H, QU S, PENG W, et al. Dual-band frequency selective surface with quasi-elliptic bandpass response[J]. Chin Phys B, 2012, 21(3): 0303011-0303015.
[39] SIVASAMY R, KANAGASABAI M. A novel dual-band angular independent FSS with closely spaced frequency response[J]. IEEE Microw Compon Lett, 2015, 25(5): 298-300.
[40] 袁子东,高军,曹祥玉,等. 一种性能稳定的新型频率选择表面及其微带天线应用[J]. 物理学报,2014,63(1):014102.
[41] YU Y, CHIU C, CHIOU Y, et al. An effective via-based frequency adjustment and minimization methodology for single-layered frequency-selective surfaces[J]. IEEE Trans Antennas Propag, 2015, 63(4): 1641-1649.
[42] BOUSLAMA M, TRAII M, DENIDNI T A, et al. Beam-switching antenna with a new reconfigurable frequency selective surface[J]. IEEE Antennas Wireless Propag Lett, 2016, 15: 1159-1162.
[43] 范小龙. 基于 MEMS 开关的有源可重构频率选择表面的研究与设计[D]. 南京:南京理工大学,2014.
[44] ZHAI H Q, ZHAN C H, LI Z H, et al. A triple-band ultrathin metamaterial absorber with wide-angle and polarization stability[J]. IEEE Antennas Wireless Propag Lett, 2015, 14: 241-244.
[45] LI Y, ZHANG H, FU Y, et al. RCS reduction of ridged waveguide slot antenna array using EBG radar absorbing material[J]. IEEE Microw Compon Lett, 2008, 7: 473-476.
[46] LI M, XIAO S, BAI Y, et al. An ultrathin and broadband radar absorber using resistive FSS [J]. IEEE Antennas Wireless Propag Lett, 2012, 11: 748-751.
[47] HU T, BINGHAM C M, STRIKWERDA A C, et al. Highly flexible wide angle of incidence terahertz metamaterial absorber: Design, fabrication, and characterization[J]. Phys Rev B, 2008, 78: 241103.
[48] XU W, HE Y, KONG P, et al. An ultra-thin broadband active frequency selective surface absorber for ultrahigh-frequency applications[J]. J Appl Phys, 2015, 118: 1849031-1849038.
[49] BIALKOWSKI M E, SONG H J. Investigations into a power-combining structure using a reflectarray of dual-feed aperture-coupled microstrip patch antennas[J]. IEEE Trans Antennas Propag, 2002, 50(6): 841-849.
[50] MA H, WANG G, KONG G, et al. Broadband circular and linear polarization conversions realized by thin briefringent reflective metasurfaces[J]. Optical Materials Express, 2014, 4(8): 1717-1724.
[51] CHEN H, WANG J, MA H, et al. Ultra-wideband polarization conversion metasurfaces based on multiple plasmon resonances[J]. J Appl Phys, 2014, 115: 154504.
[52] LI Y F, ZHANG J Q, QU S B, et al. Achieving wide-band linear-to-circular polarization conversion using ultra-thin bi-layered metasurfaces[J]. J Appl Phys, 2015, 117: 044501.
[53] MA X, PAN W, HUANG C, et al. An active metamaterial for polarization manipulating[J].

Adv Opt Mater,2014,2:945-949.

[54] HUANG J,ENCINAR J A. Reflectarray antennas[M]. California: John Wiley & Sons. 2008.

[55] LAU J Y. Reconfigurable transmitarray antennas[D]. Toronto: University of Toronto,2012.

[56] HUANG J,POGORZELSKI R J. A Ka-band microstrip reflectarray with elements having variable rotation angles[J]. IEEE Trans Antennas Propag,1998,46(5):650-656.

[57] MOUSTAFA L,GILLARD R,PERIS F,et al. The phoenix cell:A new reflectarray cell with large bandwidth and rebirth capabilities[J]. IEEE Antennas Wireless Propag Lett,2011,10:71-74.

[58] FLORENCIO R,ENCINAR J A,BOIX R R,et al. Reflectarray antennas for dual polarization and broadband telecom satellite applications[J]. IEEE Trans Antennas Propag,2015,63(4):1234-1246.

[59] AN W,XU S,YANG F,et al. A double-layer transmitarray antenna using malta crosses with vias[J]. IEEE Trans Antennas Propag,2016,64(3):1120-1125.

[60] HUM S V,PERRUISSEAU-CARRIER J. Reconfigurable reflectarrays and array lenses for dynamic antenna beam control:A review[J]. IEEE Trans Antennas Propag,2014,62(1):183-198.

[61] RAJAGOPALAN H,RAHMAT-SAMII Y,IMBRIALE W A. RF MEMS actuated reconfigurable reflectarray patch-slot element[J]. IEEE Trans Antennas Propag,2008,56(12):3689-3699.

[62] PERRUISSEAU-CARRIER J. Dual-polarized and polarization-flexible reflective cells with dynamic phase control[J]. IEEE Trans Antennas Propag,2010,58(5):1494-1502.

[63] HUANG C,PAN W,MA X,et al. 1-bit reconfigurable circularly polarized transmitarray in X-band[J]. IEEE Antennas Wireless Propag Lett,2016,15:448-451.

[64] POCHIRAJU T,FUSCO V. Amplitude and phase controlled reflectarray element based on an impedance transformation unit[J]. IEEE Trans Antennas Propag,2009,57(12):3821-3826.

[65] LI J,CHEN Q,SAWAYA K,et al. proceedings of the International Symp Antennas Propag[C]. Piscataway: IEEE,2011.

[66] LIU L,ZHANG X,KENNEY M,et al. Broadband metasurfaces with simultaneous control of phase and amplitude[J]. Adv Mater,2014,26(29):5031-5036.

[67] ARBABI A,HORIE Y,BAGHERI M,et al. Dielectric metasurfaces for complete control of phase and polarization with subwavelength spatial resolution and high transmission[J]. Nature Nanotechnology,2015,10:937-943.

[68] LIU S,CUI T,XU Q,et al. Anisotropic coding metamaterials and their powerful manipulation of differently polarized terahertz waves[J]. Light:Sci Appl,2016,5:1-11.

[69] XU H,MA S,LING X,et al. Deterministic approach to achieve broadband polarization-independent diffusive scatterings based on metasurfaces[J]. ACS Photonics,2018,5(5):1691-1702.

[70] CHEN K,FENG Y,MONTICONE F,et al. A reconfigurable active huygens′ metalens[J]. Adv Mater,2017,29(17):1606422.

[71] QIU T,SHI X,WANG J,et al. Deep learning:a rapid and efficient route to automatic metasurface design[J]. Adv Science,2019,6:1900128.

[72] ZHU R,QIU T,WANG J,et al. Phase-to-pattern inverse design paradigm for fast realiza-

tion of functional metasurfaces via transfer learning[J]. Nature Communications, 2021, 12:2974.

[73] XU H, MA S, LUO W, et al. Aberration-free and functionality-switchable meta-lenses based on tunable metasurfaces[J]. Appl Phys Lett, 2016, 109(19):5.

[74] YANG H, CAO X, YANG F, et al. A programmable metasurface with dynamic polarization, scattering and focusing control[J]. Sci Rep, 2016, 6:35692.

[75] YANG H, YANG F, XU S, et al. A 1-bit 10×10 reconfigurable reflectarray antenna: design, optimization, and experiment[J]. IEEE Trans Antennas Propag, 2016, 64(6):2246-2254.

[76] YANG H, YANG F, CAO X, et al. A 1600-element dual-frequency electronically reconfigurable reflectarray at X/Ku bands[J]. IEEE Trans Antennas Propag, 2017, 65(6):3024-3032.

[77] YANG H, YANG F, XU S, et al. A 1-bit multi-polarization reflectarray element for reconfigurable large-aperture antennas[J]. IEEE Antennas Wireless Propag Lett, 2017, 16:581-584.

[78] ZHU B, ZHAO J, FENG Y. Active impedance metasurface with full 360 deg reflection phase tuning[J]. Sci Rep, 2013, 3:3059.

[79] TAN Y, YUAN N, YANG Y, et al. Improved RCS and efficient waveguide slot antenna[J]. Electron Lett, 2011, 47(10):582-583.

[80] ZHOU H, QU S, LIN B, et al. Filter-antenna consisting of conical FSS radome and monopole antenna[J]. IEEE Trans Antennas Propag, 2012, 60(6):3040-3045.

[81] GENOVESI S, COSTA F, MONORCHIO A. Low profile array with reduced radar cross section by using hybrid frequency selective surfaces[J]. IEEE Trans Antennas Propag, 2012, 60(5):2327-2335.

[82] YANG H, CAO X, ZHENG Q, et al. Broadband RCS reduction of microstrip patch antenna using bandstop frequency selective surface[J]. Radioengineering, 2013, 22(4):1275-1280.

[83] LIU T, CAO X, GAO J, et al. RCS reduction of waveguide slot antenna with metamaterial absorber[J]. IEEE Trans Antennas Propag, 2013, 61(3):1479-1484.

[84] 李文强,曹祥玉,高军,等. 基于超材料吸波体的低雷达散射截面波导缝隙阵列天线[J]. 物理学报, 2015, 6(9):094102.

[85] ZHENG Y, GAO J, CAO X, et al. Wideband RCS reduction of a microstrip antenna using artificial magnetic conductor structures[J]. IEEE Antennas Wireless Propag Lett, 2015, 14:1582-1585.

[86] ZHAO Y, CAO X, GAO J, et al. Broadband low-RCS metasurface and its application on antenna[J]. IEEE Trans Antennas Propag, 2016, 64(7):2954-2962.

[87] ZHANG L, WAN X, LIU S, et al. Realization of low scattering for a high-gain Fabry-Perot antenna using coding metasurface[J]. IEEE Trans Antennas Propag, 2017, 65(7):3374-3383.

[88] LIU Y, HAO Y, LI K, et al. Wideband and polarization-independent radar cross section reduction using holographic metasurface[J]. IEEE Antennas Wireless Propag Lett, 2016, 6:1028-1031.

[89] CHEN C, LI Z, LIU L, et al. A circularly-polarized metasurfaced dipole antenna with wide axial-ratio beamwidth and RCS reduction functions[J]. Prog Electromagn Res, 2015, 154:79-85.

[90] LIU Y,LI K,JIA Y,et al. Wideband RCS reduction of a slot array antenna using polarization conversion metasurfaces[J]. IEEE Trans Antennas Propag,2016,64(1):326-331.
[91] ZHOU Y,CAO X,GAO J,et al. In-Band RCS reduction and gain enhancement of a dual-band PRMS-antenna[J]. IEEE Antennas Wireless Propag Lett,2017,16:2716-2720.
[92] YANG H,LI T,XU L,et al. Low in-band-RCS antennas based on anisotropic metasurface using a novel integration method[J]. IEEE Trans Antennas Propag,2021,69(3):1239-1248.
[93] 郝彪,杨宾锋,高军,等. 一种编码式低雷达散射截面超表面天线阵列设计[J]. 物理学报,2020,69(24):244101.
[94] YANG H,LI T,GAO K,et al. Broadband low-RCS antennas based on H-shaped metasurface[J]. Microw Optical Techno Lett,2024,66(1):e33965.
[95] 杨欢欢,曹祥玉,高军,等. 利用超材料吸波体减缩缝隙天线雷达散射截面[J]. 西安电子科技大学学报,2013,40(5):164-170.
[96] 杨欢欢,曹祥玉,高军,等. 基于超材料吸波体的低雷达散射截面微带天线设计[J]. 物理学报,2013,62(6):064103.
[97] 杨欢欢,曹祥玉,高军,等. 基于电磁谐振分离的宽带低雷达截面超材料吸波体[J]. 物理学报,2013,62(21):214101.
[98] 谢俊磊,杜仕国,施冬梅. 新型雷达吸波材料研究进展[J]. 飞航导弹,2008,7(5):58-61.
[99] YANG H,CAO X,GAO J,et al. Low RCS metamaterial absorber and extending bandwidth based on electromagnetic resonances[J]. Progr Electromagn Res M,2013,33:31-44.
[100] LI L,YANG Y,LIANG C. A wide-angle polarization-insensitive ultra-thin metamaterial absorber with three resonant modes[J]. J Appl Phys,2011,110:063702.
[101] 沈晓鹏,崔铁军,叶建祥. 基于超材料的微波双波段吸收器[J]. 物理学报,2012,61(5):058101.
[102] LEE J,LIM S. Bandwidth-enhanced and polarisation-insensitive metamaterial absorber using double resonance[J]. Electron Lett,2011,47(1):8-9.
[103] 杨欢欢,曹祥玉,高军,等. 可重构电磁超表面及其应用研究进展[J]. 雷达学报,2021,10(2):206-219.
[104] HU N,ZHANG J,ZHA S,et al. Design of a multilayer broadband switchable absorber based on semiconductor switch[J]. IEEE Antennas Wireless Propag Lett,2019,18(2):373-377.
[105] KIM S,LI A,LEE J,et al. Active self-tuning metasurface with enhanced absorbing frequency range for suppression of high-power surface currents[J]. IEEE Trans Antennas Propag,2021,69(5):2759-2767.
[106] LI A,KIM S,LUO Y,et al. High-power transistor-based tunable and switchable metasurface absorber[J]. IEEE Trans Microw Theory Techn,2017,65(8):2810-2818.
[107] ZHANG Y,CAO Z,HUANG Z,et al. Ultrabroadband double-sided and dual-tuned active absorber for UHF band[J]. IEEE Trans Antennas Propag,2021:1204-1208.
[108] COSTA F,MONORCHIO A,VASTANTE G P. Tunable high-impedance surface with a reduced number of varactors[J]. IEEE Antennas Wireless Propag Lett,2011,10:11-13.
[109] YUAN H,LI H,FANG X,et al. Active frequency selective surface absorber with point-to-point biasing control system[J]. IEEE Antennas Wireless Propag Lett,2021,20:1429-1432.

[110] 冯奎胜,李娜,李桐. 有源器件混合集成的超薄超宽带可调雷达吸波体[J]. 物理学报,2022,71(3):034101.

[111] RAAD H R,ABBOSH A I,AL-RIZZO H M,et al. Flexible and compact AMC based antenna for telemedicine applications[J]. IEEE Trans Antennas Propag,2013,61(2):524-531.

[112] YANG X,ZHOU X,CHENG Q,et al. Diffuse reflections by randomly gradient index metamaterials[J]. Optics Lett,2010,35(6):808-810.

[113] SHEN Y,PEI Z,PANG Y,et al. Phase random metasurfaces for broadband wide-angle radar cross section reduction[J]. Microw Optical Techno Lett,2015,57(12):2813-2819.

[114] 杨欢欢. 新型电磁表面及其可重构阵列天线应用研究[D]. 西安:空军工程大学,2016.

[115] YANG H X,LIMING,YANG F,CAO X,et al. Phase quantization effects of coded metasurface on agile scattering field control[J]. Microw Optical Techno Lett,2017,59(3):738-743.

[116] LI T,YANG H,LI Q,et al. Dual-polarised and ultra-thin broadband AAMCs for both P and L bands applications[J]. IET Microw Antennas Propag,2019,13:185-189.

[117] LI T,YANG H,LI Q,et al. Active metasurface for broadband radiation and integrated low radar cross section[J]. Optical Materials Express,2019,9(3):1161-1172.

[118] ZHANG C,CAO X,GAO J,et al. Shared aperture metasurface for bi-functions: radiation and low backward scattering performance[J]. IEEE Access,2019,7(1):56547-56555.

[119] 李桐,杨欢欢,李奇,等. 基于共享孔径技术的低 RCS 电磁超构表面天线设计[J]. 物理学报,2024,73(12):124101.

[120] LI T,YANG H,LI Q,et al. Broadband low RCS and high gain microstrip antenna based on concentric ring-type metasurface[J]. IEEE Trans Antennas Propag,2021,69(9):5325-5334.

[121] 冯奎胜,李娜,杨欢欢. 电磁超构表面与天线结构一体化的低 RCS 阵列[J]. 物理学报,2021,70(19):194101.

[122] 郝彪,杨宾锋,高军,等. 基于辐射散射一体化技术的低 RCS 贴片天线阵列设计[J]. 空军工程大学学报,2020,21(4):74-79.

[123] YANG H,LI T,JIDI L,et al. From metasurface to low-RCS array antenna: a fast and efficient route to design stealthy array antennas[J]. IEEE Trans Antennas Propag,2023,71(5):4075-4084.

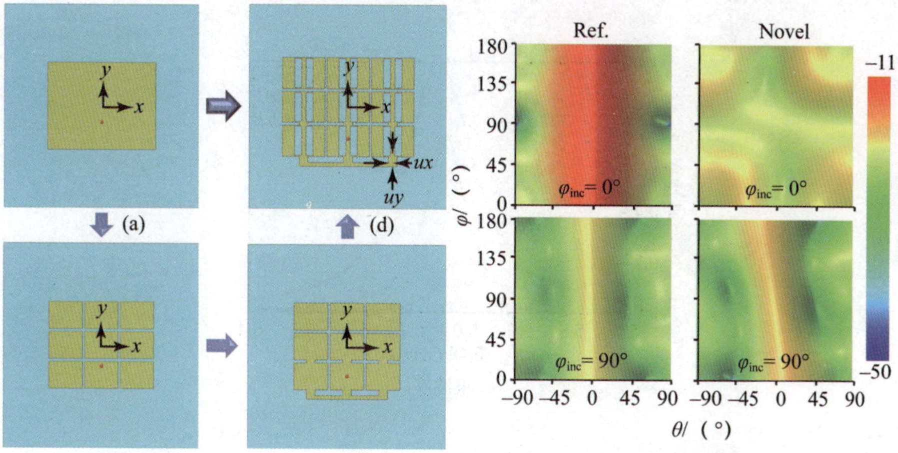

(a) (b) (c) (d) (e)散射场分布

图 2.4　强制馈电超构表面天线及散射场对比

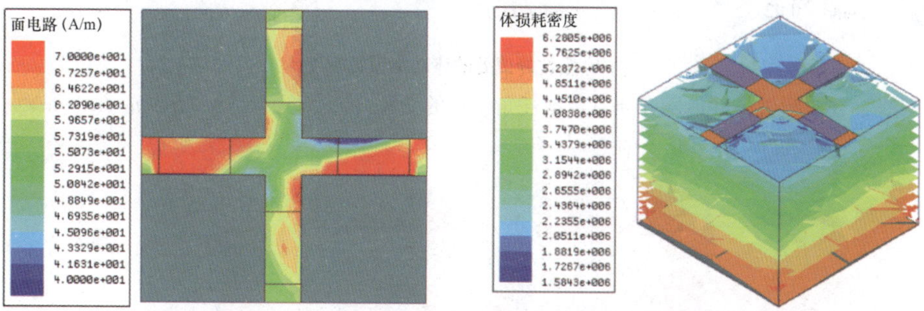

(a) 表面电流分布　　(b) 介质损耗密度

图 3.8　吸波机理分析

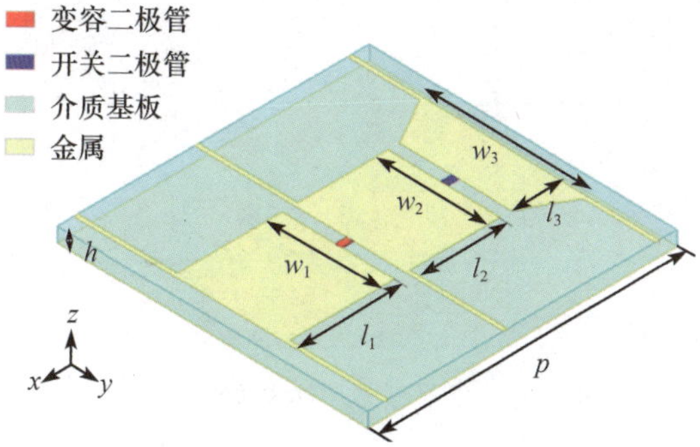

图 3.13　宽带可调吸波超构表面单元

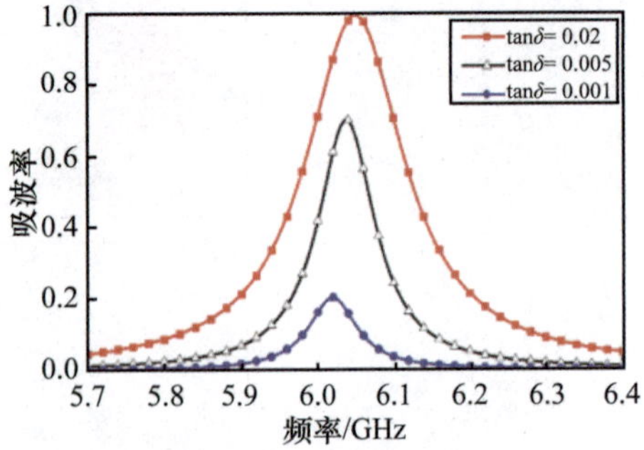

(a) 吸波率

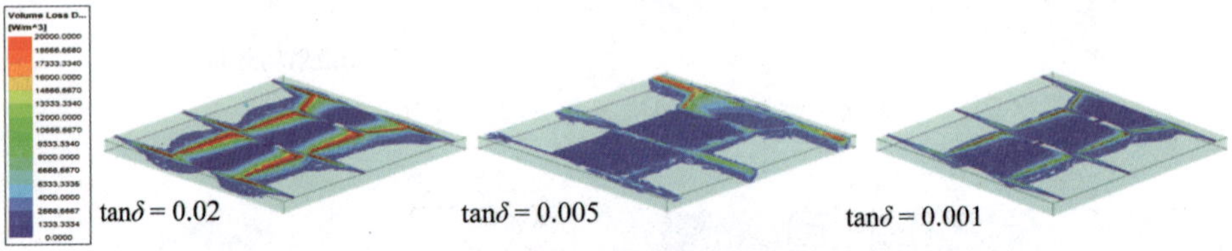

(b) 吸波峰值处的体功率损耗密度

图 3.16　吸波体性能随介质基板损耗角正切的变化(PIN 导通, $C=0.71\mathrm{pF}$, $h=0.5\mathrm{mm}$)

图 4.20　反射型多功能电调超构表面

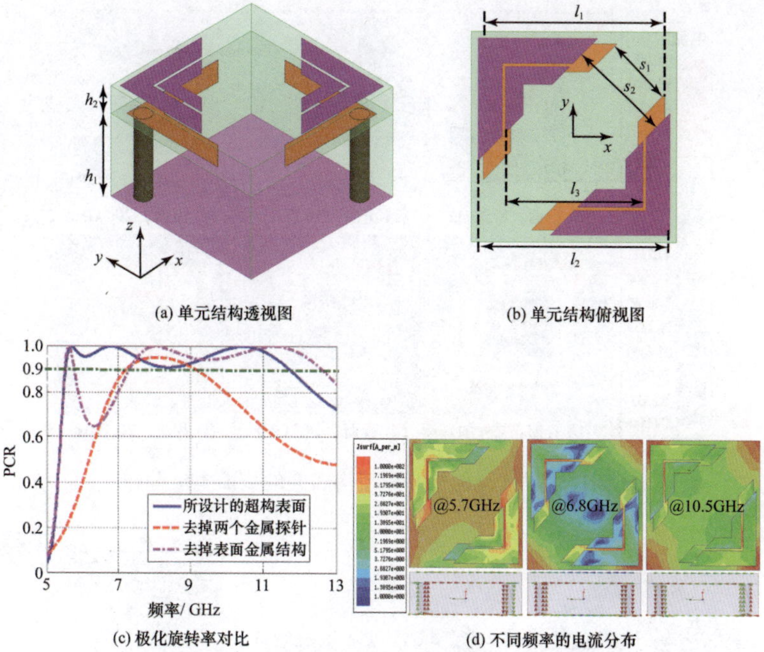

(a) 单元结构透视图

(b) 单元结构俯视图

(c) 极化旋转率对比

(d) 不同频率的电流分布

图 5.2　紧凑型超宽带极化旋转超构表面及性能

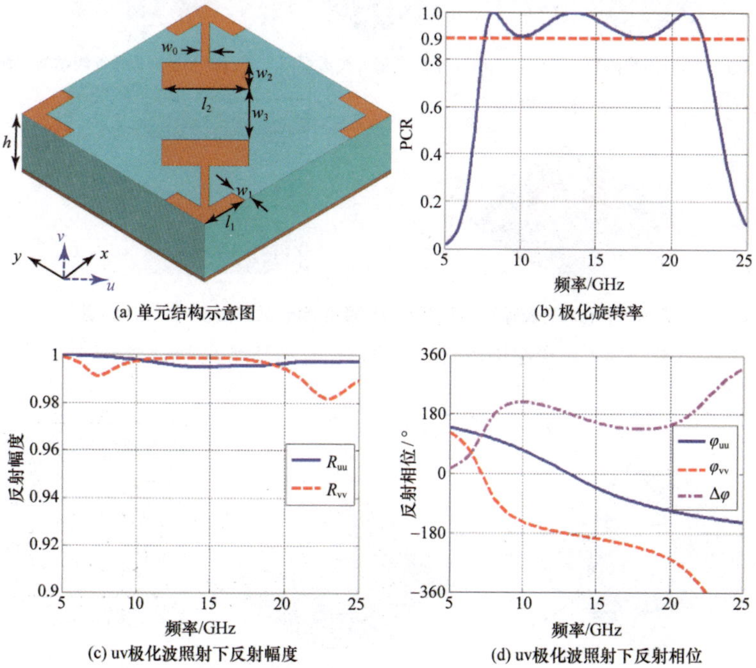

(a) 单元结构示意图

(b) 极化旋转率

(c) uv极化波照射下反射幅度

(d) uv极化波照射下反射相位

图 5.4　紧凑型宽带超薄极化旋转超构表面及性能

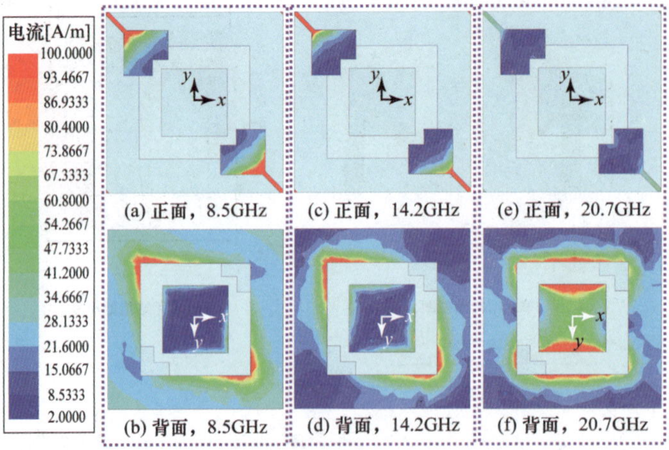

图 5.12　滤波型极化调控超构表面的表面电流分布

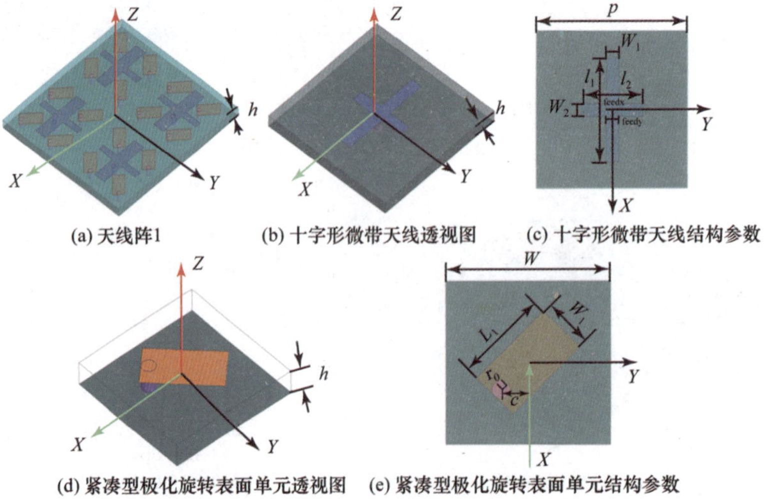

图 6.4　单层超构表面与天线口面复用阵列 1 及局部结构

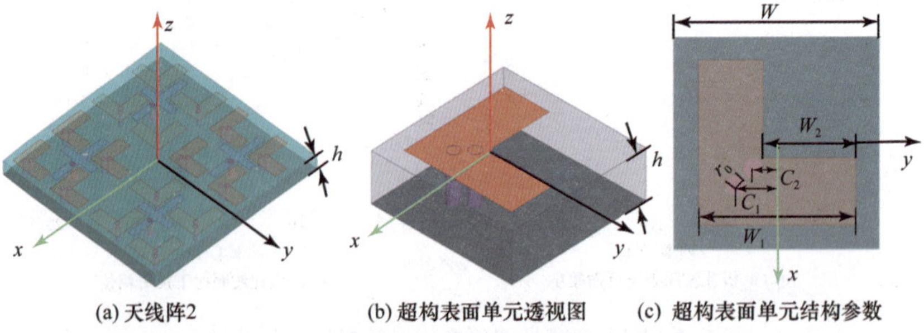

图 6.8　天线阵 2 及宽带紧凑型超构表面

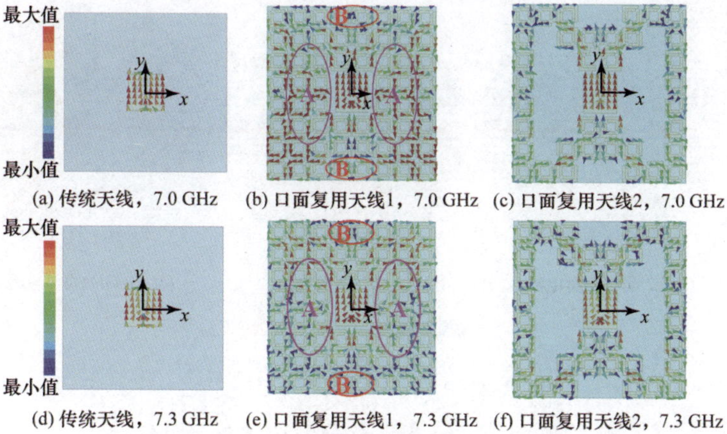

(a) 传统天线，7.0 GHz　(b) 口面复用天线1，7.0 GHz　(c) 口面复用天线2，7.0 GHz

(d) 传统天线，7.3 GHz　(e) 口面复用天线1，7.3 GHz　(f) 口面复用天线2，7.3 GHz

图 6.14　天线表面电流分析

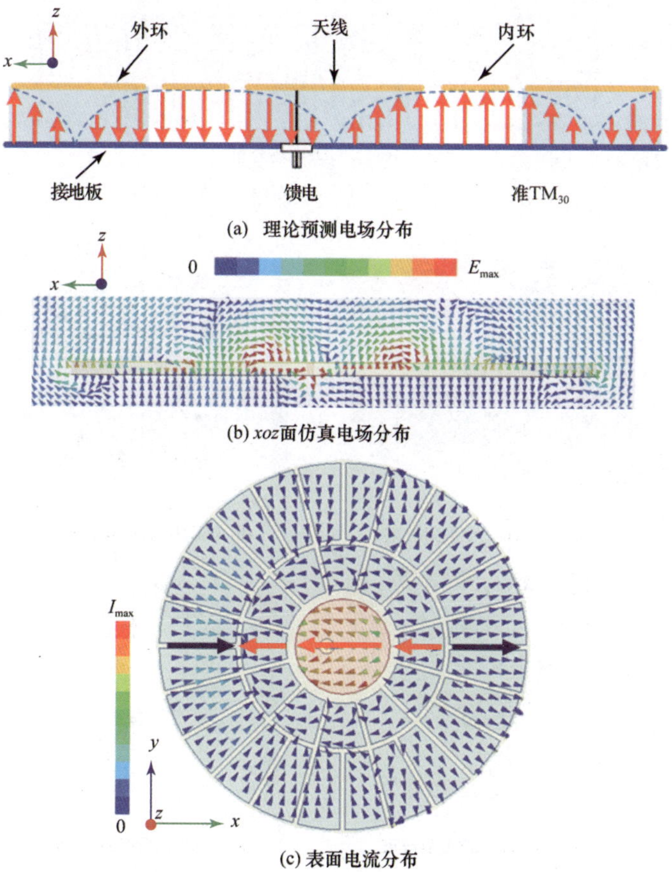

(a) 理论预测电场分布

(b) *xoz*面仿真电场分布

(c) 表面电流分布

图 7.3　CMSA 在 5.25GHz 处的电场与表面电流分布

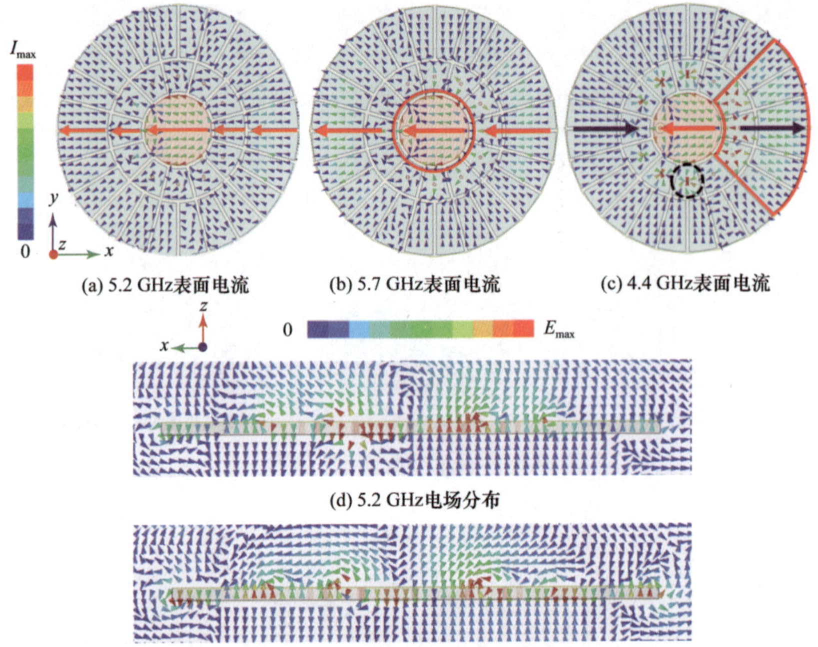

(a) 5.2 GHz表面电流　(b) 5.7 GHz表面电流　(c) 4.4 GHz表面电流

(d) 5.2 GHz电场分布

(e) 5.7 GHz电场分布

图 7.6　CMSA-V1 的表面电流与电场分布

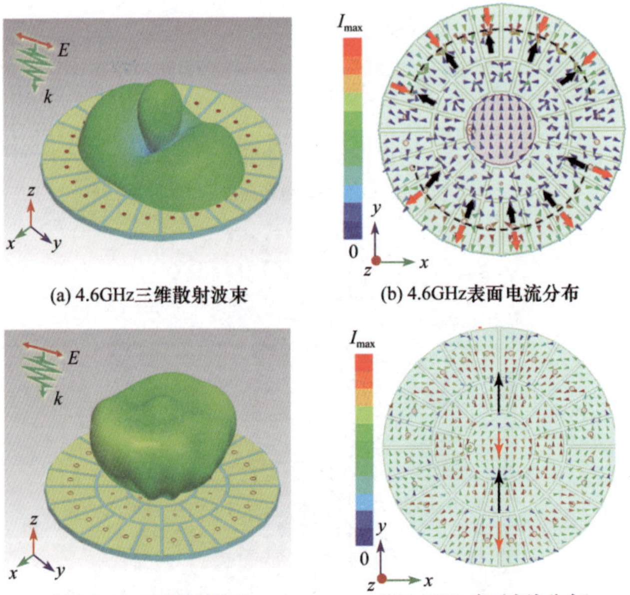

(a) 4.6GHz三维散射波束　(b) 4.6GHz表面电流分布

(c) 7.5 GHz三维散射波束　(d) 7.5 GHz表面电流分布

图 7.9　CMSA-V2 的散射性能分析

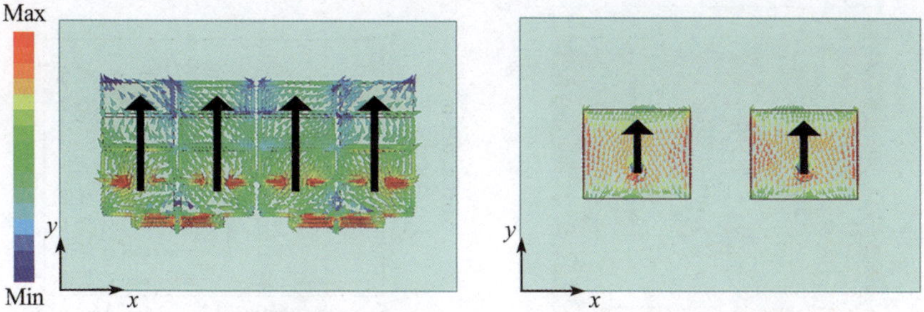

(a) 一体化超构表面天线阵　　(b) 参考天线阵

图 7.20　6.3GHz 天线阵列表面电流

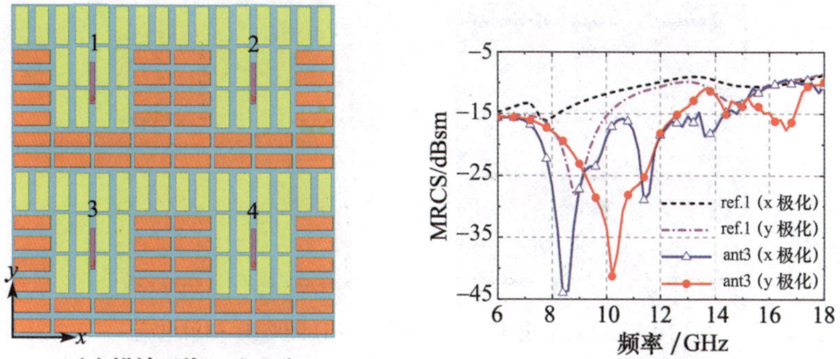

(a) 设计天线 3（ant3）　　(b) 单站 RCS

(c) 10.6GHz 散射电流　　(d) 9.0GHz 辐射电流

图 7.41　2×2 一体化天线阵及性能

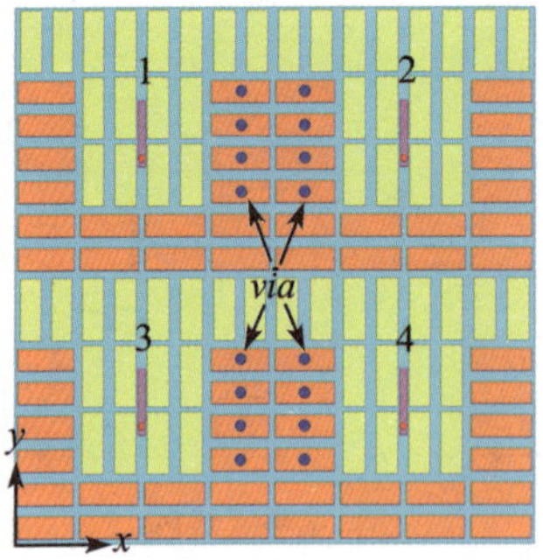

(a) 设计天线 4（ant4）

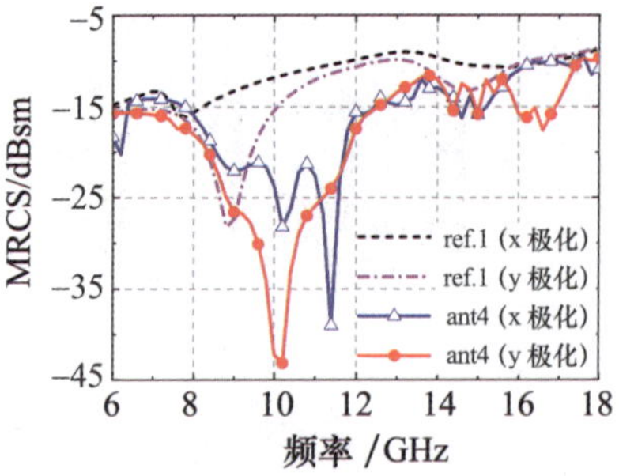

(b) 单站 RCS

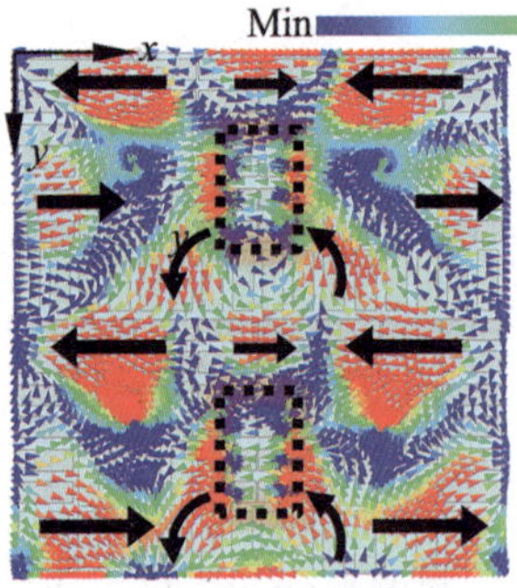

(c) 10.6GHz 散射电流

(d) 9.0GHz 辐射电流

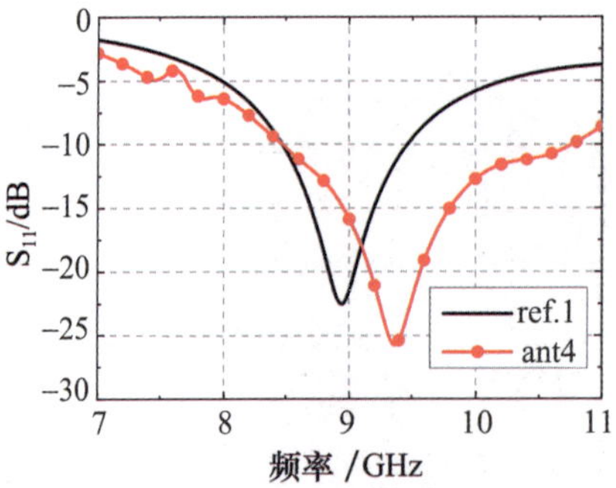

(e) 反射系数

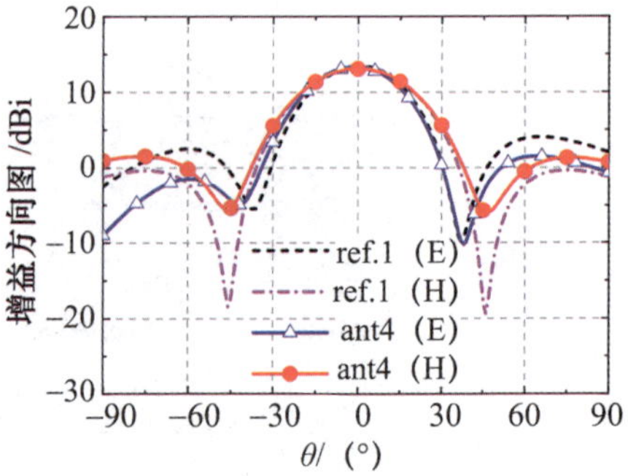

(f) 9.0GHz 方向图

图 7.42　改进后 2×2 一体化天线阵及性能